U0260305

大豆SSR标记法筛选近似品种系列丛书

大豆种质资源遗传距离和群体结构分析

李冬梅　韩瑞玺等　著

中国农业出版社

北　京

图书在版编目（CIP）数据

大豆种质资源遗传距离和群体结构分析 / 李冬梅等
著 . —北京：中国农业出版社，2023.7
ISBN 978 - 7 - 109 - 31123 - 7

Ⅰ.①大⋯　Ⅱ.①李⋯　Ⅲ.①大豆—种质资源—研究
—中国　Ⅳ.①S565.102.4

中国国家版本馆 CIP 数据核字（2023）第 177552 号

中国农业出版社出版

地址：北京市朝阳区麦子店街 18 号楼
邮编：100125
责任编辑：杨晓改
版式设计：书雅文化　责任校对：吴丽婷
印刷：中农印务有限公司
版次：2023 年 7 月第 1 版
印次：2023 年 7 月北京第 1 次印刷
发行：新华书店北京发行所
开本：880mm×1230mm　1/16
印张：16.5
字数：546 千字
定价：268.00 元

版权所有·侵权必究
凡购买本社图书，如有印装质量问题，我社负责调换。
服务电话：010 - 59195115　010 - 59194918

著 者 名 单

李冬梅　韩瑞玺　李　铁　邓　超

孙铭隆　张凯淅　荆若男　高凤梅

王晨宇　赵远玲　孙连发　马莹雪

李媛媛　冯艳芳　孙　丹　王翔宇

杨　柳

大豆起源于我国，是重要的栽培作物，在我国各地均有种植，每年有大量的大豆资源申请品种保护和DUS［distinctness（特异性）、uniformity（一致性）和stability（稳定性）］测试，准确科学地对这些种质资源材料进行DUS判定是保护申请者品种权益的重要内容。

随着育种人对品种权保护意识的逐年提高，分子技术凭借其独有的优于形态标记的特点，如多态性高、周期短、不受环境影响、可选择的标记数量多、结果更稳定等，成为DUS测试中各国争相研究的热点。目前，分子技术在DUS测试中的最重要作用就是近似品种筛选，构建以分子标记为基础的DNA指纹数据库，以快速高效筛选近似品种。分子标记技术正渐渐成为世界各国构建品种资源分子标记数据库、筛选近似品种的辅助技术手段，也将成为推动作物育种事业和新品种保护事业快速发展的重要技术支撑。

全书的概述部分简述了本书的主要目的，资源间的遗传距离部分给出了遗传距离表，以更好地分析这些资源间的近似关系。群体结构分析部分，给出了群体结构分布图，以直观的图像形式清晰地展示了207份大豆资源的聚类情况。

本书还提供了国家种质资源库中用于新品种保护的207份大豆资源的SSR标记基因位点分型结果以及实验相关的引物信息、荧光引物组合信息、所使用的主要仪器设备和主要实验方法等。

本书内容可作为DUS测试中筛选近似品种参考使用，也可为科研人员提供有益的思路和信息，内容仅供参考，不作为任何依据性工作使用。遗传距离和群体结构分析仅为本批次样品的结果，虽经反复核对，仍可能有疏漏之处，敬请读者批评指正。

本书的出版得到了农业农村部植物新品种测试（哈尔滨）分中心的大力支持，在此表示诚挚、由衷的感谢。

李冬梅

2023 年 3 月 25 日哈尔滨

目 录

前言

一、概　　述

大豆资源是大豆育种的材料基础，利用不同材料中的大量遗传变异位点，创建适应性好、产量品质优良以及抗逆性高的新品种是农业生产中最主要的育种目的，利用 SSR（简单重复序列，simple sequence repeats）分子标记法采集不同大豆资源的等位变异位点，从而将不同资源进行遗传距离和群体结构分析，能够为遗传育种提供更多可利用的信息。同时，在新品种保护中，最重要的技术环节之一就是近似品种筛选，为了有效区分作物品种，需要收集大量已知品种，构建用于近似品种筛选的品种资源数据库，而以 DNA 为依托的分子标记技术是利用数据库实现快速高效筛选近似品种的最优选择。目前，分子标记技术正渐渐成为世界各国构建品种资源分子数据库、筛选近似品种的辅助技术手段，已经成为推动作物育种事业和新品种保护事业快速发展的重要技术支撑。

本书主要分析了 207 份大豆资源间的遗传距离和群体遗传结构，以更好地对这些资源进行近似品种筛选和分类，进而为大豆遗传育种和品种保护提供更多可利用的信息。

二、207 份大豆资源的遗传距离

207 份大豆资源的遗传距离见表 1 至表 35。

表 1　遗传距离（一）

序号	资源编号（名称）	序号/资源编号（名称）					
		1	2	3	4	5	6
		Dongnong 50089	Dongnong 92070	Dongxin2	Gandou5	Gongdou5	Guichundou1
1	Dongnong50089	0.000	0.529	0.816	0.886	0.882	0.850
2	Dongnong92070	0.529	0.000	0.836	0.792	0.843	0.896
3	Dongxin2	0.816	0.836	0.000	0.650	0.904	0.743
4	Gandou5	0.886	0.792	0.650	0.000	0.829	0.826
5	Gongdou5	0.882	0.843	0.904	0.829	0.000	0.821
6	Guichundou1	0.850	0.896	0.743	0.826	0.821	0.000
7	Guixia3	0.850	0.771	0.571	0.493	0.850	0.750
8	Hedou12	0.811	0.831	0.644	0.816	0.787	0.691
9	Heinong37	0.629	0.681	0.764	0.833	0.771	0.868
10	Huachun4	0.699	0.750	0.706	0.736	0.846	0.814
11	Huangbaozhuhao	0.728	0.736	0.853	0.907	0.816	0.886
12	Huaxia101	0.907	0.771	0.671	0.701	0.821	0.806
13	Huaxia102	0.829	0.800	0.728	0.657	0.824	0.750
14	Jidou7	0.786	0.583	0.836	0.875	0.786	0.785
15	Jikedou1	0.750	0.707	0.868	0.964	0.816	0.871
16	Jindou21	0.836	0.771	0.757	0.826	0.779	0.944
17	Jindou31	0.829	0.833	0.736	0.833	0.857	0.826
18	Jinong11	0.550	0.618	0.786	0.799	0.736	0.861
19	Jinyi50	0.771	0.694	0.679	0.778	0.829	0.896
20	Jiufeng10	0.721	0.566	0.848	0.897	0.803	0.816
21	Jiwuxing1	0.743	0.771	0.912	0.893	0.707	0.843
22	Kefeng5	0.857	0.806	0.579	0.750	0.764	0.743
23	Ludou4	0.850	0.840	0.886	0.896	0.750	0.722
24	Lvling9804	0.788	0.833	0.883	0.818	0.844	0.811
25	Nannong99－6	0.857	0.764	0.736	0.750	0.800	0.701
26	Puhai10	0.846	0.807	0.647	0.750	0.779	0.843
27	Qihuang1	0.771	0.792	0.807	0.917	0.714	0.854

（续）

序号	资源编号（名称）	序号/资源编号（名称）					
		1	2	3	4	5	6
		Dongnong 50089	Dongnong 92070	Dongxin2	Gandou5	Gongdou5	Guichundou1
28	Qihuang28	0.857	0.778	0.714	0.875	0.786	0.785
29	Ribenqing3	0.800	0.792	0.893	0.861	0.886	0.965
30	Shang951099	0.794	0.814	0.787	0.714	0.743	0.793
31	Suchun10－8	0.800	0.819	0.907	0.806	0.800	0.799
32	Sudou5	0.771	0.757	0.787	0.829	0.794	0.850
33	Suhan1	0.686	0.764	0.836	0.889	0.914	0.826
34	suinong14	0.640	0.551	0.765	0.875	0.871	0.868
35	Suixiaolidou2	0.811	0.750	0.924	0.902	0.852	0.879
36	Suza1	0.857	0.875	0.207	0.611	0.914	0.757
37	Tongdou4	0.886	0.819	0.521	0.694	0.886	0.674
38	Tongdou7	0.914	0.861	0.836	0.889	0.743	0.799
39	Wandou9	0.800	0.847	0.679	0.778	0.829	0.660
40	Xiadou1	0.824	0.800	0.713	0.786	0.809	0.807
41	Xiangchundou17	0.764	0.743	0.500	0.618	0.757	0.681
42	XIN06640	0.735	0.676	0.803	0.787	0.727	0.787
43	XIN06666	0.765	0.686	0.816	0.871	0.772	0.793
44	XIN06830	0.647	0.786	0.831	0.886	0.794	0.921
45	XIN06832	0.691	0.671	0.794	0.786	0.779	0.857
46	XIN06846	0.758	0.689	0.750	0.811	0.781	0.864
47	XIN06890	0.728	0.793	0.662	0.736	0.794	0.771
48	XIN06908	0.735	0.786	0.846	0.914	0.912	0.936
49	XIN07094	0.742	0.766	0.806	0.719	0.806	0.789
50	XIN07095	0.816	0.829	0.610	0.786	0.757	0.793
51	XIN07203	0.795	0.772	0.629	0.669	0.689	0.765
52	XIN07397	0.775	0.669	0.750	0.847	0.742	0.823
53	XIN07483	0.561	0.507	0.735	0.765	0.773	0.713
54	XIN07486	0.728	0.679	0.824	0.907	0.750	0.800
55	XIN07543	0.682	0.588	0.659	0.794	0.667	0.794
56	XIN07544	0.743	0.650	0.706	0.821	0.801	0.843
57	XIN07545	0.833	0.823	0.733	0.871	0.733	0.806

（续）

序号	资源编号（名称）	序号/资源编号（名称）					
		1	2	3	4	5	6
		Dongnong 50089	Dongnong 92070	Dongxin2	Gandou5	Gongdou5	Guichundou1
58	XIN07704	0.647	0.686	0.728	0.800	0.882	0.779
59	XIN07707	0.522	0.664	0.838	0.793	0.846	0.900
60	XIN07896	0.581	0.586	0.691	0.743	0.684	0.793
61	XIN07898	0.758	0.779	0.841	0.853	0.848	0.846
62	XIN10695	0.551	0.536	0.809	0.836	0.846	0.821
63	XIN10697	0.607	0.674	0.729	0.771	0.836	0.861
64	XIN10799	0.736	0.757	0.914	0.910	0.886	0.861
65	XIN10801	0.714	0.785	0.643	0.826	0.764	0.708
66	XIN10935	0.550	0.486	0.757	0.708	0.736	0.771
67	XIN10961	0.664	0.743	0.843	0.826	0.793	0.903
68	XIN10963	0.743	0.778	0.807	0.861	0.914	0.854
69	XIN10964	0.650	0.646	0.829	0.799	0.850	0.875
70	XIN10966	0.643	0.653	0.821	0.736	0.814	0.896
71	XIN10967	0.864	0.882	0.714	0.854	0.707	0.819
72	XIN10981	0.736	0.750	0.764	0.722	0.786	0.785
73	XIN10983	0.814	0.757	0.829	0.882	0.700	0.806
74	XIN11115	0.650	0.653	0.721	0.792	0.714	0.771
75	XIN11117	0.757	0.806	0.636	0.764	0.793	0.743
76	XIN11196	0.786	0.792	0.650	0.764	0.793	0.729
77	XIN11198	0.714	0.736	0.764	0.694	0.771	0.771
78	XIN11235	0.771	0.764	0.793	0.778	0.829	0.826
79	XIN11237	0.765	0.814	0.640	0.814	0.772	0.750
80	XIN11239	0.629	0.736	0.679	0.722	0.886	0.771
81	XIN11277	0.864	0.778	0.636	0.764	0.757	0.743
82	XIN11315	0.757	0.694	0.779	0.847	0.757	0.826
83	XIN11317	0.757	0.807	0.838	0.921	0.801	0.836
84	XIN11319	0.507	0.632	0.757	0.771	0.764	0.875
85	XIN11324	0.771	0.819	0.750	0.736	0.821	0.771
86	XIN11326	0.686	0.792	0.879	0.917	0.857	0.840
87	XIN11328	0.714	0.764	0.936	0.917	0.800	0.868

（续）

序号	资源编号 （名称）	序号/资源编号（名称）					
		1	2	3	4	5	6
		Dongnong 50089	Dongnong 92070	Dongxin2	Gandou5	Gongdou5	Guichundou1
88	XIN11330	0.771	0.799	0.586	0.674	0.829	0.750
89	XIN11332	0.764	0.667	0.879	0.861	0.807	0.813
90	XIN11359	0.846	0.807	0.662	0.764	0.706	0.800
91	XIN11447	0.743	0.806	0.793	0.833	0.800	0.896
92	XIN11475	0.686	0.764	0.736	0.903	0.843	0.840
93	XIN11478	0.720	0.831	0.667	0.699	0.803	0.794
94	XIN11480	0.764	0.813	0.657	0.715	0.857	0.819
95	XIN11481	0.707	0.674	0.700	0.771	0.771	0.833
96	XIN11532	0.721	0.618	0.843	0.854	0.793	0.819
97	XIN11534	0.807	0.764	0.621	0.708	0.793	0.799
98	XIN11556	0.713	0.714	0.706	0.850	0.794	0.843
99	XIN11846	0.629	0.543	0.750	0.771	0.662	0.750
100	XIN11847	0.621	0.500	0.707	0.708	0.614	0.688
101	XIN11848	0.550	0.521	0.707	0.722	0.657	0.729
102	XIN11953	0.686	0.722	0.850	0.750	0.771	0.910
103	XIN11955	0.694	0.710	0.717	0.871	0.767	0.766
104	XIN11956	0.657	0.674	0.771	0.597	0.721	0.826
105	XIN12175	0.857	0.792	0.579	0.722	0.800	0.826
106	XIN12219	0.707	0.771	0.671	0.715	0.771	0.750
107	XIN12221	0.700	0.764	0.664	0.736	0.793	0.785
108	XIN12249	0.711	0.856	0.570	0.750	0.898	0.803
109	XIN12251	0.674	0.669	0.773	0.772	0.674	0.735
110	XIN12283	0.793	0.757	0.771	0.826	0.714	0.806
111	XIN12374	0.729	0.674	0.771	0.882	0.871	0.806
112	XIN12380	0.688	0.720	0.844	0.848	0.781	0.886
113	XIN12461	0.664	0.735	0.848	0.902	0.836	0.833
114	XIN12463	0.550	0.715	0.814	0.868	0.893	0.875
115	XIN12465	0.758	0.750	0.932	0.853	0.818	0.904
116	XIN12467	0.721	0.700	0.757	0.814	0.794	0.793
117	XIN12469	0.688	0.697	0.695	0.788	0.844	0.750

（续）

序号	资源编号（名称）	序号/资源编号（名称）					
		1	2	3	4	5	6
		Dongnong 50089	Dongnong 92070	Dongxin2	Gandou5	Gongdou5	Guichundou1
118	XIN12533	0.879	0.897	0.659	0.794	0.818	0.757
119	XIN12535	0.809	0.714	0.654	0.700	0.750	0.807
120	XIN12545	0.618	0.643	0.875	0.857	0.824	0.764
121	XIN12678	0.757	0.861	0.450	0.708	0.793	0.743
122	XIN12680	0.773	0.721	0.720	0.765	0.720	0.801
123	XIN12690	0.629	0.653	0.807	0.833	0.800	0.840
124	XIN12764	0.829	0.694	0.907	0.917	0.829	0.882
125	XIN12799	0.645	0.703	1.000	0.938	0.903	0.867
126	XIN12829	0.667	0.694	0.645	0.790	0.825	0.750
127	XIN12831	0.750	0.800	0.610	0.757	0.816	0.764
128	XIN13095	0.714	0.722	0.679	0.819	0.707	0.799
129	XIN13395	0.697	0.618	0.773	0.779	0.803	0.860
130	XIN13397	0.721	0.660	0.714	0.826	0.643	0.819
131	XIN13398	0.606	0.603	0.780	0.765	0.727	0.860
132	XIN13400	0.659	0.713	0.720	0.816	0.818	0.824
133	XIN13761	0.800	0.611	0.864	0.861	0.800	0.882
134	XIN13795	0.818	0.735	0.788	0.912	0.848	0.904
135	XIN13798	0.800	0.715	0.850	0.792	0.743	0.826
136	XIN13822	0.481	0.565	0.843	0.861	0.769	0.852
137	XIN13824	0.543	0.642	0.750	0.758	0.819	0.917
138	XIN13833	0.714	0.708	0.864	0.917	0.743	0.868
139	XIN13835	0.714	0.681	0.807	0.806	0.857	0.813
140	XIN13925	0.809	0.814	0.721	0.743	0.801	0.807
141	XIN13927	0.758	0.699	0.561	0.640	0.758	0.779
142	XIN13929	0.787	0.779	0.721	0.707	0.779	0.714
143	XIN13941	0.736	0.785	0.757	0.743	0.829	0.750
144	XIN13943	0.636	0.799	0.800	0.826	0.793	0.903
145	XIN13982	0.719	0.833	0.805	0.909	0.844	0.841
146	XIN13984	0.795	0.750	0.664	0.784	0.759	0.707
147	XIN13986	0.779	0.771	0.671	0.646	0.800	0.778

（续）

序号	资源编号（名称）	序号/资源编号（名称）					
		1	2	3	4	5	6
		Dongnong 50089	Dongnong 92070	Dongxin2	Gandou5	Gongdou5	Guichundou1
148	XIN13995	0.857	0.741	0.862	0.828	0.821	0.888
149	XIN13997	0.813	0.811	0.680	0.758	0.898	0.773
150	XIN14025	0.879	0.806	0.743	0.847	0.786	0.799
151	XIN14027	0.553	0.596	0.833	0.816	0.871	0.853
152	XIN14029	0.742	0.719	0.774	0.828	0.790	0.852
153	XIN14031	0.743	0.736	0.879	0.833	0.829	0.826
154	XIN14033	0.676	0.671	0.824	0.857	0.882	0.821
155	XIN14035	0.676	0.650	0.794	0.821	0.669	0.857
156	XIN14036	0.629	0.819	0.879	0.819	0.843	0.868
157	XIN14044	0.886	0.778	0.793	0.778	0.686	0.799
158	XIN14138	0.853	0.800	0.669	0.743	0.941	0.893
159	XIN14140	0.773	0.809	0.654	0.676	0.864	0.757
160	XIN14141	0.830	0.819	0.595	0.647	0.819	0.707
161	XIN14142	0.824	0.864	0.618	0.621	0.919	0.714
162	XIN14143	0.811	0.831	0.742	0.699	0.841	0.757
163	XIN14144	0.821	0.707	0.690	0.672	0.828	0.733
164	XIN14146	0.824	0.821	0.721	0.736	0.846	0.757
165	XIN14147	0.867	0.811	0.667	0.689	0.867	0.788
166	XIN14149	0.647	0.664	0.588	0.707	0.669	0.743
167	XIN14151	0.669	0.693	0.926	0.936	0.853	0.843
168	XIN14176	0.688	0.697	0.750	0.818	0.656	0.765
169	XIN14204	0.813	0.765	0.750	0.824	0.765	0.779
170	XIN14206	0.654	0.764	0.824	0.936	0.949	0.900
171	XIN14262	0.793	0.783	0.542	0.667	0.817	0.792
172	XIN14288	0.563	0.591	0.902	0.818	0.844	0.962
173	XIN14305	0.811	0.640	0.682	0.743	0.856	0.838
174	XIN15286	0.820	0.765	0.879	0.932	0.813	0.909
175	XIN15416	0.728	0.764	0.809	0.821	0.824	0.843
176	XIN15418	0.794	0.786	0.743	0.800	0.765	0.907
177	XIN15450	0.904	0.893	0.765	0.764	0.787	0.714

（续）

序号	资源编号（名称）	序号/资源编号（名称）					
		1	2	3	4	5	6
		Dongnong 50089	Dongnong 92070	Dongxin2	Gandou5	Gongdou5	Guichundou1
178	XIN15452	0.857	0.845	0.802	0.828	0.862	0.802
179	XIN15530	0.645	0.625	0.867	0.891	0.919	0.836
180	XIN15532	0.644	0.610	0.803	0.904	0.811	0.897
181	XIN15533	0.719	0.621	0.836	0.909	0.938	0.841
182	XIN15535	0.648	0.652	0.773	0.833	0.719	0.750
183	XIN15537	0.695	0.644	0.833	0.871	0.836	0.894
184	XIN15584	0.598	0.537	0.833	0.846	0.811	0.772
185	XIN15586	0.759	0.700	0.792	0.900	0.767	0.808
186	XIN15627	0.767	0.766	0.800	0.782	0.750	0.839
187	XIN15636	0.867	0.765	0.703	0.689	0.727	0.803
188	XIN15738	0.757	0.821	0.809	0.907	0.846	0.886
189	XIN15739	0.836	0.765	0.625	0.750	0.711	0.811
190	XIN15741	0.853	0.879	0.559	0.750	0.728	0.771
191	XIN15743	0.669	0.700	0.485	0.614	0.691	0.707
192	XIN15811	0.742	0.828	0.820	0.875	0.844	0.773
193	XIN15879	0.650	0.714	0.821	0.952	0.810	0.774
194	XIN15895	0.563	0.750	0.810	0.836	0.853	0.793
195	XIN16008	0.708	0.758	0.724	0.708	0.692	0.667
196	XIN16010	0.694	0.703	0.637	0.719	0.645	0.758
197	XIN16016	0.735	0.787	0.682	0.699	0.871	0.706
198	XIN16018	0.734	0.773	0.586	0.712	0.719	0.735
199	Xindali1	0.829	0.917	0.764	0.833	0.886	0.882
200	Yang02－1	0.781	0.656	0.798	0.875	0.839	0.930
201	Yudou18	0.800	0.792	0.664	0.722	0.800	0.674
202	Zhechun2	0.800	0.708	0.793	0.778	0.714	0.743
203	Zhongdou27	0.800	0.722	0.793	0.903	0.829	0.785
204	Zhongdou34	0.836	0.854	0.643	0.743	0.721	0.569
205	Zhongdou8	0.829	0.792	0.579	0.722	0.857	0.618
206	Zhonghuang10	0.871	0.829	0.824	0.829	0.772	0.679
207	Zhongpin661	0.879	0.742	0.836	0.848	0.818	0.811

表 2 遗传距离（二）

序号	资源编号（名称）	序号/资源编号（名称）					
		7	8	9	10	11	12
		Guixia3	Hedou12	Heinong37	Huachun4	Huangbaozhuhao	Huaxia101
1	Dongnong50089	0.850	0.811	0.629	0.699	0.728	0.907
2	Dongnong92070	0.771	0.831	0.681	0.750	0.736	0.771
3	Dongxin2	0.571	0.644	0.764	0.706	0.853	0.671
4	Gandou5	0.493	0.816	0.833	0.736	0.907	0.701
5	Gongdou5	0.850	0.787	0.771	0.846	0.816	0.821
6	Guichundou1	0.750	0.691	0.868	0.814	0.886	0.806
7	Guixia3	0.000	0.721	0.715	0.636	0.800	0.625
8	Hedou12	0.721	0.000	0.787	0.773	0.894	0.706
9	Heinong37	0.715	0.787	0.000	0.764	0.536	0.771
10	Huachun4	0.636	0.773	0.764	0.000	0.971	0.857
11	Huangbaozhuhao	0.800	0.894	0.536	0.971	0.000	0.771
12	Huaxia101	0.625	0.706	0.771	0.857	0.771	0.000
13	Huaxia102	0.593	0.871	0.771	0.772	0.816	0.593
14	Jidou7	0.840	0.838	0.764	0.807	0.707	0.785
15	Jikedou1	0.929	0.826	0.793	0.897	0.779	0.857
16	Jindou21	0.833	0.838	0.618	0.857	0.743	0.847
17	Jindou31	0.743	0.743	0.694	0.750	0.707	0.854
18	Jinong11	0.722	0.853	0.576	0.786	0.557	0.750
19	Jinyi50	0.701	0.772	0.556	0.850	0.650	0.826
20	Jiufeng10	0.875	0.766	0.809	0.735	0.758	0.816
21	Jiwuxing1	0.800	0.750	0.693	0.794	0.772	0.786
22	Kefeng5	0.660	0.368	0.778	0.807	0.864	0.743
23	Ludou4	0.917	0.787	0.840	0.829	0.786	0.958
24	Lvling9804	0.811	0.831	0.758	0.617	0.867	0.871
25	Nannong99 – 6	0.715	0.728	0.722	0.879	0.679	0.729
26	Puhai10	0.629	0.713	0.779	0.794	0.750	0.757
27	Qihuang1	0.799	0.757	0.861	0.736	0.779	0.799

（续）

序号	资源编号 （名称）	序号/资源编号（名称）					
		7	8	9	10	11	12
		Guixia3	Hedou12	Heinong37	Huachun4	Huangbaozhuhao	Huaxia101
28	Qihuang28	0.826	0.794	0.806	0.864	0.793	0.785
29	Ribenqing3	0.938	0.875	0.833	0.621	0.879	0.868
30	Shang951099	0.736	0.610	0.800	0.787	0.699	0.721
31	Suchun10-8	0.854	0.816	0.722	0.593	0.850	0.826
32	Sudou5	0.736	0.841	0.886	0.493	0.949	0.764
33	Suhan1	0.882	0.875	0.722	0.679	0.850	0.882
34	suinong14	0.824	0.820	0.757	0.712	0.727	0.838
35	Suixiaolidou2	0.879	0.919	0.689	0.859	0.688	0.864
36	Suza1	0.604	0.669	0.778	0.736	0.821	0.729
37	Tongdou4	0.688	0.846	0.722	0.879	0.736	0.743
38	Tongdou7	0.882	0.699	0.861	0.879	0.779	0.785
39	Wandou9	0.715	0.610	0.889	0.821	0.821	0.813
40	Xiadou1	0.679	0.826	0.771	0.846	0.772	0.764
41	Xiangchundou17	0.694	0.743	0.757	0.671	0.807	0.701
42	XIN06640	0.765	0.805	0.684	0.727	0.652	0.765
43	XIN06666	0.764	0.833	0.686	0.713	0.772	0.779
44	XIN06830	0.821	0.871	0.600	0.816	0.551	0.821
45	XIN06832	0.736	0.780	0.671	0.728	0.581	0.721
46	XIN06846	0.833	0.750	0.765	0.828	0.875	0.833
47	XIN06890	0.786	0.508	0.850	0.662	0.956	0.771
48	XIN06908	0.864	0.871	0.771	0.728	0.787	0.936
49	XIN07094	0.648	0.567	0.688	0.831	0.734	0.727
50	XIN07095	0.693	0.576	0.757	0.713	0.890	0.721
51	XIN07203	0.588	0.477	0.699	0.780	0.720	0.559
52	XIN07397	0.823	0.603	0.847	0.892	0.742	0.661
53	XIN07483	0.757	0.773	0.603	0.674	0.674	0.787
54	XIN07486	0.843	0.932	0.707	0.794	0.735	0.857
55	XIN07543	0.728	0.633	0.721	0.765	0.750	0.640
56	XIN07544	0.757	0.773	0.679	0.706	0.750	0.714
57	XIN07545	0.831	0.862	0.806	0.825	0.758	0.766

序号	资源编号（名称）	序号/资源编号（名称）					
		7	8	9	10	11	12
		Guixia3	Hedou12	Heinong37	Huachun4	Huangbaozhuhao	Huaxia101
58	XIN07704	0.707	0.758	0.500	0.684	0.757	0.807
59	XIN07707	0.871	0.864	0.736	0.750	0.809	0.843
60	XIN07896	0.721	0.659	0.629	0.581	0.684	0.764
61	XIN07898	0.816	0.836	0.706	0.689	0.720	0.846
62	XIN10695	0.814	0.721	0.593	0.676	0.750	0.814
63	XIN10697	0.750	0.838	0.563	0.771	0.714	0.764
64	XIN10799	0.875	0.846	0.743	0.571	0.871	0.875
65	XIN10801	0.764	0.706	0.771	0.729	0.929	0.778
66	XIN10935	0.674	0.721	0.542	0.721	0.593	0.722
67	XIN10961	0.764	0.838	0.729	0.729	0.600	0.819
68	XIN10963	0.840	0.846	0.806	0.650	0.793	0.882
69	XIN10964	0.792	0.868	0.715	0.671	0.814	0.875
70	XIN10966	0.701	0.831	0.722	0.707	0.707	0.785
71	XIN10967	0.875	0.574	0.771	0.757	0.871	0.750
72	XIN10981	0.660	0.574	0.722	0.850	0.721	0.715
73	XIN10983	0.792	0.890	0.701	0.843	0.671	0.722
74	XIN11115	0.674	0.691	0.569	0.764	0.550	0.729
75	XIN11117	0.813	0.566	0.792	0.836	0.807	0.771
76	XIN11196	0.639	0.632	0.708	0.836	0.764	0.743
77	XIN11198	0.632	0.581	0.681	0.814	0.729	0.729
78	XIN11235	0.743	0.713	0.750	0.679	0.850	0.757
79	XIN11237	0.764	0.227	0.800	0.816	0.875	0.721
80	XIN11239	0.715	0.728	0.722	0.707	0.821	0.785
81	XIN11277	0.701	0.434	0.861	0.800	0.771	0.701
82	XIN11315	0.729	0.772	0.681	0.721	0.750	0.757
83	XIN11317	0.829	0.735	0.779	0.809	0.809	0.800
84	XIN11319	0.819	0.831	0.451	0.757	0.686	0.861
85	XIN11324	0.757	0.647	0.806	0.793	0.736	0.743
86	XIN11326	0.826	0.846	0.639	0.707	0.793	0.938
87	XIN11328	0.910	0.904	0.806	0.821	0.821	0.826

（续）

序号	资源编号（名称）	序号/资源编号（名称）					
		7	8	9	10	11	12
		Guixia3	Hedou12	Heinong37	Huachun4	Huangbaozhuhao	Huaxia101
88	XIN11330	0.667	0.699	0.688	0.771	0.671	0.694
89	XIN11332	0.826	0.735	0.750	0.857	0.643	0.701
90	XIN11359	0.729	0.644	0.707	0.809	0.868	0.686
91	XIN11447	0.785	0.831	0.750	0.707	0.779	0.813
92	XIN11475	0.785	0.676	0.708	0.893	0.750	0.743
93	XIN11478	0.676	0.664	0.640	0.742	0.773	0.721
94	XIN11480	0.653	0.779	0.701	0.757	0.814	0.764
95	XIN11481	0.778	0.743	0.590	0.871	0.614	0.771
96	XIN11532	0.806	0.809	0.590	0.757	0.657	0.792
97	XIN11534	0.646	0.676	0.694	0.779	0.793	0.715
98	XIN11556	0.714	0.795	0.550	0.765	0.765	0.686
99	XIN11846	0.686	0.659	0.514	0.706	0.559	0.650
100	XIN11847	0.667	0.581	0.569	0.614	0.600	0.653
101	XIN11848	0.681	0.662	0.528	0.614	0.600	0.660
102	XIN11953	0.660	0.860	0.694	0.793	0.707	0.743
103	XIN11955	0.798	0.819	0.823	0.775	0.792	0.750
104	XIN11956	0.549	0.750	0.639	0.707	0.650	0.674
105	XIN12175	0.715	0.375	0.806	0.821	0.907	0.729
106	XIN12219	0.764	0.478	0.826	0.643	0.957	0.778
107	XIN12221	0.785	0.485	0.847	0.664	0.936	0.757
108	XIN12249	0.682	0.621	0.750	0.672	0.938	0.727
109	XIN12251	0.647	0.688	0.699	0.644	0.811	0.765
110	XIN12283	0.764	0.728	0.715	0.871	0.700	0.736
111	XIN12374	0.806	0.757	0.757	0.786	0.743	0.833
112	XIN12380	0.780	0.839	0.606	0.836	0.523	0.811
113	XIN12461	0.864	0.782	0.689	0.875	0.719	0.803
114	XIN12463	0.889	0.824	0.743	0.714	0.786	0.861
115	XIN12465	0.875	0.930	0.794	0.811	0.811	0.875
116	XIN12467	0.693	0.795	0.629	0.669	0.816	0.721
117	XIN12469	0.735	0.774	0.621	0.789	0.633	0.811

（续）

序号	资源编号 （名称）	序号/资源编号（名称）					
		7	8	9	10	11	12
		Guixia3	Hedou12	Heinong37	Huachun4	Huangbaozhuhao	Huaxia101
118	XIN12533	0.816	0.789	0.882	0.902	0.932	0.816
119	XIN12535	0.621	0.439	0.771	0.801	0.772	0.693
120	XIN12545	0.850	0.780	0.800	0.669	0.904	0.850
121	XIN12678	0.715	0.515	0.736	0.707	0.836	0.688
122	XIN12680	0.743	0.766	0.676	0.795	0.765	0.743
123	XIN12690	0.757	0.816	0.500	0.736	0.679	0.826
124	XIN12764	0.882	0.728	0.806	0.879	0.736	0.757
125	XIN12799	0.930	0.903	0.875	0.831	0.766	0.883
126	XIN12829	0.669	0.759	0.532	0.808	0.642	0.734
127	XIN12831	0.779	0.530	0.786	0.801	0.831	0.807
128	XIN13095	0.785	0.632	0.778	0.793	0.836	0.840
129	XIN13395	0.713	0.734	0.515	0.644	0.780	0.831
130	XIN13397	0.778	0.875	0.563	0.771	0.643	0.764
131	XIN13398	0.757	0.836	0.353	0.750	0.659	0.816
132	XIN13400	0.691	0.813	0.375	0.652	0.803	0.779
133	XIN13761	0.868	0.846	0.722	0.793	0.679	0.882
134	XIN13795	0.846	0.906	0.706	0.750	0.811	0.846
135	XIN13798	0.750	0.801	0.653	0.793	0.664	0.771
136	XIN13822	0.833	0.750	0.509	0.769	0.577	0.815
137	XIN13824	0.783	0.810	0.475	0.810	0.621	0.850
138	XIN13833	0.854	0.846	0.694	0.764	0.736	0.882
139	XIN13835	0.785	0.757	0.722	0.736	0.764	0.813
140	XIN13925	0.679	0.576	0.800	0.787	0.860	0.736
141	XIN13927	0.632	0.547	0.625	0.720	0.750	0.662
142	XIN13929	0.743	0.629	0.779	0.735	0.691	0.743
143	XIN13941	0.764	0.669	0.771	0.786	0.729	0.750
144	XIN13943	0.757	0.838	0.646	0.757	0.543	0.792
145	XIN13982	0.902	0.836	0.818	0.711	0.898	0.902
146	XIN13984	0.672	0.527	0.698	0.857	0.768	0.759
147	XIN13986	0.639	0.485	0.771	0.786	0.800	0.694

（续）

序号	资源编号（名称）	序号/资源编号（名称）					
		7	8	9	10	11	12
		Guixia3	Hedou12	Heinong37	Huachun4	Huangbaozhuhao	Huaxia101
148	XIN13995	0.784	0.679	0.724	0.920	0.741	0.698
149	XIN13997	0.629	0.581	0.879	0.930	0.867	0.705
150	XIN14025	0.799	0.640	0.819	0.864	0.793	0.785
151	XIN14027	0.824	0.788	0.801	0.758	0.742	0.779
152	XIN14029	0.773	0.871	0.703	0.806	0.645	0.758
153	XIN14031	0.799	0.816	0.667	0.736	0.679	0.799
154	XIN14033	0.779	0.848	0.800	0.699	0.816	0.879
155	XIN14035	0.757	0.848	0.736	0.779	0.765	0.714
156	XIN14036	0.840	0.831	0.764	0.764	0.750	0.771
157	XIN14044	0.771	0.610	0.806	0.821	0.850	0.757
158	XIN14138	0.693	0.772	0.686	0.875	0.669	0.736
159	XIN14140	0.728	0.758	0.750	0.750	0.811	0.831
160	XIN14141	0.707	0.716	0.802	0.768	0.875	0.793
161	XIN14142	0.736	0.712	0.807	0.794	0.838	0.771
162	XIN14143	0.662	0.750	0.787	0.864	0.833	0.721
163	XIN14144	0.681	0.857	0.810	0.759	0.866	0.733
164	XIN14146	0.757	0.864	0.793	0.897	0.750	0.857
165	XIN14147	0.667	0.855	0.811	0.719	0.859	0.712
166	XIN14149	0.657	0.545	0.707	0.750	0.721	0.664
167	XIN14151	0.857	0.811	0.764	0.838	0.603	0.843
168	XIN14176	0.735	0.790	0.712	0.820	0.742	0.720
169	XIN14204	0.809	0.922	0.824	0.859	0.813	0.765
170	XIN14206	0.914	0.864	0.864	0.779	0.794	0.886
171	XIN14262	0.692	0.608	0.733	0.819	0.819	0.775
172	XIN14288	0.871	0.927	0.667	0.773	0.742	0.871
173	XIN14305	0.735	0.594	0.713	0.773	0.848	0.779
174	XIN15286	0.864	0.863	0.674	0.859	0.750	0.818
175	XIN15416	0.786	0.705	0.721	0.853	0.735	0.757
176	XIN15418	0.764	0.659	0.657	0.904	0.728	0.793
177	XIN15450	0.614	0.773	0.821	0.750	0.838	0.757

（续）

序号	资源编号（名称）	序号/资源编号（名称）					
		7	8	9	10	11	12
		Guixia3	Hedou12	Heinong37	Huachun4	Huangbaozhuhao	Huaxia101
178	XIN15452	0.681	0.777	0.828	0.813	0.777	0.819
179	XIN15530	0.836	0.808	0.719	0.758	0.694	0.820
180	XIN15532	0.853	0.813	0.640	0.742	0.727	0.853
181	XIN15533	0.856	0.798	0.636	0.805	0.742	0.871
182	XIN15535	0.720	0.815	0.758	0.648	0.789	0.780
183	XIN15537	0.788	0.855	0.689	0.703	0.828	0.833
184	XIN15584	0.809	0.727	0.581	0.818	0.621	0.787
185	XIN15586	0.808	0.758	0.700	0.698	0.698	0.775
186	XIN15627	0.774	0.758	0.653	0.733	0.667	0.774
187	XIN15636	0.591	0.641	0.750	0.781	0.797	0.727
188	XIN15738	0.843	0.833	0.821	0.338	0.956	0.814
189	XIN15739	0.712	0.578	0.689	0.828	0.766	0.758
190	XIN15741	0.657	0.621	0.736	0.765	0.868	0.714
191	XIN15743	0.564	0.477	0.643	0.743	0.728	0.607
192	XIN15811	0.805	0.766	0.844	0.556	0.927	0.789
193	XIN15879	0.917	0.838	0.810	0.813	0.675	0.952
194	XIN15895	0.759	0.776	0.543	0.804	0.571	0.724
195	XIN16008	0.700	0.525	0.725	0.724	0.707	0.700
196	XIN16010	0.570	0.492	0.672	0.694	0.694	0.695
197	XIN16016	0.632	0.606	0.772	0.848	0.727	0.647
198	XIN16018	0.644	0.570	0.652	0.805	0.617	0.583
199	Xindali1	0.882	0.846	0.861	0.493	0.907	0.938
200	Yang02－1	0.836	0.892	0.750	0.766	0.815	0.836
201	Yudou18	0.576	0.551	0.694	0.850	0.621	0.701
202	Zhechun2	0.799	0.654	0.722	0.821	0.764	0.674
203	Zhongdou27	0.840	0.713	0.778	0.893	0.736	0.799
204	Zhongdou34	0.764	0.691	0.896	0.757	0.843	0.729
205	Zhongdou8	0.660	0.757	0.722	0.879	0.736	0.701
206	Zhonghuang10	0.864	0.773	0.814	0.772	0.846	0.921
207	Zhongpin661	0.841	0.680	0.758	0.805	0.727	0.735

表3 遗传距离（三）

序号	资源编号（名称）	序号/资源编号（名称）					
		13	14	15	16	17	18
		Huaxia102	Jidou7	Jikedou1	Jindou21	Jindou31	Jinong11
1	Dongnong50089	0.829	0.786	0.750	0.836	0.829	0.550
2	Dongnong92070	0.800	0.583	0.707	0.771	0.833	0.618
3	Dongxin2	0.728	0.836	0.868	0.757	0.736	0.786
4	Gandou5	0.657	0.875	0.964	0.826	0.833	0.799
5	Gongdou5	0.824	0.786	0.816	0.779	0.857	0.736
6	Guichundou1	0.750	0.785	0.871	0.944	0.826	0.861
7	Guixia3	0.593	0.840	0.929	0.833	0.743	0.722
8	Hedou12	0.871	0.838	0.826	0.838	0.743	0.853
9	Heinong37	0.771	0.764	0.793	0.618	0.694	0.576
10	Huachun4	0.772	0.807	0.897	0.857	0.750	0.786
11	Huangbaozhuhao	0.816	0.707	0.779	0.743	0.707	0.557
12	Huaxia101	0.593	0.785	0.857	0.847	0.854	0.750
13	Huaxia102	0.000	0.871	0.907	0.850	0.800	0.721
14	Jidou7	0.871	0.000	0.629	0.771	0.736	0.688
15	Jikedou1	0.907	0.629	0.000	0.700	0.793	0.671
16	Jindou21	0.850	0.771	0.700	0.000	0.743	0.722
17	Jindou31	0.800	0.736	0.793	0.743	0.000	0.785
18	Jinong11	0.721	0.688	0.671	0.722	0.785	0.000
19	Jinyi50	0.829	0.722	0.879	0.785	0.750	0.563
20	Jiufeng10	0.926	0.765	0.654	0.831	0.779	0.757
21	Jiwuxing1	0.801	0.550	0.779	0.814	0.821	0.671
22	Kefeng5	0.829	0.875	0.807	0.785	0.764	0.868
23	Ludou4	0.893	0.750	0.721	0.819	0.729	0.736
24	Lvling9804	0.818	0.864	0.780	0.841	0.788	0.811
25	Nannong99－6	0.771	0.708	0.850	0.854	0.806	0.771
26	Puhai10	0.743	0.771	0.801	0.686	0.693	0.829
27	Qihuang1	0.886	0.681	0.850	0.840	0.694	0.729

（续）

序号	资源编号（名称）	序号/资源编号（名称）					
		13	14	15	16	17	18
		Huaxia102	Jidou7	Jikedou1	Jindou21	Jindou31	Jinong11
28	Qihuang28	0.843	0.667	0.836	0.688	0.764	0.813
29	Ribenqing3	0.914	0.861	0.821	0.799	0.861	0.799
30	Shang951099	0.824	0.900	0.904	0.836	0.800	0.807
31	Suchun10-8	0.829	0.819	0.764	0.813	0.778	0.799
32	Sudou5	0.829	0.714	0.864	0.893	0.857	0.821
33	Suhan1	0.914	0.847	0.864	0.826	0.778	0.743
34	suinong14	0.904	0.772	0.691	0.750	0.904	0.735
35	Suixiaolidou2	0.841	0.826	0.758	0.909	0.932	0.712
36	Suza1	0.743	0.875	0.879	0.757	0.778	0.785
37	Tongdou4	0.800	0.819	0.879	0.854	0.833	0.785
38	Tongdou7	0.886	0.764	0.850	0.785	0.806	0.854
39	Wandou9	0.743	0.792	0.893	0.813	0.750	0.896
40	Xiadou1	0.750	0.771	0.904	0.793	0.757	0.864
41	Xiangchundou17	0.607	0.764	0.736	0.708	0.660	0.778
42	XIN06640	0.765	0.728	0.576	0.838	0.757	0.654
43	XIN06666	0.779	0.686	0.684	0.850	0.757	0.707
44	XIN06830	0.853	0.714	0.904	0.879	0.800	0.636
45	XIN06832	0.721	0.743	0.713	0.800	0.700	0.621
46	XIN06846	0.867	0.735	0.734	0.818	0.902	0.697
47	XIN06890	0.816	0.793	0.824	0.829	0.721	0.743
48	XIN06908	0.824	0.843	0.728	0.850	0.829	0.721
49	XIN07094	0.710	0.828	0.863	0.773	0.875	0.711
50	XIN07095	0.816	0.814	0.838	0.736	0.829	0.807
51	XIN07203	0.689	0.846	0.803	0.779	0.743	0.669
52	XIN07397	0.892	0.798	0.717	0.798	0.863	0.806
53	XIN07483	0.727	0.618	0.598	0.728	0.721	0.566
54	XIN07486	0.831	0.650	0.662	0.800	0.707	0.586
55	XIN07543	0.788	0.618	0.735	0.713	0.794	0.625
56	XIN07544	0.816	0.621	0.794	0.843	0.821	0.629
57	XIN07545	0.867	0.758	0.825	0.815	0.839	0.766

（续）

序号	资源编号 （名称）	序号/资源编号（名称）					
		13	14	15	16	17	18
		Huaxia102	Jidou7	Jikedou1	Jindou21	Jindou31	Jinong11
58	XIN07704	0.735	0.679	0.596	0.736	0.800	0.636
59	XIN07707	0.816	0.879	0.676	0.914	0.850	0.686
60	XIN07896	0.787	0.629	0.471	0.664	0.714	0.650
61	XIN07898	0.848	0.868	0.750	0.919	0.824	0.787
62	XIN10695	0.787	0.743	0.699	0.857	0.764	0.700
63	XIN10697	0.693	0.674	0.729	0.833	0.757	0.458
64	XIN10799	0.850	0.771	0.800	0.792	0.813	0.764
65	XIN10801	0.829	0.799	0.864	0.833	0.799	0.792
66	XIN10935	0.779	0.653	0.643	0.660	0.708	0.507
67	XIN10961	0.821	0.840	0.886	0.813	0.715	0.736
68	XIN10963	0.857	0.792	0.593	0.924	0.806	0.701
69	XIN10964	0.850	0.785	0.600	0.806	0.882	0.667
70	XIN10966	0.714	0.750	0.607	0.819	0.792	0.674
71	XIN10967	0.879	0.813	0.814	0.750	0.771	0.819
72	XIN10981	0.750	0.889	0.871	0.785	0.889	0.715
73	XIN10983	0.814	0.688	0.764	0.764	0.771	0.667
74	XIN11115	0.821	0.681	0.721	0.674	0.722	0.604
75	XIN11117	0.871	0.792	0.893	0.799	0.875	0.854
76	XIN11196	0.757	0.847	0.879	0.840	0.806	0.771
77	XIN11198	0.700	0.875	0.879	0.757	0.861	0.688
78	XIN11235	0.857	0.792	0.793	0.785	0.778	0.743
79	XIN11237	0.868	0.886	0.757	0.793	0.743	0.836
80	XIN11239	0.857	0.847	0.807	0.813	0.778	0.715
81	XIN11277	0.850	0.792	0.757	0.854	0.778	0.792
82	XIN11315	0.757	0.722	0.636	0.924	0.806	0.646
83	XIN11317	0.919	0.686	0.721	0.814	0.864	0.707
84	XIN11319	0.821	0.743	0.750	0.785	0.688	0.583
85	XIN11324	0.843	0.875	0.864	0.799	0.778	0.826
86	XIN11326	0.886	0.792	0.736	0.813	0.778	0.743
87	XIN11328	0.886	0.708	0.621	0.896	0.889	0.743

（续）

序号	资源编号（名称）	序号/资源编号（名称）					
		13	14	15	16	17	18
		Huaxia102	Jidou7	Jikedou1	Jindou21	Jindou31	Jinong11
88	XIN11330	0.771	0.785	0.764	0.750	0.715	0.750
89	XIN11332	0.921	0.611	0.686	0.840	0.778	0.736
90	XIN11359	0.757	0.850	0.868	0.714	0.779	0.857
91	XIN11447	0.800	0.750	0.593	0.771	0.819	0.743
92	XIN11475	0.829	0.750	0.786	0.854	0.861	0.667
93	XIN11478	0.765	0.779	0.758	0.728	0.699	0.691
94	XIN11480	0.793	0.785	0.771	0.743	0.729	0.722
95	XIN11481	0.807	0.743	0.757	0.757	0.701	0.688
96	XIN11532	0.793	0.785	0.686	0.840	0.799	0.667
97	XIN11534	0.750	0.708	0.814	0.826	0.833	0.674
98	XIN11556	0.787	0.721	0.721	0.800	0.679	0.714
99	XIN11846	0.757	0.443	0.507	0.636	0.700	0.471
100	XIN11847	0.807	0.542	0.614	0.729	0.681	0.542
101	XIN11848	0.693	0.611	0.586	0.681	0.722	0.556
102	XIN11953	0.743	0.792	0.821	0.785	0.611	0.563
103	XIN11955	0.806	0.710	0.798	0.694	0.774	0.766
104	XIN11956	0.643	0.750	0.764	0.611	0.583	0.542
105	XIN12175	0.800	0.903	0.921	0.757	0.806	0.826
106	XIN12219	0.793	0.799	0.829	0.833	0.674	0.722
107	XIN12221	0.814	0.806	0.807	0.826	0.708	0.743
108	XIN12249	0.836	0.947	0.875	0.848	0.795	0.833
109	XIN12251	0.780	0.669	0.606	0.735	0.699	0.713
110	XIN12283	0.821	0.660	0.771	0.806	0.785	0.708
111	XIN12374	0.871	0.688	0.664	0.847	0.840	0.750
112	XIN12380	0.813	0.667	0.898	0.811	0.758	0.644
113	XIN12461	0.805	0.735	0.688	0.833	0.871	0.667
114	XIN12463	0.864	0.799	0.643	0.917	0.826	0.625
115	XIN12465	0.848	0.868	0.568	0.831	0.853	0.713
116	XIN12467	0.750	0.700	0.860	0.836	0.843	0.686
117	XIN12469	0.703	0.727	0.773	0.841	0.697	0.644

（续）

序号	资源编号（名称）	序号/资源编号（名称）					
		13	14	15	16	17	18
		Huaxia102	Jidou7	Jikedou1	Jindou21	Jindou31	Jinong11
118	XIN12533	0.758	0.882	0.795	0.816	0.765	0.846
119	XIN12535	0.779	0.829	0.838	0.707	0.700	0.793
120	XIN12545	0.824	0.700	0.610	0.921	0.857	0.721
121	XIN12678	0.757	0.847	0.893	0.743	0.736	0.799
122	XIN12680	0.742	0.706	0.780	0.816	0.765	0.654
123	XIN12690	0.743	0.736	0.736	0.785	0.778	0.576
124	XIN12764	0.943	0.625	0.764	0.896	0.861	0.785
125	XIN12799	0.935	0.586	0.419	0.852	0.906	0.742
126	XIN12829	0.817	0.661	0.750	0.685	0.710	0.669
127	XIN12831	0.868	0.771	0.860	0.821	0.814	0.850
128	XIN13095	0.814	0.819	0.836	0.813	0.833	0.771
129	XIN13395	0.758	0.809	0.750	0.787	0.794	0.743
130	XIN13397	0.821	0.660	0.657	0.792	0.757	0.583
131	XIN13398	0.788	0.779	0.811	0.801	0.765	0.640
132	XIN13400	0.750	0.787	0.818	0.794	0.743	0.765
133	XIN13761	0.914	0.764	0.650	0.813	0.750	0.660
134	XIN13795	0.879	0.632	0.598	0.801	0.765	0.772
135	XIN13798	0.786	0.653	0.607	0.785	0.861	0.653
136	XIN13822	0.827	0.787	0.635	0.796	0.657	0.528
137	XIN13824	0.819	0.767	0.733	0.783	0.708	0.567
138	XIN13833	0.857	0.819	0.536	0.868	0.722	0.729
139	XIN13835	0.771	0.792	0.707	0.813	0.806	0.646
140	XIN13925	0.794	0.814	0.728	0.821	0.871	0.764
141	XIN13927	0.727	0.831	0.795	0.618	0.669	0.765
142	XIN13929	0.801	0.836	0.794	0.757	0.721	0.807
143	XIN13941	0.850	0.854	0.871	0.833	0.785	0.819
144	XIN13943	0.764	0.840	0.814	0.764	0.576	0.653
145	XIN13982	0.938	0.811	0.844	0.826	0.939	0.811
146	XIN13984	0.688	0.845	0.830	0.672	0.836	0.810
147	XIN13986	0.707	0.896	0.829	0.764	0.813	0.750

序号	资源编号（名称）	序号/资源编号（名称）					
		13	14	15	16	17	18
		Huaxia102	Jidou7	Jikedou1	Jindou21	Jindou31	Jinong11
148	XIN13995	0.821	0.750	0.679	0.888	0.793	0.750
149	XIN13997	0.781	0.818	0.727	0.841	0.833	0.765
150	XIN14025	0.879	0.833	0.757	0.840	0.792	0.826
151	XIN14027	0.811	0.750	0.553	0.912	0.846	0.647
152	XIN14029	0.758	0.789	0.581	0.852	0.813	0.680
153	XIN14031	0.800	0.819	0.679	0.896	0.833	0.729
154	XIN14033	0.882	0.814	0.581	0.807	0.886	0.664
155	XIN14035	0.809	0.664	0.463	0.757	0.821	0.643
156	XIN14036	0.743	0.861	0.636	0.882	0.875	0.639
157	XIN14044	0.829	0.736	0.821	0.674	0.806	0.729
158	XIN14138	0.794	0.779	0.882	0.850	0.800	0.693
159	XIN14140	0.697	0.809	0.917	0.801	0.706	0.831
160	XIN14141	0.813	0.759	0.884	0.741	0.733	0.828
161	XIN14142	0.735	0.807	0.846	0.829	0.779	0.829
162	XIN14143	0.689	0.831	0.758	0.868	0.846	0.735
163	XIN14144	0.732	0.707	0.795	0.871	0.828	0.750
164	XIN14146	0.794	0.721	0.816	0.814	0.821	0.686
165	XIN14147	0.805	0.780	0.828	0.833	0.826	0.773
166	XIN14149	0.779	0.764	0.772	0.657	0.793	0.671
167	XIN14151	0.846	0.764	0.676	0.857	0.721	0.714
168	XIN14176	0.766	0.621	0.727	0.712	0.773	0.636
169	XIN14204	0.813	0.603	0.828	0.765	0.882	0.794
170	XIN14206	0.875	0.836	0.647	0.929	0.864	0.871
171	XIN14262	0.655	0.892	0.879	0.792	0.833	0.775
172	XIN14288	0.844	0.833	0.711	0.856	0.879	0.674
173	XIN14305	0.826	0.787	0.773	0.632	0.684	0.809
174	XIN15286	0.898	0.644	0.594	0.818	0.811	0.667
175	XIN15416	0.846	0.736	0.721	0.836	0.750	0.571
176	XIN15418	0.853	0.757	0.728	0.821	0.771	0.621
177	XIN15450	0.669	0.836	0.897	0.829	0.793	0.771

（续）

序号	资源编号（名称）	序号/资源编号（名称）					
		13	14	15	16	17	18
		Huaxia102	Jidou7	Jikedou1	Jindou21	Jindou31	Jinong11
178	XIN15452	0.714	0.845	0.848	0.802	0.793	0.733
179	XIN15530	0.887	0.781	0.718	0.867	0.813	0.633
180	XIN15532	0.811	0.772	0.667	0.750	0.743	0.669
181	XIN15533	0.813	0.803	0.680	0.856	0.848	0.780
182	XIN15535	0.820	0.636	0.750	0.811	0.727	0.606
183	XIN15537	0.836	0.886	0.797	0.818	0.871	0.773
184	XIN15584	0.735	0.676	0.674	0.750	0.801	0.574
185	XIN15586	0.879	0.758	0.828	0.858	0.800	0.667
186	XIN15627	0.750	0.726	0.833	0.774	0.750	0.621
187	XIN15636	0.742	0.833	0.867	0.773	0.720	0.788
188	XIN15738	0.816	0.821	0.868	0.857	0.793	0.786
189	XIN15739	0.773	0.773	0.867	0.606	0.720	0.788
190	XIN15741	0.794	0.821	0.875	0.714	0.807	0.814
191	XIN15743	0.640	0.743	0.809	0.607	0.729	0.700
192	XIN15811	0.871	0.828	0.831	0.883	0.875	0.805
193	XIN15879	0.825	0.726	0.663	0.857	0.833	0.619
194	XIN15895	0.759	0.741	0.777	0.897	0.802	0.603
195	XIN16008	0.808	0.783	0.775	0.700	0.658	0.750
196	XIN16010	0.726	0.688	0.823	0.695	0.641	0.703
197	XIN16016	0.720	0.838	0.902	0.824	0.875	0.750
198	XIN16018	0.703	0.765	0.828	0.598	0.712	0.712
199	Xindali1	0.886	0.778	0.821	0.910	0.778	0.840
200	Yang02－1	0.906	0.797	0.695	0.813	0.906	0.852
201	Yudou18	0.714	0.819	0.821	0.785	0.750	0.729
202	Zhechun2	0.800	0.736	0.764	0.646	0.750	0.757
203	Zhongdou27	0.786	0.722	0.693	0.868	0.875	0.813
204	Zhongdou34	0.793	0.799	0.829	0.833	0.771	0.847
205	Zhongdou8	0.743	0.792	0.793	0.826	0.806	0.729
206	Zhonghuang10	0.857	0.757	0.764	0.836	0.657	0.807
207	Zhongpin661	0.879	0.591	0.765	0.917	0.788	0.765

表 4 遗传距离（四）

序号	资源编号 （名称）	序号/资源编号（名称）					
		19	20	21	22	23	24
		Jinyi50	Jiufeng10	Jiwuxing1	Kefeng5	Ludou4	Lvling9804
1	Dongnong50089	0.771	0.721	0.743	0.857	0.850	0.788
2	Dongnong92070	0.694	0.566	0.771	0.806	0.840	0.833
3	Dongxin2	0.679	0.848	0.912	0.579	0.886	0.883
4	Gandou5	0.778	0.897	0.893	0.750	0.896	0.818
5	Gongdou5	0.829	0.803	0.707	0.764	0.750	0.844
6	Guichundou1	0.896	0.816	0.843	0.743	0.722	0.811
7	Guixia3	0.701	0.875	0.800	0.660	0.917	0.811
8	Hedou12	0.772	0.766	0.750	0.368	0.787	0.831
9	Heinong37	0.556	0.809	0.693	0.778	0.840	0.758
10	Huachun4	0.850	0.735	0.794	0.807	0.829	0.617
11	Huangbaozhuhao	0.650	0.758	0.772	0.864	0.786	0.867
12	Huaxia101	0.826	0.816	0.786	0.743	0.958	0.871
13	Huaxia102	0.829	0.926	0.801	0.829	0.893	0.818
14	Jidou7	0.722	0.765	0.550	0.875	0.750	0.864
15	Jikedou1	0.879	0.654	0.779	0.807	0.721	0.780
16	Jindou21	0.785	0.831	0.814	0.785	0.819	0.841
17	Jindou31	0.750	0.779	0.821	0.764	0.729	0.788
18	Jinong11	0.563	0.757	0.671	0.868	0.736	0.811
19	Jinyi50	0.000	0.868	0.664	0.722	0.840	0.879
20	Jiufeng10	0.868	0.000	0.886	0.779	0.787	0.813
21	Jiwuxing1	0.664	0.886	0.000	0.807	0.771	0.836
22	Kefeng5	0.722	0.779	0.807	0.000	0.771	0.864
23	Ludou4	0.840	0.787	0.771	0.771	0.000	0.644
24	Lvling9804	0.879	0.813	0.836	0.864	0.644	0.000
25	Nannong99 − 6	0.750	0.868	0.836	0.736	0.813	0.879
26	Puhai10	0.779	0.811	0.729	0.686	0.771	0.883
27	Qihuang1	0.861	0.779	0.721	0.681	0.743	0.909

（续）

序号	资源编号（名称）	序号/资源编号（名称）					
		19	20	21	22	23	24
		Jinyi50	Jiufeng10	Jiwuxing1	Kefeng5	Ludou4	Lvling9804
28	Qihuang28	0.764	0.816	0.736	0.778	0.604	0.848
29	Ribenqing3	0.833	0.779	0.793	0.806	0.715	0.667
30	Shang951099	0.857	0.758	0.821	0.593	0.764	0.875
31	Suchun10 – 8	0.861	0.765	0.821	0.875	0.757	0.364
32	Sudou5	0.857	0.721	0.831	0.843	0.864	0.788
33	Suhan1	0.806	0.838	0.850	0.806	0.688	0.424
34	suinong14	0.787	0.463	0.818	0.743	0.838	0.867
35	Suixiaolidou2	0.689	0.648	0.844	0.811	0.848	0.930
36	Suza1	0.694	0.838	0.950	0.528	0.854	0.879
37	Tongdou4	0.722	0.926	0.921	0.667	0.743	0.758
38	Tongdou7	0.917	0.809	0.807	0.667	0.799	0.909
39	Wandou9	0.917	0.838	0.807	0.486	0.771	0.909
40	Xiadou1	0.843	0.848	0.787	0.800	0.864	0.891
41	Xiangchundou17	0.715	0.721	0.800	0.660	0.722	0.758
42	XIN06640	0.801	0.398	0.795	0.831	0.735	0.789
43	XIN06666	0.829	0.470	0.809	0.814	0.879	0.864
44	XIN06830	0.657	0.864	0.640	0.843	0.807	0.758
45	XIN06832	0.671	0.621	0.713	0.700	0.807	0.727
46	XIN06846	0.674	0.718	0.758	0.689	0.818	0.831
47	XIN06890	0.764	0.750	0.787	0.621	0.800	0.811
48	XIN06908	0.743	0.727	0.846	0.871	0.893	0.818
49	XIN07094	0.781	0.892	0.847	0.563	0.852	0.733
50	XIN07095	0.871	0.811	0.779	0.600	0.793	0.871
51	XIN07203	0.713	0.758	0.742	0.463	0.809	0.805
52	XIN07397	0.766	0.725	0.783	0.524	0.790	0.845
53	XIN07483	0.603	0.539	0.735	0.750	0.787	0.719
54	XIN07486	0.750	0.636	0.713	0.879	0.729	0.795
55	XIN07543	0.765	0.750	0.652	0.669	0.787	0.836
56	XIN07544	0.621	0.795	0.721	0.721	0.857	0.856
57	XIN07545	0.710	0.819	0.725	0.823	0.685	0.862

（续）

序号	资源编号 （名称）	序号/资源编号（名称）					
		19	20	21	22	23	24
		Jinyi50	Jiufeng10	Jiwuxing1	Kefeng5	Ludou4	Lvling9804
58	XIN07704	0.686	0.667	0.713	0.757	0.800	0.803
59	XIN07707	0.793	0.508	0.838	0.879	0.886	0.841
60	XIN07896	0.714	0.371	0.699	0.664	0.707	0.720
61	XIN07898	0.882	0.547	0.811	0.838	0.860	0.844
62	XIN10695	0.779	0.553	0.794	0.821	0.807	0.789
63	XIN10697	0.674	0.801	0.700	0.826	0.792	0.750
64	XIN10799	0.854	0.816	0.793	0.854	0.694	0.508
65	XIN10801	0.882	0.750	0.814	0.701	0.931	0.879
66	XIN10935	0.583	0.647	0.621	0.688	0.757	0.758
67	XIN10961	0.785	0.669	0.757	0.813	0.819	0.765
68	XIN10963	0.778	0.588	0.850	0.847	0.785	0.758
69	XIN10964	0.799	0.581	0.800	0.854	0.806	0.811
70	XIN10966	0.750	0.735	0.793	0.833	0.826	0.788
71	XIN10967	0.799	0.772	0.757	0.576	0.792	0.818
72	XIN10981	0.778	0.860	0.864	0.569	0.833	0.705
73	XIN10983	0.715	0.691	0.693	0.799	0.597	0.833
74	XIN11115	0.667	0.684	0.643	0.688	0.694	0.765
75	XIN11117	0.778	0.713	0.914	0.667	0.826	0.894
76	XIN11196	0.778	0.794	0.886	0.500	0.813	0.742
77	XIN11198	0.764	0.868	0.836	0.569	0.813	0.742
78	XIN11235	0.806	0.706	0.736	0.667	0.743	0.727
79	XIN11237	0.714	0.773	0.794	0.400	0.850	0.797
80	XIN11239	0.750	0.750	0.807	0.625	0.854	0.848
81	XIN11277	0.708	0.824	0.793	0.472	0.729	0.803
82	XIN11315	0.708	0.662	0.664	0.736	0.854	0.750
83	XIN11317	0.793	0.538	0.750	0.793	0.814	0.867
84	XIN11319	0.729	0.640	0.800	0.854	0.799	0.750
85	XIN11324	0.847	0.750	0.814	0.583	0.757	0.848
86	XIN11326	0.778	0.632	0.764	0.875	0.868	0.848
87	XIN11328	0.861	0.574	0.707	0.903	0.771	0.818

（续）

序号	资源编号 （名称）	序号/资源编号（名称）					
		19	20	21	22	23	24
		Jinyi50	Jiufeng10	Jiwuxing1	Kefeng5	Ludou4	Lvling9804
88	XIN11330	0.757	0.706	0.836	0.590	0.722	0.848
89	XIN11332	0.806	0.640	0.686	0.736	0.715	0.871
90	XIN11359	0.764	0.811	0.772	0.550	0.771	0.871
91	XIN11447	0.847	0.647	0.679	0.750	0.868	0.886
92	XIN11475	0.708	0.853	0.621	0.597	0.785	0.924
93	XIN11478	0.787	0.820	0.811	0.699	0.779	0.789
94	XIN11480	0.785	0.831	0.893	0.688	0.840	0.841
95	XIN11481	0.563	0.816	0.679	0.618	0.792	0.886
96	XIN11532	0.701	0.522	0.786	0.813	0.833	0.811
97	XIN11534	0.514	0.801	0.714	0.486	0.729	0.795
98	XIN11556	0.607	0.765	0.743	0.736	0.786	0.750
99	XIN11846	0.629	0.610	0.596	0.700	0.671	0.705
100	XIN11847	0.625	0.456	0.579	0.639	0.701	0.780
101	XIN11848	0.625	0.449	0.593	0.597	0.681	0.705
102	XIN11953	0.694	0.838	0.793	0.847	0.826	0.879
103	XIN11955	0.839	0.839	0.642	0.839	0.685	0.817
104	XIN11956	0.597	0.779	0.714	0.722	0.771	0.720
105	XIN12175	0.778	0.897	0.807	0.444	0.771	0.818
106	XIN12219	0.715	0.772	0.764	0.632	0.792	0.780
107	XIN12221	0.736	0.750	0.786	0.625	0.813	0.788
108	XIN12249	0.765	0.758	0.781	0.629	0.848	0.879
109	XIN12251	0.772	0.664	0.712	0.757	0.721	0.653
110	XIN12283	0.743	0.787	0.607	0.618	0.736	0.871
111	XIN12374	0.826	0.596	0.807	0.632	0.847	0.818
112	XIN12380	0.667	0.831	0.680	0.864	0.856	0.806
113	XIN12461	0.674	0.685	0.688	0.826	0.909	0.976
114	XIN12463	0.882	0.610	0.843	0.882	0.847	0.780
115	XIN12465	0.882	0.594	0.811	0.926	0.772	0.774
116	XIN12467	0.629	0.780	0.684	0.757	0.807	0.758
117	XIN12469	0.636	0.710	0.805	0.848	0.871	0.828

（续）

序号	资源编号（名称）	序号/资源编号（名称）					
		19	20	21	22	23	24
		Jinyi50	Jiufeng10	Jiwuxing1	Kefeng5	Ludou4	Lvling9804
118	XIN12533	0.853	0.922	0.826	0.750	0.728	0.875
119	XIN12535	0.743	0.706	0.757	0.443	0.807	0.742
120	XIN12545	0.886	0.545	0.757	0.871	0.836	0.788
121	XIN12678	0.667	0.809	0.829	0.542	0.813	0.848
122	XIN12680	0.544	0.844	0.591	0.662	0.713	0.781
123	XIN12690	0.667	0.721	0.807	0.833	0.785	0.788
124	XIN12764	0.806	0.721	0.650	0.736	0.854	0.909
125	XIN12799	0.938	0.708	0.605	0.875	0.813	0.767
126	XIN12829	0.661	0.784	0.833	0.661	0.863	0.879
127	XIN12831	0.729	0.742	0.868	0.629	0.821	0.859
128	XIN13095	0.667	0.809	0.671	0.597	0.576	0.833
129	XIN13395	0.721	0.629	0.758	0.787	0.934	0.790
130	XIN13397	0.660	0.522	0.671	0.736	0.722	0.826
131	XIN13398	0.706	0.703	0.780	0.809	0.890	0.813
132	XIN13400	0.757	0.656	0.735	0.743	0.926	0.805
133	XIN13761	0.778	0.294	0.821	0.792	0.701	0.818
134	XIN13795	0.824	0.758	0.720	0.824	0.875	0.903
135	XIN13798	0.750	0.596	0.679	0.736	0.854	0.848
136	XIN13822	0.731	0.480	0.778	0.815	0.694	0.680
137	XIN13824	0.708	0.652	0.759	0.758	0.792	0.741
138	XIN13833	0.833	0.529	0.793	0.764	0.757	0.818
139	XIN13835	0.833	0.544	0.693	0.722	0.729	0.788
140	XIN13925	0.686	0.780	0.779	0.486	0.757	0.813
141	XIN13927	0.654	0.695	0.735	0.529	0.779	0.758
142	XIN13929	0.736	0.699	0.801	0.579	0.614	0.773
143	XIN13941	0.854	0.743	0.821	0.604	0.750	0.841
144	XIN13943	0.729	0.699	0.786	0.785	0.778	0.735
145	XIN13982	0.909	0.677	0.836	0.803	0.848	0.839
146	XIN13984	0.716	0.759	0.804	0.474	0.784	0.813
147	XIN13986	0.701	0.846	0.864	0.535	0.771	0.720

（续）

序号	资源编号（名称）	序号/资源编号（名称）					
		19	20	21	22	23	24
		Jinyi50	Jiufeng10	Jiwuxing1	Kefeng5	Ludou4	Lvling9804
148	XIN13995	0.724	0.769	0.705	0.655	0.862	0.852
149	XIN13997	0.818	0.758	0.813	0.515	0.902	0.900
150	XIN14025	0.708	0.846	0.750	0.625	0.688	0.826
151	XIN14027	0.875	0.539	0.803	0.860	0.846	0.805
152	XIN14029	0.797	0.642	0.782	0.766	0.813	0.800
153	XIN14031	0.861	0.500	0.821	0.847	0.840	0.818
154	XIN14033	0.743	0.705	0.846	0.871	0.807	0.750
155	XIN14035	0.793	0.591	0.676	0.807	0.714	0.734
156	XIN14036	0.847	0.603	0.850	0.931	0.799	0.697
157	XIN14044	0.778	0.750	0.750	0.694	0.701	0.939
158	XIN14138	0.600	0.803	0.772	0.829	0.857	0.844
159	XIN14140	0.735	0.813	0.932	0.735	0.875	0.914
160	XIN14141	0.750	0.796	0.897	0.724	0.819	0.884
161	XIN14142	0.821	0.773	0.926	0.779	0.857	0.894
162	XIN14143	0.728	0.805	0.788	0.728	0.809	0.836
163	XIN14144	0.690	0.750	0.802	0.802	0.698	0.768
164	XIN14146	0.650	0.924	0.750	0.850	0.786	0.909
165	XIN14147	0.674	0.820	0.844	0.795	0.758	0.750
166	XIN14149	0.736	0.773	0.721	0.536	0.814	0.742
167	XIN14151	0.764	0.644	0.787	0.771	0.814	0.750
168	XIN14176	0.727	0.688	0.648	0.758	0.720	0.758
169	XIN14204	0.706	0.850	0.824	0.941	0.662	0.813
170	XIN14206	0.850	0.553	0.882	0.879	0.929	0.871
171	XIN14262	0.700	0.875	0.825	0.542	0.700	0.759
172	XIN14288	0.758	0.516	0.820	0.879	0.811	0.844
173	XIN14305	0.801	0.695	0.773	0.478	0.794	0.852
174	XIN15286	0.795	0.653	0.742	0.795	0.864	0.863
175	XIN15416	0.693	0.886	0.640	0.679	0.843	0.841
176	XIN15418	0.629	0.803	0.625	0.557	0.807	0.879
177	XIN15450	0.936	0.826	0.750	0.679	0.800	0.818

（续）

序号	资源编号（名称）	序号/资源编号（名称）					
		19	20	21	22	23	24
		Jinyi50	Jiufeng10	Jiwuxing1	Kefeng5	Ludou4	Lvling9804
178	XIN15452	0.931	0.875	0.784	0.716	0.784	0.857
179	XIN15530	0.828	0.484	0.782	0.813	0.789	0.758
180	XIN15532	0.654	0.492	0.773	0.801	0.838	0.844
181	XIN15533	0.727	0.532	0.883	0.788	0.932	0.839
182	XIN15535	0.788	0.508	0.742	0.758	0.674	0.702
183	XIN15537	0.811	0.508	0.906	0.841	0.894	0.774
184	XIN15584	0.713	0.648	0.742	0.801	0.757	0.773
185	XIN15586	0.783	0.448	0.742	0.808	0.800	0.821
186	XIN15627	0.798	0.655	0.694	0.758	0.734	0.800
187	XIN15636	0.659	0.782	0.828	0.598	0.811	0.815
188	XIN15738	0.879	0.689	0.853	0.864	0.829	0.735
189	XIN15739	0.750	0.847	0.813	0.477	0.780	0.863
190	XIN15741	0.779	0.864	0.794	0.593	0.843	0.939
191	XIN15743	0.643	0.773	0.728	0.457	0.736	0.780
192	XIN15811	0.875	0.726	0.805	0.773	0.789	0.667
193	XIN15879	0.762	0.513	0.810	0.905	0.631	0.789
194	XIN15895	0.750	0.741	0.690	0.724	0.888	0.769
195	XIN16008	0.775	0.664	0.750	0.533	0.658	0.767
196	XIN16010	0.625	0.767	0.605	0.531	0.703	0.783
197	XIN16016	0.757	0.836	0.697	0.654	0.831	0.789
198	XIN16018	0.697	0.774	0.711	0.561	0.727	0.774
199	Xindali1	0.861	0.824	0.793	0.889	0.715	0.697
200	Yang02-1	0.750	0.661	0.782	0.672	0.805	0.871
201	Yudou18	0.722	0.838	0.836	0.444	0.785	0.758
202	Zhechun2	0.778	0.765	0.764	0.750	0.674	0.758
203	Zhongdou27	0.694	0.809	0.707	0.625	0.840	0.848
204	Zhongdou34	0.924	0.801	0.871	0.576	0.792	0.871
205	Zhongdou8	0.778	0.897	0.893	0.611	0.813	0.818
206	Zhonghuang10	0.843	0.824	0.750	0.743	0.307	0.606
207	Zhongpin661	0.697	0.797	0.614	0.780	0.826	0.903

表5 遗传距离（五）

序号	资源编号（名称）	序号/资源编号（名称）					
		25	26	27	28	29	30
		Nannong99－6	Puhai10	Qihuang1	Qihuang28	Ribenqing3	Shang951099
1	Dongnong50089	0.857	0.846	0.771	0.857	0.800	0.794
2	Dongnong92070	0.764	0.807	0.792	0.778	0.792	0.814
3	Dongxin2	0.736	0.647	0.807	0.714	0.893	0.787
4	Gandou5	0.750	0.750	0.917	0.875	0.861	0.714
5	Gongdou5	0.800	0.779	0.714	0.786	0.886	0.743
6	Guichundou1	0.701	0.843	0.854	0.785	0.965	0.793
7	Guixia3	0.715	0.629	0.799	0.826	0.938	0.736
8	Hedou12	0.728	0.713	0.757	0.794	0.875	0.610
9	Heinong37	0.722	0.779	0.861	0.806	0.833	0.800
10	Huachun4	0.879	0.794	0.736	0.864	0.621	0.787
11	Huangbaozhuhao	0.679	0.750	0.779	0.793	0.879	0.699
12	Huaxia101	0.729	0.757	0.799	0.785	0.868	0.721
13	Huaxia102	0.771	0.743	0.886	0.843	0.914	0.824
14	Jidou7	0.708	0.771	0.681	0.667	0.861	0.900
15	Jikedou1	0.850	0.801	0.850	0.836	0.821	0.904
16	Jindou21	0.854	0.686	0.840	0.688	0.799	0.836
17	Jindou31	0.806	0.693	0.694	0.764	0.861	0.800
18	Jinong11	0.771	0.829	0.729	0.813	0.799	0.807
19	Jinyi50	0.750	0.779	0.861	0.764	0.833	0.857
20	Jiufeng10	0.868	0.811	0.779	0.816	0.779	0.758
21	Jiwuxing1	0.836	0.729	0.721	0.736	0.793	0.821
22	Kefeng5	0.736	0.686	0.681	0.778	0.806	0.593
23	Ludou4	0.813	0.771	0.743	0.604	0.715	0.764
24	Lvling9804	0.879	0.883	0.909	0.848	0.667	0.875
25	Nannong99－6	0.000	0.779	0.833	0.792	0.944	0.771
26	Puhai10	0.779	0.000	0.793	0.679	0.879	0.650
27	Qihuang1	0.833	0.793	0.000	0.764	0.861	0.743

序号	资源编号（名称）	序号/资源编号（名称）					
		25	26	27	28	29	30
		Nannong99-6	Puhai10	Qihuang1	Qihuang28	Ribenqing3	Shang951099
28	Qihuang28	0.792	0.679	0.764	0.000	0.792	0.814
29	Ribenqing3	0.944	0.879	0.861	0.792	0.000	0.857
30	Shang951099	0.771	0.650	0.743	0.814	0.857	0.000
31	Suchun10-8	0.861	0.807	0.861	0.806	0.806	0.800
32	Sudou5	0.943	0.860	0.743	0.929	0.657	0.765
33	Suhan1	0.861	0.879	0.917	0.806	0.694	0.857
34	suinong14	0.875	0.818	0.757	0.779	0.728	0.811
35	Suixiaolidou2	0.871	0.859	0.902	0.826	0.826	0.867
36	Suza1	0.722	0.621	0.806	0.819	0.833	0.714
37	Tongdou4	0.583	0.679	0.806	0.708	0.889	0.771
38	Tongdou7	0.833	0.764	0.722	0.736	0.861	0.743
39	Wandou9	0.694	0.736	0.583	0.764	0.917	0.743
40	Xiadou1	0.786	0.684	0.814	0.686	0.929	0.897
41	Xiangchundou17	0.674	0.693	0.729	0.715	0.757	0.771
42	XIN06640	0.772	0.841	0.757	0.765	0.816	0.727
43	XIN06666	0.786	0.809	0.686	0.771	0.871	0.816
44	XIN06830	0.686	0.831	0.829	0.743	0.800	0.765
45	XIN06832	0.786	0.669	0.786	0.814	0.743	0.662
46	XIN06846	0.750	0.820	0.886	0.780	0.871	0.875
47	XIN06890	0.750	0.787	0.707	0.807	0.793	0.706
48	XIN06908	0.914	0.831	0.914	0.843	0.829	0.824
49	XIN07094	0.625	0.718	0.813	0.883	0.906	0.677
50	XIN07095	0.714	0.574	0.757	0.743	0.786	0.728
51	XIN07203	0.699	0.591	0.684	0.831	0.816	0.568
52	XIN07397	0.718	0.683	0.702	0.782	0.863	0.625
53	XIN07483	0.750	0.780	0.735	0.772	0.750	0.803
54	XIN07486	0.850	0.846	0.779	0.821	0.821	0.926
55	XIN07543	0.706	0.644	0.632	0.735	0.721	0.652
56	XIN07544	0.636	0.809	0.750	0.736	0.893	0.728
57	XIN07545	0.774	0.775	0.806	0.234	0.806	0.800

（续）

序号	资源编号（名称）	序号/资源编号（名称）					
		25	26	27	28	29	30
		Nannong99-6	Puhai10	Qihuang1	Qihuang28	Ribenqing3	Shang951099
58	XIN07704	0.829	0.794	0.914	0.786	0.771	0.809
59	XIN07707	0.879	0.853	0.879	0.907	0.821	0.816
60	XIN07896	0.729	0.706	0.686	0.721	0.657	0.669
61	XIN07898	0.853	0.856	0.824	0.824	0.824	0.788
62	XIN10695	0.864	0.890	0.879	0.764	0.721	0.743
63	XIN10697	0.799	0.829	0.813	0.826	0.826	0.821
64	XIN10799	0.924	0.907	0.826	0.882	0.549	0.857
65	XIN10801	0.743	0.786	0.771	0.813	0.826	0.821
66	XIN10935	0.722	0.743	0.750	0.743	0.764	0.693
67	XIN10961	0.854	0.714	0.771	0.799	0.799	0.621
68	XIN10963	0.861	0.836	0.806	0.903	0.750	0.857
69	XIN10964	0.854	0.886	0.799	0.882	0.743	0.879
70	XIN10966	0.722	0.807	0.833	0.847	0.806	0.786
71	XIN10967	0.799	0.729	0.771	0.840	0.799	0.736
72	XIN10981	0.722	0.714	0.819	0.875	0.847	0.686
73	XIN10983	0.715	0.664	0.785	0.396	0.813	0.743
74	XIN11115	0.583	0.671	0.667	0.736	0.847	0.671
75	XIN11117	0.583	0.786	0.875	0.806	0.903	0.679
76	XIN11196	0.722	0.657	0.764	0.875	0.847	0.707
77	XIN11198	0.708	0.664	0.806	0.875	0.847	0.671
78	XIN11235	0.722	0.736	0.778	0.806	0.778	0.600
79	XIN11237	0.743	0.676	0.857	0.871	0.843	0.654
80	XIN11239	0.750	0.707	0.750	0.861	0.833	0.543
81	XIN11277	0.694	0.721	0.778	0.750	0.722	0.714
82	XIN11315	0.819	0.807	0.750	0.819	0.847	0.729
83	XIN11317	0.836	0.853	0.764	0.764	0.879	0.699
84	XIN11319	0.743	0.821	0.868	0.833	0.799	0.807
85	XIN11324	0.750	0.643	0.778	0.778	0.861	0.150
86	XIN11326	0.833	0.921	0.861	0.847	0.861	0.886
87	XIN11328	0.833	0.850	0.833	0.792	0.778	0.857

（续）

序号	资源编号（名称）	序号/资源编号（名称）					
		25	26	27	28	29	30
		Nannong99-6	Puhai10	Qihuang1	Qihuang28	Ribenqing3	Shang951099
88	XIN11330	0.688	0.636	0.660	0.785	0.771	0.543
89	XIN11332	0.556	0.757	0.694	0.625	0.847	0.721
90	XIN11359	0.693	0.551	0.793	0.764	0.879	0.618
91	XIN11447	0.875	0.836	0.819	0.854	0.792	0.786
92	XIN11475	0.722	0.721	0.792	0.722	0.931	0.786
93	XIN11478	0.566	0.720	0.801	0.816	0.860	0.727
94	XIN11480	0.563	0.743	0.813	0.799	0.868	0.757
95	XIN11481	0.826	0.736	0.799	0.771	0.799	0.700
96	XIN11532	0.799	0.829	0.826	0.840	0.826	0.764
97	XIN11534	0.694	0.700	0.819	0.694	0.778	0.750
98	XIN11556	0.736	0.757	0.779	0.807	0.821	0.882
99	XIN11846	0.571	0.676	0.643	0.664	0.700	0.721
100	XIN11847	0.569	0.664	0.611	0.688	0.736	0.629
101	XIN11848	0.722	0.714	0.597	0.639	0.597	0.600
102	XIN11953	0.806	0.821	0.750	0.736	0.917	0.771
103	XIN11955	0.823	0.775	0.774	0.613	0.871	0.733
104	XIN11956	0.653	0.643	0.750	0.701	0.792	0.664
105	XIN12175	0.694	0.650	0.806	0.764	0.806	0.743
106	XIN12219	0.729	0.779	0.715	0.813	0.799	0.714
107	XIN12221	0.764	0.786	0.722	0.819	0.792	0.707
108	XIN12249	0.780	0.641	0.826	0.826	0.795	0.711
109	XIN12251	0.728	0.697	0.669	0.691	0.772	0.735
110	XIN12283	0.646	0.607	0.743	0.729	0.854	0.771
111	XIN12374	0.813	0.807	0.743	0.826	0.868	0.771
112	XIN12380	0.727	0.758	0.879	0.758	0.848	0.688
113	XIN12461	0.795	0.750	0.871	0.841	0.932	0.883
114	XIN12463	0.938	0.900	0.840	0.882	0.826	0.807
115	XIN12465	0.912	0.947	0.853	0.853	0.794	0.879
116	XIN12467	0.743	0.728	0.843	0.714	0.771	0.794
117	XIN12469	0.803	0.820	0.894	0.697	0.864	0.719

（续）

序号	资源编号（名称）	序号/资源编号（名称）					
		25	26	27	28	29	30
		Nannong99－6	Puhai10	Qihuang1	Qihuang28	Ribenqing3	Shang951099
118	XIN12533	0.735	0.780	0.853	0.750	0.853	0.848
119	XIN12535	0.671	0.654	0.786	0.786	0.786	0.662
120	XIN12545	0.943	0.860	0.857	0.829	0.800	0.765
121	XIN12678	0.750	0.671	0.819	0.792	0.778	0.593
122	XIN12680	0.809	0.818	0.868	0.750	0.750	0.826
123	XIN12690	0.778	0.836	0.861	0.861	0.806	0.800
124	XIN12764	0.611	0.821	0.750	0.792	0.917	0.771
125	XIN12799	0.844	0.839	0.813	0.836	0.781	0.839
126	XIN12829	0.516	0.783	0.661	0.734	0.887	0.758
127	XIN12831	0.629	0.794	0.843	0.800	0.871	0.640
128	XIN13095	0.861	0.643	0.792	0.708	0.806	0.750
129	XIN13395	0.882	0.765	0.838	0.860	0.838	0.712
130	XIN13397	0.771	0.793	0.715	0.813	0.757	0.771
131	XIN13398	0.765	0.856	0.853	0.824	0.853	0.758
132	XIN13400	0.772	0.795	0.846	0.882	0.875	0.758
133	XIN13761	0.806	0.836	0.778	0.847	0.722	0.857
134	XIN13795	0.912	0.871	0.647	0.846	0.882	0.818
135	XIN13798	0.806	0.779	0.806	0.785	0.847	0.800
136	XIN13822	0.787	0.824	0.769	0.824	0.657	0.750
137	XIN13824	0.792	0.819	0.792	0.758	0.792	0.819
138	XIN13833	0.861	0.779	0.750	0.847	0.778	0.771
139	XIN13835	0.806	0.779	0.889	0.819	0.750	0.686
140	XIN13925	0.786	0.684	0.843	0.721	0.729	0.816
141	XIN13927	0.743	0.508	0.743	0.757	0.743	0.576
142	XIN13929	0.707	0.566	0.707	0.729	0.721	0.250
143	XIN13941	0.729	0.679	0.771	0.785	0.854	0.229
144	XIN13943	0.826	0.743	0.799	0.826	0.799	0.621
145	XIN13982	1.000	0.875	0.818	0.848	0.818	0.813
146	XIN13984	0.733	0.598	0.750	0.819	0.836	0.580
147	XIN13986	0.701	0.700	0.896	0.833	0.771	0.729

（续）

序号	资源编号（名称）	序号/资源编号（名称）					
		25	26	27	28	29	30
		Nannong99 – 6	Puhai10	Qihuang1	Qihuang28	Ribenqing3	Shang951099
148	XIN13995	0.690	0.857	0.828	0.905	0.862	0.750
149	XIN13997	0.773	0.844	0.803	0.735	0.864	0.789
150	XIN14025	0.819	0.807	0.861	0.743	0.750	0.814
151	XIN14027	0.934	0.841	0.816	0.816	0.846	0.780
152	XIN14029	0.797	0.871	0.766	0.773	0.875	0.710
153	XIN14031	0.833	0.893	0.861	0.833	0.861	0.714
154	XIN14033	0.857	0.890	0.771	0.921	0.800	0.912
155	XIN14035	0.850	0.779	0.707	0.736	0.721	0.860
156	XIN14036	0.861	0.879	0.861	0.861	0.833	0.814
157	XIN14044	0.639	0.550	0.722	0.764	0.861	0.743
158	XIN14138	0.800	0.824	0.886	0.843	0.886	0.824
159	XIN14140	0.735	0.795	0.809	0.838	0.956	0.833
160	XIN14141	0.647	0.733	0.836	0.741	0.853	0.681
161	XIN14142	0.736	0.838	0.864	0.850	0.921	0.816
162	XIN14143	0.757	0.773	0.904	0.860	0.904	0.811
163	XIN14144	0.707	0.767	0.914	0.750	0.810	0.845
164	XIN14146	0.850	0.838	0.879	0.750	0.907	0.875
165	XIN14147	0.750	0.766	0.902	0.811	0.795	0.867
166	XIN14149	0.664	0.603	0.664	0.743	0.764	0.654
167	XIN14151	0.793	0.801	0.879	0.893	0.821	0.824
168	XIN14176	0.742	0.742	0.712	0.667	0.803	0.828
169	XIN14204	0.706	0.779	0.941	0.691	0.765	0.941
170	XIN14206	0.921	0.824	0.893	0.807	0.821	0.831
171	XIN14262	0.600	0.617	0.767	0.767	0.800	0.683
172	XIN14288	0.879	0.867	0.848	0.879	0.727	0.844
173	XIN14305	0.713	0.667	0.801	0.846	0.801	0.689
174	XIN15286	0.780	0.930	0.765	0.826	0.871	0.906
175	XIN15416	0.750	0.831	0.764	0.864	0.879	0.809
176	XIN15418	0.829	0.713	0.800	0.871	0.914	0.765
177	XIN15450	0.764	0.765	0.679	0.836	0.907	0.787

（续）

序号	资源编号（名称）	序号/资源编号（名称）					
		25	26	27	28	29	30
		Nannong99－6	Puhai10	Qihuang1	Qihuang28	Ribenqing3	Shang951099
178	XIN15452	0.793	0.784	0.690	0.845	0.862	0.793
179	XIN15530	0.859	0.879	0.813	0.828	0.766	0.758
180	XIN15532	0.831	0.864	0.772	0.875	0.787	0.811
181	XIN15533	0.879	0.898	0.970	0.864	0.788	0.813
182	XIN15535	0.773	0.711	0.712	0.697	0.667	0.813
183	XIN15537	0.932	0.859	0.811	0.902	0.841	0.805
184	XIN15584	0.728	0.841	0.860	0.787	0.846	0.780
185	XIN15586	0.833	0.817	0.817	0.750	0.800	0.767
186	XIN15627	0.702	0.766	0.798	0.702	0.734	0.798
187	XIN15636	0.659	0.602	0.765	0.795	0.826	0.664
188	XIN15738	0.936	0.838	0.793	0.864	0.607	0.846
189	XIN15739	0.629	0.539	0.750	0.795	0.811	0.680
190	XIN15741	0.664	0.618	0.836	0.736	0.850	0.669
191	XIN15743	0.600	0.493	0.700	0.686	0.757	0.544
192	XIN15811	0.875	0.852	0.844	0.922	0.469	0.750
193	XIN15879	0.881	0.940	0.786	0.726	0.810	0.833
194	XIN15895	0.750	0.871	0.784	0.888	0.853	0.733
195	XIN16008	0.658	0.525	0.575	0.717	0.775	0.242
196	XIN16010	0.734	0.435	0.656	0.719	0.781	0.613
197	XIN16016	0.640	0.720	0.890	0.713	0.831	0.674
198	XIN16018	0.667	0.391	0.742	0.742	0.742	0.563
199	Xindali1	0.944	0.936	0.833	0.875	0.611	0.829
200	Yang02－1	0.781	0.798	0.781	0.766	0.719	0.839
201	Yudou18	0.611	0.550	0.750	0.750	0.861	0.657
202	Zhechun2	0.750	0.664	0.833	0.764	0.806	0.571
203	Zhongdou27	0.722	0.793	0.833	0.750	0.903	0.814
204	Zhongdou34	0.688	0.743	0.743	0.868	0.938	0.707
205	Zhongdou8	0.500	0.750	0.778	0.847	0.944	0.800
206	Zhonghuang10	0.743	0.706	0.771	0.614	0.743	0.713
207	Zhongpin661	0.515	0.826	0.727	0.833	0.879	0.758

表6 遗传距离（六）

序号	资源编号（名称）	序号/资源编号（名称）					
		31	32	33	34	35	36
		Suchun10－8	Sudou5	Suhan1	suinong14	Suixiaolidou2	Suza1
1	Dongnong50089	0.800	0.771	0.686	0.640	0.811	0.857
2	Dongnong92070	0.819	0.757	0.764	0.551	0.750	0.875
3	Dongxin2	0.907	0.787	0.836	0.765	0.924	0.207
4	Gandou5	0.806	0.829	0.889	0.875	0.902	0.611
5	Gongdou5	0.800	0.794	0.914	0.871	0.852	0.914
6	Guichundou1	0.799	0.850	0.826	0.868	0.879	0.757
7	Guixia3	0.854	0.736	0.882	0.824	0.879	0.604
8	Hedou12	0.816	0.841	0.875	0.820	0.919	0.669
9	Heinong37	0.722	0.886	0.722	0.757	0.689	0.778
10	Huachun4	0.593	0.493	0.679	0.712	0.859	0.736
11	Huangbaozhuhao	0.850	0.949	0.850	0.727	0.688	0.821
12	Huaxia101	0.826	0.764	0.882	0.838	0.864	0.729
13	Huaxia102	0.829	0.829	0.914	0.904	0.841	0.743
14	Jidou7	0.819	0.714	0.847	0.772	0.826	0.875
15	Jikedou1	0.764	0.864	0.864	0.691	0.758	0.879
16	Jindou21	0.813	0.893	0.826	0.750	0.909	0.757
17	Jindou31	0.778	0.857	0.778	0.904	0.932	0.778
18	Jinong11	0.799	0.821	0.743	0.735	0.712	0.785
19	Jinyi50	0.861	0.857	0.806	0.787	0.689	0.694
20	Jiufeng10	0.765	0.721	0.838	0.463	0.648	0.838
21	Jiwuxing1	0.821	0.831	0.850	0.818	0.844	0.950
22	Kefeng5	0.875	0.843	0.806	0.743	0.811	0.528
23	Ludou4	0.757	0.864	0.688	0.838	0.848	0.854
24	Lvling9804	0.364	0.788	0.424	0.867	0.930	0.879
25	Nannong99－6	0.861	0.943	0.861	0.875	0.871	0.722
26	Puhai10	0.807	0.860	0.879	0.818	0.859	0.621
27	Qihuang1	0.861	0.743	0.917	0.757	0.902	0.806

（续）

序号	资源编号（名称）	31 Suchun10-8	32 Sudou5	33 Suhan1	34 suinong14	35 Suixiaolidou2	36 Suza1
28	Qihuang28	0.806	0.929	0.806	0.779	0.826	0.819
29	Ribenqing3	0.806	0.657	0.694	0.728	0.826	0.833
30	Shang951099	0.800	0.765	0.857	0.811	0.867	0.714
31	Suchun10-8	0.000	0.829	0.444	0.846	0.902	0.917
32	Sudou5	0.829	0.000	0.800	0.581	0.811	0.800
33	Suhan1	0.444	0.800	0.000	0.787	0.902	0.861
34	suinong14	0.846	0.581	0.787	0.000	0.563	0.846
35	Suixiaolidou2	0.902	0.811	0.902	0.563	0.000	0.902
36	Suza1	0.917	0.800	0.861	0.846	0.902	0.000
37	Tongdou4	0.833	0.886	0.778	0.963	0.962	0.500
38	Tongdou7	0.778	0.829	0.889	0.846	0.902	0.778
39	Wandou9	0.889	0.800	0.889	0.846	0.932	0.639
40	Xiadou1	0.843	0.956	0.871	0.886	0.930	0.786
41	Xiangchundou17	0.743	0.736	0.785	0.721	0.758	0.576
42	XIN06640	0.743	0.750	0.801	0.563	0.565	0.816
43	XIN06666	0.814	0.765	0.871	0.492	0.680	0.857
44	XIN06830	0.829	0.824	0.771	0.841	0.805	0.857
45	XIN06832	0.729	0.765	0.700	0.689	0.672	0.814
46	XIN06846	0.795	0.898	0.826	0.742	0.717	0.780
47	XIN06890	0.764	0.816	0.850	0.818	0.906	0.650
48	XIN06908	0.743	0.853	0.714	0.735	0.680	0.886
49	XIN07094	0.750	0.839	0.750	0.833	0.819	0.750
50	XIN07095	0.786	0.875	0.786	0.803	0.859	0.614
51	XIN07203	0.757	0.811	0.860	0.797	0.823	0.581
52	XIN07397	0.815	0.742	0.815	0.750	0.848	0.702
53	XIN07483	0.779	0.712	0.735	0.445	0.621	0.765
54	XIN07486	0.779	0.860	0.736	0.826	0.703	0.807
55	XIN07543	0.809	0.682	0.809	0.742	0.855	0.691
56	XIN07544	0.721	0.801	0.764	0.742	0.797	0.736
57	XIN07545	0.806	0.933	0.903	0.828	0.759	0.806

（续）

序号	资源编号（名称）	序号/资源编号（名称）					
		31	32	33	34	35	36
		Suchun10－8	Sudou5	Suhan1	suinong14	Suixiaolidou2	Suza1
58	XIN07704	0.786	0.809	0.771	0.720	0.586	0.743
59	XIN07707	0.821	0.743	0.821	0.515	0.578	0.879
60	XIN07896	0.671	0.640	0.657	0.462	0.555	0.743
61	XIN07898	0.824	0.909	0.853	0.680	0.653	0.853
62	XIN10695	0.779	0.772	0.807	0.621	0.625	0.821
63	XIN10697	0.799	0.864	0.715	0.735	0.636	0.771
64	XIN10799	0.688	0.736	0.632	0.779	0.788	0.910
65	XIN10801	0.771	0.829	0.715	0.728	0.856	0.743
66	XIN10935	0.722	0.821	0.736	0.684	0.636	0.750
67	XIN10961	0.854	0.764	0.813	0.706	0.818	0.882
68	XIN10963	0.722	0.829	0.750	0.640	0.644	0.833
69	XIN10964	0.882	0.707	0.826	0.456	0.621	0.854
70	XIN10966	0.750	0.829	0.806	0.728	0.780	0.833
71	XIN10967	0.785	0.879	0.840	0.868	0.871	0.660
72	XIN10981	0.778	0.850	0.736	0.868	0.833	0.681
73	XIN10983	0.785	0.871	0.840	0.772	0.705	0.826
74	XIN11115	0.681	0.764	0.750	0.721	0.773	0.736
75	XIN11117	0.875	0.814	0.819	0.765	0.871	0.653
76	XIN11196	0.847	0.814	0.819	0.816	0.826	0.611
77	XIN11198	0.764	0.843	0.722	0.846	0.811	0.681
78	XIN11235	0.694	0.800	0.667	0.787	0.841	0.778
79	XIN11237	0.800	0.853	0.843	0.841	0.852	0.657
80	XIN11239	0.861	0.743	0.750	0.728	0.811	0.639
81	XIN11277	0.792	0.821	0.819	0.868	0.886	0.583
82	XIN11315	0.694	0.743	0.736	0.654	0.652	0.833
83	XIN11317	0.793	0.713	0.793	0.636	0.688	0.850
84	XIN11319	0.715	0.864	0.660	0.706	0.773	0.785
85	XIN11324	0.778	0.771	0.819	0.787	0.856	0.708
86	XIN11326	0.806	0.829	0.806	0.757	0.659	0.917
87	XIN11328	0.833	0.800	0.833	0.596	0.614	0.944

（续）

序号	资源编号（名称）	序号/资源编号（名称）					
		31	32	33	34	35	36
		Suchun10-8	Sudou5	Suhan1	suinong14	Suixiaolidou2	Suza1
88	XIN11330	0.799	0.771	0.771	0.757	0.856	0.535
89	XIN11332	0.764	0.850	0.806	0.706	0.833	0.861
90	XIN11359	0.764	0.875	0.764	0.864	0.909	0.650
91	XIN11447	0.806	0.729	0.847	0.507	0.727	0.833
92	XIN11475	0.875	0.814	0.833	0.846	0.735	0.764
93	XIN11478	0.728	0.841	0.787	0.844	0.844	0.684
94	XIN11480	0.743	0.864	0.813	0.853	0.818	0.674
95	XIN11481	0.854	0.793	0.757	0.779	0.758	0.688
96	XIN11532	0.799	0.821	0.826	0.662	0.667	0.882
97	XIN11534	0.806	0.750	0.806	0.824	0.773	0.597
98	XIN11556	0.793	0.801	0.750	0.818	0.734	0.736
99	XIN11846	0.643	0.700	0.686	0.647	0.697	0.729
100	XIN11847	0.681	0.693	0.653	0.537	0.667	0.694
101	XIN11848	0.681	0.579	0.667	0.382	0.515	0.736
102	XIN11953	0.861	0.829	0.806	0.904	0.811	0.833
103	XIN11955	0.887	0.726	0.726	0.750	0.875	0.855
104	XIN11956	0.764	0.800	0.708	0.831	0.780	0.694
105	XIN12175	0.833	0.886	0.806	0.846	0.902	0.583
106	XIN12219	0.743	0.821	0.854	0.838	0.909	0.660
107	XIN12221	0.750	0.814	0.847	0.831	0.902	0.653
108	XIN12249	0.811	0.773	0.795	0.766	0.790	0.583
109	XIN12251	0.699	0.705	0.757	0.664	0.742	0.846
110	XIN12283	0.854	0.821	0.910	0.779	0.864	0.771
111	XIN12374	0.826	0.786	0.840	0.478	0.705	0.799
112	XIN12380	0.818	0.844	0.788	0.806	0.831	0.879
113	XIN12461	0.856	0.836	0.902	0.661	0.641	0.886
114	XIN12463	0.771	0.864	0.799	0.676	0.697	0.826
115	XIN12465	0.735	0.848	0.853	0.680	0.621	0.971
116	XIN12467	0.714	0.750	0.743	0.697	0.705	0.771
117	XIN12469	0.803	0.859	0.833	0.782	0.702	0.742

（续）

序号	资源编号（名称）	序号/资源编号（名称）					
		31	32	33	34	35	36
		Suchun10－8	Sudou5	Suhan1	suinong14	Suixiaolidou2	Suza1
118	XIN12533	0.853	0.909	0.824	0.898	0.914	0.765
119	XIN12535	0.757	0.838	0.786	0.787	0.867	0.543
120	XIN12545	0.714	0.735	0.829	0.629	0.598	0.914
121	XIN12678	0.903	0.771	0.806	0.831	0.871	0.500
122	XIN12680	0.824	0.742	0.765	0.773	0.727	0.721
123	XIN12690	0.778	0.800	0.750	0.728	0.705	0.806
124	XIN12764	0.833	0.800	0.917	0.816	0.902	0.917
125	XIN12799	0.781	0.903	0.844	0.833	0.742	0.969
126	XIN12829	0.855	0.917	0.839	0.828	0.725	0.661
127	XIN12831	0.814	0.765	0.814	0.795	0.898	0.614
128	XIN13095	0.847	0.857	0.806	0.846	0.795	0.681
129	XIN13395	0.779	0.742	0.779	0.606	0.637	0.809
130	XIN13397	0.813	0.679	0.785	0.603	0.652	0.715
131	XIN13398	0.794	0.848	0.794	0.680	0.648	0.853
132	XIN13400	0.728	0.750	0.757	0.680	0.719	0.757
133	XIN13761	0.833	0.800	0.833	0.551	0.674	0.861
134	XIN13795	0.853	0.758	0.853	0.781	0.766	0.824
135	XIN13798	0.806	0.771	0.875	0.596	0.583	0.861
136	XIN13822	0.694	0.788	0.639	0.630	0.663	0.843
137	XIN13824	0.792	0.922	0.725	0.732	0.714	0.742
138	XIN13833	0.833	0.800	0.861	0.640	0.583	0.889
139	XIN13835	0.806	0.800	0.750	0.610	0.735	0.778
140	XIN13925	0.800	0.838	0.929	0.864	0.852	0.700
141	XIN13927	0.654	0.773	0.743	0.781	0.781	0.493
142	XIN13929	0.693	0.713	0.764	0.765	0.688	0.636
143	XIN13941	0.771	0.764	0.799	0.779	0.848	0.715
144	XIN13943	0.799	0.821	0.743	0.765	0.818	0.799
145	XIN13982	0.758	0.813	0.788	0.637	0.734	0.848
146	XIN13984	0.784	0.759	0.819	0.769	0.839	0.629
147	XIN13986	0.757	0.836	0.771	0.882	0.864	0.590

（续）

序号	资源编号（名称）	序号/资源编号（名称）					
		31	32	33	34	35	36
		Suchun10-8	Sudou5	Suhan1	suinong14	Suixiaolidou2	Suza1
148	XIN13995	0.862	0.857	0.897	0.815	0.813	0.828
149	XIN13997	0.939	0.859	0.909	0.782	0.875	0.697
150	XIN14025	0.875	0.850	0.889	0.926	0.833	0.722
151	XIN14027	0.787	0.871	0.875	0.688	0.609	0.846
152	XIN14029	0.781	0.871	0.813	0.733	0.625	0.813
153	XIN14031	0.778	0.857	0.806	0.640	0.674	0.861
154	XIN14033	0.743	0.735	0.829	0.545	0.742	0.857
155	XIN14035	0.693	0.750	0.807	0.598	0.664	0.821
156	XIN14036	0.694	0.814	0.764	0.684	0.629	0.903
157	XIN14044	0.806	0.800	0.889	0.787	0.871	0.806
158	XIN14138	0.857	0.853	0.857	0.780	0.727	0.686
159	XIN14140	0.838	0.742	0.853	0.789	0.797	0.721
160	XIN14141	0.888	0.777	0.853	0.843	0.929	0.595
161	XIN14142	0.879	0.779	0.879	0.841	0.789	0.636
162	XIN14143	0.846	0.841	0.816	0.859	0.790	0.699
163	XIN14144	0.776	0.732	0.776	0.815	0.705	0.724
164	XIN14146	0.879	0.912	0.793	0.932	0.852	0.736
165	XIN14147	0.811	0.727	0.765	0.828	0.742	0.644
166	XIN14149	0.736	0.735	0.679	0.720	0.789	0.593
167	XIN14151	0.793	0.846	0.793	0.742	0.766	0.936
168	XIN14176	0.788	0.750	0.788	0.648	0.734	0.788
169	XIN14204	0.824	0.875	0.824	0.917	0.859	0.765
170	XIN14206	0.850	0.801	0.836	0.621	0.656	0.936
171	XIN14262	0.817	0.862	0.800	0.920	0.905	0.467
172	XIN14288	0.788	0.813	0.788	0.427	0.570	0.909
173	XIN14305	0.801	0.841	0.801	0.734	0.871	0.610
174	XIN15286	0.795	0.805	0.856	0.774	0.661	0.902
175	XIN15416	0.879	0.801	0.907	0.909	0.828	0.779
176	XIN15418	0.914	0.853	0.943	0.871	0.805	0.686
177	XIN15450	0.821	0.787	0.850	0.833	0.867	0.707

（续）

序号	资源编号（名称）	序号/资源编号（名称）					
		31	32	33	34	35	36
		Suchun10－8	Sudou5	Suhan1	suinong14	Suixiaolidou2	Suza1
178	XIN15452	0.897	0.750	0.862	0.813	0.848	0.724
179	XIN15530	0.766	0.806	0.672	0.540	0.667	0.859
180	XIN15532	0.787	0.689	0.772	0.547	0.621	0.875
181	XIN15533	0.788	0.813	0.818	0.573	0.542	0.848
182	XIN15535	0.742	0.664	0.788	0.594	0.717	0.788
183	XIN15537	0.720	0.742	0.765	0.581	0.637	0.871
184	XIN15584	0.699	0.856	0.684	0.703	0.661	0.831
185	XIN15586	0.767	0.776	0.783	0.578	0.670	0.800
186	XIN15627	0.750	0.883	0.734	0.784	0.750	0.766
187	XIN15636	0.826	0.820	0.826	0.855	0.850	0.659
188	XIN15738	0.693	0.463	0.721	0.667	0.797	0.821
189	XIN15739	0.811	0.836	0.811	0.823	0.933	0.583
190	XIN15741	0.850	0.853	0.850	0.841	0.852	0.550
191	XIN15743	0.700	0.743	0.700	0.689	0.797	0.529
192	XIN15811	0.781	0.452	0.719	0.669	0.825	0.781
193	XIN15879	0.810	0.850	0.667	0.724	0.724	0.810
194	XIN15895	0.888	0.813	0.784	0.714	0.648	0.802
195	XIN16008	0.658	0.692	0.725	0.741	0.768	0.642
196	XIN16010	0.719	0.742	0.766	0.758	0.871	0.609
197	XIN16016	0.713	0.856	0.728	0.813	0.839	0.669
198	XIN16018	0.712	0.813	0.758	0.782	0.808	0.545
199	Xindali1	0.750	0.743	0.750	0.816	0.886	0.833
200	Yang02－1	0.844	0.656	0.813	0.315	0.589	0.906
201	Yudou18	0.778	0.857	0.778	0.757	0.811	0.583
202	Zhechun2	0.722	0.829	0.806	0.816	0.932	0.806
203	Zhongdou27	0.875	0.886	0.917	0.699	0.629	0.778
204	Zhongdou34	0.910	0.764	0.910	0.809	0.909	0.604
205	Zhongdou8	0.889	0.914	0.833	0.934	0.932	0.500
206	Zhonghuang10	0.700	0.900	0.657	0.890	0.902	0.800
207	Zhongpin661	0.818	0.788	0.879	0.773	0.831	0.848

表7 遗传距离（七）

序号	资源编号 （名称）	序号/资源编号（名称）					
		37	38	39	40	41	42
		Tongdou4	Tongdou7	Wandou9	Xiadou1	Xiangchundou17	XIN06640
1	Dongnong50089	0.886	0.914	0.800	0.824	0.764	0.735
2	Dongnong92070	0.819	0.861	0.847	0.800	0.743	0.676
3	Dongxin2	0.521	0.836	0.679	0.713	0.500	0.803
4	Gandou5	0.694	0.889	0.778	0.786	0.618	0.787
5	Gongdou5	0.886	0.743	0.829	0.809	0.757	0.727
6	Guichundou1	0.674	0.799	0.660	0.807	0.681	0.787
7	Guixia3	0.688	0.882	0.715	0.679	0.694	0.765
8	Hedou12	0.846	0.699	0.610	0.826	0.743	0.805
9	Heinong37	0.722	0.861	0.889	0.771	0.757	0.684
10	Huachun4	0.879	0.879	0.821	0.846	0.671	0.727
11	Huangbaozhuhao	0.736	0.779	0.821	0.772	0.807	0.652
12	Huaxia101	0.743	0.785	0.813	0.764	0.701	0.765
13	Huaxia102	0.800	0.886	0.743	0.750	0.607	0.765
14	Jidou7	0.819	0.764	0.792	0.771	0.764	0.728
15	Jikedou1	0.879	0.850	0.893	0.904	0.736	0.576
16	Jindou21	0.854	0.785	0.813	0.793	0.708	0.838
17	Jindou31	0.833	0.806	0.750	0.757	0.660	0.757
18	Jinong11	0.785	0.854	0.896	0.864	0.778	0.654
19	Jinyi50	0.722	0.917	0.917	0.843	0.715	0.801
20	Jiufeng10	0.926	0.809	0.838	0.848	0.721	0.398
21	Jiwuxing1	0.921	0.807	0.807	0.787	0.800	0.795
22	Kefeng5	0.667	0.667	0.486	0.800	0.660	0.831
23	Ludou4	0.743	0.799	0.771	0.864	0.722	0.735
24	Lvling9804	0.758	0.909	0.909	0.891	0.758	0.789
25	Nannong99 – 6	0.583	0.833	0.694	0.786	0.674	0.772
26	Puhai10	0.679	0.764	0.736	0.684	0.693	0.841
27	Qihuang1	0.806	0.722	0.583	0.814	0.729	0.757

（续）

序号	资源编号（名称）	序号/资源编号（名称）					
		37	38	39	40	41	42
		Tongdou4	Tongdou7	Wandou9	Xiadou1	Xiangchundou17	XIN06640
28	Qihuang28	0.708	0.736	0.764	0.686	0.715	0.765
29	Ribenqing3	0.889	0.861	0.917	0.929	0.757	0.816
30	Shang951099	0.771	0.743	0.743	0.897	0.771	0.727
31	Suchun10 - 8	0.833	0.778	0.889	0.843	0.743	0.743
32	Sudou5	0.886	0.829	0.800	0.956	0.736	0.750
33	Suhan1	0.778	0.889	0.889	0.871	0.785	0.801
34	suinong14	0.963	0.846	0.846	0.886	0.721	0.563
35	Suixiaolidou2	0.962	0.902	0.932	0.930	0.758	0.565
36	Suza1	0.500	0.778	0.639	0.786	0.576	0.816
37	Tongdou4	0.000	0.806	0.722	0.757	0.563	0.846
38	Tongdou7	0.806	0.000	0.667	0.729	0.757	0.757
39	Wandou9	0.722	0.667	0.000	0.757	0.688	0.875
40	Xiadou1	0.757	0.729	0.757	0.000	0.743	0.788
41	Xiangchundou17	0.563	0.757	0.688	0.743	0.000	0.706
42	XIN06640	0.846	0.757	0.875	0.788	0.706	0.000
43	XIN06666	0.857	0.857	0.829	0.824	0.693	0.397
44	XIN06830	0.800	0.800	0.886	0.809	0.800	0.801
45	XIN06832	0.843	0.757	0.900	0.779	0.707	0.551
46	XIN06846	0.765	0.780	0.871	0.789	0.659	0.656
47	XIN06890	0.879	0.721	0.693	0.831	0.629	0.779
48	XIN06908	0.886	0.886	0.971	0.897	0.757	0.654
49	XIN07094	0.719	0.781	0.656	0.847	0.719	0.758
50	XIN07095	0.729	0.686	0.600	0.824	0.607	0.831
51	XIN07203	0.669	0.728	0.596	0.833	0.654	0.720
52	XIN07397	0.702	0.669	0.669	0.808	0.710	0.767
53	XIN07483	0.809	0.824	0.765	0.795	0.647	0.515
54	XIN07486	0.807	0.864	0.864	0.831	0.757	0.559
55	XIN07543	0.721	0.676	0.765	0.742	0.713	0.794
56	XIN07544	0.693	0.779	0.807	0.831	0.750	0.765
57	XIN07545	0.742	0.742	0.839	0.792	0.677	0.694

（续）

序号	资源编号（名称）	37 Tongdou4	38 Tongdou7	39 Wandou9	40 Xiadou1	41 Xiangchundou17	42 XIN06640
58	XIN07704	0.857	0.900	0.886	0.838	0.743	0.537
59	XIN07707	0.964	0.850	0.964	0.860	0.764	0.478
60	XIN07896	0.829	0.729	0.786	0.691	0.636	0.353
61	XIN07898	0.912	0.941	0.912	0.818	0.772	0.280
62	XIN10695	0.893	0.936	0.936	0.868	0.743	0.523
63	XIN10697	0.826	0.854	0.938	0.864	0.743	0.566
64	XIN10799	0.882	0.868	0.924	0.836	0.799	0.853
65	XIN10801	0.771	0.882	0.715	0.807	0.542	0.735
66	XIN10935	0.736	0.736	0.806	0.721	0.625	0.625
67	XIN10961	0.896	0.854	0.854	0.807	0.743	0.632
68	XIN10963	0.889	0.917	0.972	0.871	0.701	0.478
69	XIN10964	0.882	0.938	0.938	0.893	0.778	0.368
70	XIN10966	0.833	0.833	0.903	0.793	0.722	0.471
71	XIN10967	0.799	0.688	0.799	0.864	0.653	0.809
72	XIN10981	0.653	0.819	0.708	0.871	0.736	0.801
73	XIN10983	0.715	0.715	0.854	0.807	0.750	0.647
74	XIN11115	0.681	0.736	0.611	0.700	0.729	0.647
75	XIN11117	0.708	0.778	0.667	0.771	0.646	0.757
76	XIN11196	0.681	0.792	0.653	0.843	0.736	0.772
77	XIN11198	0.694	0.778	0.681	0.843	0.729	0.772
78	XIN11235	0.806	0.861	0.806	0.800	0.743	0.669
79	XIN11237	0.814	0.729	0.700	0.868	0.700	0.811
80	XIN11239	0.722	0.861	0.694	0.814	0.688	0.684
81	XIN11277	0.681	0.708	0.681	0.786	0.653	0.787
82	XIN11315	0.847	0.778	0.861	0.850	0.764	0.529
83	XIN11317	0.907	0.821	0.893	0.875	0.814	0.507
84	XIN11319	0.813	0.813	0.854	0.764	0.743	0.610
85	XIN11324	0.764	0.736	0.708	0.857	0.750	0.757
86	XIN11326	0.972	0.944	0.972	0.871	0.854	0.551
87	XIN11328	0.944	0.889	0.944	0.871	0.785	0.522

序号	资源编号（名称）	序号/资源编号（名称）					
		37	38	39	40	41	42
		Tongdou4	Tongdou7	Wandou9	Xiadou1	Xiangchundou17	XIN06640
88	XIN11330	0.674	0.701	0.701	0.736	0.618	0.647
89	XIN11332	0.778	0.694	0.736	0.743	0.736	0.640
90	XIN11359	0.650	0.693	0.607	0.831	0.621	0.848
91	XIN11447	0.986	0.847	0.903	0.871	0.743	0.419
92	XIN11475	0.708	0.764	0.722	0.871	0.715	0.772
93	XIN11478	0.684	0.831	0.757	0.871	0.588	0.750
94	XIN11480	0.701	0.826	0.743	0.864	0.597	0.779
95	XIN11481	0.715	0.757	0.799	0.736	0.694	0.765
96	XIN11532	0.854	0.910	0.854	0.793	0.792	0.368
97	XIN11534	0.625	0.653	0.722	0.771	0.653	0.728
98	XIN11556	0.736	0.893	0.807	0.860	0.721	0.728
99	XIN11846	0.729	0.571	0.700	0.721	0.721	0.538
100	XIN11847	0.722	0.667	0.667	0.686	0.653	0.463
101	XIN11848	0.764	0.639	0.694	0.671	0.618	0.449
102	XIN11953	0.861	0.861	0.806	0.843	0.701	0.669
103	XIN11955	0.823	0.806	0.758	0.700	0.758	0.733
104	XIN11956	0.764	0.750	0.722	0.729	0.639	0.596
105	XIN12175	0.694	0.722	0.639	0.786	0.674	0.860
106	XIN12219	0.882	0.729	0.701	0.836	0.604	0.750
107	XIN12221	0.861	0.736	0.708	0.843	0.604	0.772
108	XIN12249	0.765	0.765	0.629	0.820	0.644	0.742
109	XIN12251	0.860	0.713	0.728	0.705	0.699	0.633
110	XIN12283	0.743	0.674	0.674	0.750	0.757	0.721
111	XIN12374	0.854	0.771	0.813	0.836	0.618	0.559
112	XIN12380	0.848	0.848	0.879	0.742	0.795	0.774
113	XIN12461	0.886	0.750	0.886	0.805	0.765	0.532
114	XIN12463	0.938	0.924	0.951	0.893	0.778	0.559
115	XIN12465	0.971	0.941	0.971	0.833	0.772	0.398
116	XIN12467	0.743	0.771	0.843	0.868	0.779	0.742
117	XIN12469	0.803	0.894	0.833	0.727	0.720	0.633

（续）

序号	资源编号（名称）	序号/资源编号（名称）					
		37	38	39	40	41	42
		Tongdou4	Tongdou7	Wandou9	Xiadou1	Xiangchundou17	XIN06640
118	XIN12533	0.647	0.882	0.735	0.833	0.346	0.867
119	XIN12535	0.657	0.714	0.571	0.809	0.693	0.788
120	XIN12545	1.000	0.857	0.943	0.809	0.764	0.492
121	XIN12678	0.667	0.778	0.694	0.829	0.597	0.772
122	XIN12680	0.779	0.824	0.853	0.886	0.647	0.750
123	XIN12690	0.861	0.889	0.889	0.871	0.771	0.640
124	XIN12764	0.861	0.750	0.778	0.786	0.813	0.743
125	XIN12799	0.906	0.875	0.813	0.831	0.758	0.625
126	XIN12829	0.661	0.742	0.629	0.692	0.653	0.724
127	XIN12831	0.757	0.671	0.571	0.809	0.686	0.780
128	XIN13095	0.764	0.778	0.806	0.714	0.722	0.772
129	XIN13395	0.882	0.838	0.882	0.871	0.743	0.445
130	XIN13397	0.771	0.757	0.854	0.729	0.764	0.500
131	XIN13398	0.853	0.853	0.912	0.788	0.757	0.555
132	XIN13400	0.846	0.831	0.831	0.833	0.750	0.563
133	XIN13761	0.889	0.806	0.917	0.871	0.771	0.375
134	XIN13795	0.824	0.882	0.882	0.780	0.809	0.586
135	XIN13798	0.833	0.778	0.819	0.793	0.778	0.522
136	XIN13822	0.843	0.824	0.898	0.798	0.722	0.560
137	XIN13824	0.758	0.825	0.792	0.733	0.733	0.629
138	XIN13833	0.889	0.889	0.917	0.871	0.785	0.390
139	XIN13835	0.833	0.833	0.778	0.900	0.715	0.537
140	XIN13925	0.786	0.714	0.714	0.757	0.629	0.826
141	XIN13927	0.610	0.625	0.581	0.697	0.566	0.727
142	XIN13929	0.693	0.707	0.650	0.831	0.650	0.720
143	XIN13941	0.743	0.729	0.674	0.836	0.757	0.750
144	XIN13943	0.826	0.826	0.854	0.807	0.764	0.676
145	XIN13982	0.970	0.758	0.879	0.891	0.818	0.653
146	XIN13984	0.664	0.716	0.543	0.821	0.707	0.813
147	XIN13986	0.674	0.799	0.701	0.850	0.646	0.787

（续）

序号	资源编号（名称）	序号/资源编号（名称）					
		37	38	39	40	41	42
		Tongdou4	Tongdou7	Wandou9	Xiadou1	Xiangchundou17	XIN06640
148	XIN13995	0.828	0.828	0.828	0.920	0.759	0.769
149	XIN13997	0.818	0.742	0.652	0.828	0.735	0.773
150	XIN14025	0.778	0.639	0.819	0.729	0.715	0.801
151	XIN14027	0.875	0.875	0.934	0.826	0.757	0.367
152	XIN14029	0.813	0.813	0.813	0.815	0.734	0.283
153	XIN14031	0.889	0.806	0.917	0.829	0.785	0.110
154	XIN14033	0.914	0.914	0.886	0.875	0.743	0.598
155	XIN14035	0.850	0.807	0.907	0.772	0.686	0.576
156	XIN14036	0.931	0.903	0.958	0.914	0.729	0.463
157	XIN14044	0.778	0.722	0.694	0.786	0.715	0.787
158	XIN14138	0.657	0.914	0.886	0.926	0.643	0.689
159	XIN14140	0.676	0.838	0.721	0.848	0.574	0.750
160	XIN14141	0.595	0.784	0.681	0.839	0.534	0.777
161	XIN14142	0.679	0.807	0.693	0.875	0.557	0.721
162	XIN14143	0.787	0.875	0.816	0.841	0.625	0.779
163	XIN14144	0.621	0.914	0.759	0.866	0.517	0.759
164	XIN14146	0.679	0.850	0.821	0.757	0.579	0.809
165	XIN14147	0.644	0.932	0.811	0.867	0.568	0.750
166	XIN14149	0.636	0.664	0.607	0.706	0.693	0.750
167	XIN14151	0.879	0.836	0.879	0.875	0.750	0.713
168	XIN14176	0.788	0.803	0.879	0.758	0.742	0.625
169	XIN14204	0.706	0.882	0.882	0.828	0.765	0.781
170	XIN14206	0.993	0.864	0.950	0.868	0.736	0.551
171	XIN14262	0.467	0.717	0.600	0.776	0.550	0.836
172	XIN14288	0.909	0.939	0.970	0.859	0.758	0.555
173	XIN14305	0.713	0.743	0.625	0.811	0.676	0.750
174	XIN15286	0.856	0.780	0.811	0.867	0.773	0.594
175	XIN15416	0.764	0.721	0.779	0.919	0.764	0.721
176	XIN15418	0.771	0.686	0.743	0.868	0.800	0.713
177	XIN15450	0.764	0.764	0.493	0.801	0.779	0.794

（续）

序号	资源编号（名称）	序号/资源编号（名称）					
		37	38	39	40	41	42
		Tongdou4	Tongdou7	Wandou9	Xiadou1	Xiangchundou17	XIN06640
178	XIN15452	0.759	0.793	0.552	0.875	0.828	0.777
179	XIN15530	0.828	0.844	0.859	0.903	0.766	0.435
180	XIN15532	0.831	0.846	0.860	0.773	0.757	0.515
181	XIN15533	0.909	0.909	0.909	0.922	0.780	0.547
182	XIN15535	0.848	0.788	0.712	0.844	0.727	0.633
183	XIN15537	0.902	0.932	0.932	0.883	0.780	0.648
184	XIN15584	0.743	0.801	0.801	0.780	0.743	0.591
185	XIN15586	0.850	0.783	0.817	0.862	0.733	0.483
186	XIN15627	0.750	0.653	0.750	0.742	0.726	0.558
187	XIN15636	0.720	0.765	0.614	0.789	0.682	0.742
188	XIN15738	0.936	0.879	0.907	0.890	0.750	0.765
189	XIN15739	0.568	0.598	0.598	0.758	0.576	0.833
190	XIN15741	0.693	0.707	0.636	0.816	0.593	0.853
191	XIN15743	0.586	0.614	0.514	0.676	0.550	0.779
192	XIN15811	0.906	0.813	0.813	0.887	0.789	0.823
193	XIN15879	0.857	0.810	0.833	0.825	0.821	0.588
194	XIN15895	0.802	0.888	0.836	0.938	0.793	0.545
195	XIN16008	0.708	0.625	0.558	0.767	0.692	0.707
196	XIN16010	0.656	0.641	0.531	0.677	0.664	0.806
197	XIN16016	0.640	0.743	0.713	0.856	0.632	0.864
198	XIN16018	0.515	0.682	0.667	0.750	0.606	0.797
199	Xindali1	0.861	0.889	0.861	0.900	0.757	0.713
200	Yang02-1	0.906	0.875	0.813	0.855	0.758	0.642
201	Yudou18	0.611	0.778	0.583	0.771	0.743	0.757
202	Zhechun2	0.778	0.778	0.806	0.814	0.729	0.787
203	Zhongdou27	0.847	0.736	0.764	0.886	0.778	0.706
204	Zhongdou34	0.576	0.743	0.632	0.864	0.597	0.809
205	Zhongdou8	0.306	0.778	0.639	0.843	0.576	0.816
206	Zhonghuang10	0.686	0.843	0.771	0.824	0.729	0.765
207	Zhongpin661	0.848	0.727	0.758	0.773	0.803	0.718

表8 遗传距离（八）

序号	资源编号（名称）	序号/资源编号（名称）					
		43	44	45	46	47	48
		XIN06666	XIN06830	XIN06832	XIN06846	XIN06890	XIN06908
1	Dongnong50089	0.765	0.647	0.691	0.758	0.728	0.735
2	Dongnong92070	0.686	0.786	0.671	0.689	0.793	0.786
3	Dongxin2	0.816	0.831	0.794	0.750	0.662	0.846
4	Gandou5	0.871	0.886	0.786	0.811	0.736	0.914
5	Gongdou5	0.772	0.794	0.779	0.781	0.794	0.912
6	Guichundou1	0.793	0.921	0.857	0.864	0.771	0.936
7	Guixia3	0.764	0.821	0.736	0.833	0.786	0.864
8	Hedou12	0.833	0.871	0.780	0.750	0.508	0.871
9	Heinong37	0.686	0.600	0.671	0.765	0.850	0.771
10	Huachun4	0.713	0.816	0.728	0.828	0.662	0.728
11	Huangbaozhuhao	0.772	0.551	0.581	0.875	0.956	0.787
12	Huaxia101	0.779	0.821	0.721	0.833	0.771	0.936
13	Huaxia102	0.779	0.853	0.721	0.867	0.816	0.824
14	Jidou7	0.686	0.714	0.743	0.735	0.793	0.843
15	Jikedou1	0.684	0.904	0.713	0.734	0.824	0.728
16	Jindou21	0.850	0.879	0.800	0.818	0.829	0.850
17	Jindou31	0.757	0.800	0.700	0.902	0.721	0.829
18	Jinong11	0.707	0.636	0.621	0.697	0.743	0.721
19	Jinyi50	0.829	0.657	0.671	0.674	0.764	0.743
20	Jiufeng10	0.470	0.864	0.621	0.718	0.750	0.727
21	Jiwuxing1	0.809	0.640	0.713	0.758	0.787	0.846
22	Kefeng5	0.814	0.843	0.700	0.689	0.621	0.871
23	Ludou4	0.879	0.807	0.807	0.818	0.800	0.893
24	Lvling9804	0.864	0.758	0.727	0.831	0.811	0.818
25	Nannong99 – 6	0.786	0.686	0.786	0.750	0.750	0.914
26	Puhai10	0.809	0.831	0.669	0.820	0.787	0.831
27	Qihuang1	0.686	0.829	0.786	0.886	0.707	0.914

（续）

序号	资源编号（名称）	43 XIN06666	44 XIN06830	45 XIN06832	46 XIN06846	47 XIN06890	48 XIN06908
						序号/资源编号（名称）	
28	Qihuang28	0.771	0.743	0.814	0.780	0.807	0.843
29	Ribenqing3	0.871	0.800	0.743	0.871	0.793	0.829
30	Shang951099	0.816	0.765	0.662	0.875	0.706	0.824
31	Suchun10-8	0.814	0.829	0.729	0.795	0.764	0.743
32	Sudou5	0.765	0.824	0.765	0.898	0.816	0.853
33	Suhan1	0.871	0.771	0.700	0.826	0.850	0.714
34	suinong14	0.492	0.841	0.689	0.742	0.818	0.735
35	Suixiaolidou2	0.680	0.805	0.672	0.717	0.906	0.680
36	Suza1	0.857	0.857	0.814	0.780	0.650	0.886
37	Tongdou4	0.857	0.800	0.843	0.765	0.879	0.886
38	Tongdou7	0.857	0.800	0.757	0.780	0.721	0.886
39	Wandou9	0.829	0.886	0.900	0.871	0.693	0.971
40	Xiadou1	0.824	0.809	0.779	0.789	0.831	0.897
41	Xiangchundou17	0.693	0.800	0.707	0.659	0.629	0.757
42	XIN06640	0.397	0.801	0.551	0.656	0.779	0.654
43	XIN06666	0.000	0.814	0.629	0.780	0.736	0.671
44	XIN06830	0.814	0.000	0.486	0.765	0.850	0.600
45	XIN06832	0.629	0.486	0.000	0.773	0.779	0.400
46	XIN06846	0.780	0.765	0.773	0.000	0.803	0.735
47	XIN06890	0.736	0.850	0.779	0.803	0.000	0.879
48	XIN06908	0.671	0.600	0.400	0.735	0.879	0.000
49	XIN07094	0.703	0.719	0.711	0.664	0.648	0.750
50	XIN07095	0.771	0.843	0.771	0.780	0.679	0.843
51	XIN07203	0.743	0.757	0.684	0.609	0.662	0.772
52	XIN07397	0.863	0.750	0.694	0.567	0.774	0.766
53	XIN07483	0.471	0.706	0.625	0.664	0.684	0.588
54	XIN07486	0.607	0.807	0.743	0.788	0.843	0.707
55	XIN07543	0.706	0.676	0.699	0.680	0.713	0.853
56	XIN07544	0.821	0.636	0.764	0.591	0.743	0.821
57	XIN07545	0.758	0.710	0.839	0.708	0.831	0.774

（续）

序号	资源编号（名称）	序号/资源编号（名称）					
		43	44	45	46	47	48
		XIN06666	XIN06830	XIN06832	XIN06846	XIN06890	XIN06908
58	XIN07704	0.621	0.786	0.629	0.758	0.793	0.629
59	XIN07707	0.650	0.764	0.579	0.697	0.814	0.650
60	XIN07896	0.529	0.657	0.479	0.492	0.664	0.571
61	XIN07898	0.456	0.794	0.559	0.795	0.846	0.676
62	XIN10695	0.537	0.757	0.654	0.828	0.735	0.669
63	XIN10697	0.721	0.721	0.650	0.727	0.757	0.779
64	XIN10799	0.850	0.736	0.664	0.864	0.800	0.764
65	XIN10801	0.664	0.850	0.821	0.727	0.714	0.850
66	XIN10935	0.643	0.629	0.607	0.576	0.636	0.729
67	XIN10961	0.721	0.436	0.321	0.788	0.843	0.550
68	XIN10963	0.600	0.829	0.571	0.750	0.793	0.600
69	XIN10964	0.464	0.850	0.621	0.682	0.871	0.693
70	XIN10966	0.714	0.657	0.493	0.712	0.793	0.586
71	XIN10967	0.793	0.879	0.736	0.773	0.357	0.907
72	XIN10981	0.786	0.743	0.729	0.735	0.721	0.800
73	XIN10983	0.679	0.621	0.721	0.758	0.857	0.721
74	XIN11115	0.714	0.629	0.657	0.636	0.650	0.771
75	XIN11117	0.757	0.700	0.814	0.598	0.579	0.829
76	XIN11196	0.700	0.814	0.714	0.765	0.750	0.886
77	XIN11198	0.757	0.714	0.700	0.712	0.721	0.771
78	XIN11235	0.743	0.743	0.643	0.720	0.664	0.771
79	XIN11237	0.853	0.838	0.765	0.758	0.449	0.897
80	XIN11239	0.729	0.800	0.671	0.811	0.721	0.829
81	XIN11277	0.850	0.757	0.729	0.674	0.550	0.829
82	XIN11315	0.586	0.614	0.471	0.674	0.736	0.614
83	XIN11317	0.699	0.713	0.647	0.688	0.750	0.713
84	XIN11319	0.736	0.636	0.686	0.682	0.800	0.707
85	XIN11324	0.829	0.743	0.693	0.856	0.664	0.786
86	XIN11326	0.657	0.771	0.629	0.780	0.850	0.714
87	XIN11328	0.629	0.800	0.714	0.750	0.879	0.771

（续）

序号	资源编号（名称）	序号/资源编号（名称）					
		43 XIN06666	44 XIN06830	45 XIN06832	46 XIN06846	47 XIN06890	48 XIN06908
88	XIN11330	0.721	0.679	0.650	0.818	0.700	0.807
89	XIN11332	0.700	0.643	0.714	0.742	0.750	0.886
90	XIN11359	0.860	0.846	0.772	0.703	0.676	0.904
91	XIN11447	0.514	0.729	0.486	0.795	0.793	0.586
92	XIN11475	0.871	0.643	0.743	0.538	0.821	0.757
93	XIN11478	0.780	0.750	0.750	0.685	0.742	0.841
94	XIN11480	0.807	0.821	0.800	0.742	0.757	0.850
95	XIN11481	0.736	0.664	0.571	0.727	0.757	0.793
96	XIN11532	0.450	0.764	0.586	0.667	0.814	0.707
97	XIN11534	0.843	0.629	0.671	0.508	0.679	0.771
98	XIN11556	0.736	0.764	0.764	0.765	0.829	0.836
99	XIN11846	0.581	0.566	0.581	0.617	0.676	0.743
100	XIN11847	0.493	0.679	0.586	0.591	0.614	0.707
101	XIN11848	0.357	0.507	0.457	0.523	0.671	0.550
102	XIN11953	0.814	0.743	0.714	0.826	0.764	0.857
103	XIN11955	0.783	0.800	0.750	0.795	0.842	0.817
104	XIN11956	0.729	0.643	0.600	0.682	0.650	0.729
105	XIN12175	0.814	0.857	0.786	0.720	0.536	0.886
106	XIN12219	0.736	0.821	0.750	0.742	0.057	0.879
107	XIN12221	0.757	0.843	0.771	0.765	0.036	0.900
108	XIN12249	0.789	0.852	0.844	0.767	0.563	0.836
109	XIN12251	0.689	0.735	0.606	0.605	0.758	0.750
110	XIN12283	0.721	0.650	0.664	0.682	0.771	0.879
111	XIN12374	0.479	0.664	0.550	0.667	0.786	0.721
112	XIN12380	0.766	0.156	0.438	0.742	0.898	0.563
113	XIN12461	0.648	0.805	0.633	0.633	0.859	0.742
114	XIN12463	0.664	0.793	0.693	0.758	0.743	0.736
115	XIN12465	0.561	0.788	0.591	0.685	0.871	0.667
116	XIN12467	0.735	0.618	0.691	0.633	0.816	0.691
117	XIN12469	0.606	0.621	0.568	0.815	0.765	0.561

（续）

序号	资源编号 （名称）	序号/资源编号（名称）					
		43	44	45	46	47	48
		XIN06666	XIN06830	XIN06832	XIN06846	XIN06890	XIN06908
118	XIN12533	0.833	0.879	0.848	0.766	0.856	0.879
119	XIN12535	0.816	0.890	0.801	0.688	0.662	0.949
120	XIN12545	0.618	0.824	0.647	0.680	0.787	0.706
121	XIN12678	0.800	0.843	0.771	0.735	0.593	0.871
122	XIN12680	0.788	0.591	0.614	0.573	0.765	0.758
123	XIN12690	0.600	0.743	0.600	0.780	0.850	0.771
124	XIN12764	0.771	0.571	0.643	0.705	0.707	0.886
125	XIN12799	0.677	0.774	0.718	0.784	0.847	0.710
126	XIN12829	0.700	0.683	0.725	0.733	0.692	0.817
127	XIN12831	0.824	0.735	0.868	0.633	0.478	0.882
128	XIN13095	0.857	0.800	0.729	0.614	0.650	0.829
129	XIN13395	0.515	0.758	0.470	0.718	0.826	0.576
130	XIN13397	0.564	0.636	0.579	0.682	0.757	0.779
131	XIN13398	0.636	0.606	0.485	0.750	0.780	0.848
132	XIN13400	0.523	0.720	0.583	0.823	0.788	0.689
133	XIN13761	0.600	0.829	0.586	0.750	0.850	0.800
134	XIN13795	0.500	0.848	0.758	0.831	0.795	0.697
135	XIN13798	0.443	0.614	0.593	0.652	0.779	0.600
136	XIN13822	0.692	0.644	0.548	0.790	0.740	0.760
137	XIN13824	0.708	0.642	0.725	0.741	0.783	0.808
138	XIN13833	0.457	0.743	0.471	0.735	0.850	0.686
139	XIN13835	0.500	0.800	0.529	0.780	0.821	0.686
140	XIN13925	0.824	0.824	0.735	0.711	0.610	0.853
141	XIN13927	0.765	0.803	0.705	0.677	0.515	0.758
142	XIN13929	0.794	0.743	0.669	0.719	0.603	0.728
143	XIN13941	0.793	0.707	0.736	0.833	0.657	0.821
144	XIN13943	0.736	0.436	0.293	0.818	0.843	0.521
145	XIN13982	0.828	0.813	0.727	0.742	0.805	0.781
146	XIN13984	0.819	0.871	0.853	0.696	0.741	0.836
147	XIN13986	0.850	0.821	0.707	0.705	0.543	0.807

（续）

序号	资源编号（名称）	序号/资源编号（名称）					
		43	44	45	46	47	48
		XIN06666	XIN06830	XIN06832	XIN06846	XIN06890	XIN06908
148	XIN13995	0.804	0.643	0.652	0.760	0.723	0.893
149	XIN13997	0.813	0.906	0.844	0.792	0.727	0.938
150	XIN14025	0.914	0.714	0.743	0.659	0.750	0.814
151	XIN14027	0.689	0.871	0.667	0.734	0.773	0.735
152	XIN14029	0.645	0.694	0.548	0.681	0.831	0.645
153	XIN14031	0.529	0.800	0.571	0.720	0.850	0.686
154	XIN14033	0.647	0.794	0.691	0.758	0.816	0.676
155	XIN14035	0.551	0.787	0.588	0.688	0.809	0.757
156	XIN14036	0.614	0.671	0.600	0.712	0.764	0.729
157	XIN14044	0.800	0.829	0.743	0.705	0.679	0.857
158	XIN14138	0.706	0.824	0.794	0.758	0.875	0.882
159	XIN14140	0.779	0.912	0.831	0.773	0.743	0.838
160	XIN14141	0.802	0.853	0.862	0.843	0.750	0.922
161	XIN14142	0.793	0.950	0.821	0.803	0.800	0.864
162	XIN14143	0.801	0.875	0.765	0.703	0.897	0.890
163	XIN14144	0.819	0.845	0.828	0.768	0.845	0.845
164	XIN14146	0.836	0.764	0.779	0.742	0.929	0.736
165	XIN14147	0.841	0.841	0.833	0.726	0.864	0.871
166	XIN14149	0.757	0.750	0.729	0.667	0.614	0.764
167	XIN14151	0.757	0.636	0.393	0.795	0.864	0.736
168	XIN14176	0.652	0.682	0.606	0.750	0.720	0.818
169	XIN14204	0.779	0.882	0.882	0.688	0.765	1.000
170	XIN14206	0.664	0.750	0.479	0.697	0.929	0.679
171	XIN14262	0.908	0.800	0.833	0.672	0.617	0.850
172	XIN14288	0.606	0.758	0.598	0.718	0.871	0.667
173	XIN14305	0.757	0.890	0.809	0.606	0.721	0.919
174	XIN15286	0.720	0.735	0.705	0.625	0.803	0.826
175	XIN15416	0.864	0.650	0.671	0.576	0.786	0.850
176	XIN15418	0.886	0.657	0.729	0.447	0.807	0.829
177	XIN15450	0.764	0.850	0.779	0.773	0.829	0.850

序号	资源编号（名称）	序号/资源编号（名称）					
		43	44	45	46	47	48
		XIN06666	XIN06830	XIN06832	XIN06846	XIN06890	XIN06908
178	XIN15452	0.819	0.862	0.776	0.821	0.862	0.862
179	XIN15530	0.547	0.719	0.578	0.766	0.852	0.734
180	XIN15532	0.507	0.801	0.581	0.697	0.809	0.669
181	XIN15533	0.636	0.818	0.629	0.727	0.841	0.636
182	XIN15535	0.621	0.712	0.689	0.789	0.780	0.788
183	XIN15537	0.629	0.871	0.659	0.781	0.788	0.629
184	XIN15584	0.713	0.713	0.721	0.664	0.794	0.699
185	XIN15586	0.508	0.850	0.675	0.793	0.733	0.783
186	XIN15627	0.677	0.685	0.653	0.742	0.718	0.750
187	XIN15636	0.826	0.871	0.788	0.766	0.652	0.902
188	XIN15738	0.721	0.821	0.764	0.864	0.729	0.736
189	XIN15739	0.871	0.811	0.712	0.653	0.697	0.811
190	XIN15741	0.779	0.821	0.807	0.773	0.643	0.850
191	XIN15743	0.714	0.729	0.700	0.621	0.607	0.771
192	XIN15811	0.820	0.750	0.680	0.867	0.844	0.781
193	XIN15879	0.607	0.833	0.667	0.725	0.810	0.619
194	XIN15895	0.647	0.629	0.491	0.884	0.784	0.853
195	XIN16008	0.775	0.708	0.675	0.759	0.558	0.742
196	XIN16010	0.836	0.766	0.711	0.718	0.602	0.813
197	XIN16016	0.816	0.743	0.824	0.719	0.676	0.846
198	XIN16018	0.803	0.712	0.674	0.718	0.720	0.818
199	Xindali1	0.800	0.857	0.786	0.902	0.750	0.771
200	Yang02－1	0.645	0.742	0.702	0.664	0.831	0.806
201	Yudou18	0.786	0.771	0.729	0.765	0.707	0.857
202	Zhechun2	0.800	0.743	0.729	0.720	0.779	0.829
203	Zhongdou27	0.829	0.771	0.764	0.720	0.736	0.857
204	Zhongdou34	0.779	0.950	0.807	0.848	0.743	0.964
205	Zhongdou8	0.800	0.829	0.786	0.795	0.821	0.886
206	Zhonghuang10	0.853	0.824	0.750	0.789	0.787	0.838
207	Zhongpin661	0.789	0.656	0.797	0.767	0.594	0.969

表9　遗传距离（九）

序号	资源编号（名称）	序号/资源编号（名称）					
		49	50	51	52	53	54
		XIN07094	XIN07095	XIN07203	XIN07397	XIN07483	XIN07486
1	Dongnong50089	0.742	0.816	0.795	0.775	0.561	0.728
2	Dongnong92070	0.766	0.829	0.772	0.669	0.507	0.679
3	Dongxin2	0.806	0.610	0.629	0.750	0.735	0.824
4	Gandou5	0.719	0.786	0.669	0.847	0.765	0.907
5	Gongdou5	0.806	0.757	0.689	0.742	0.773	0.750
6	Guichundou1	0.789	0.793	0.765	0.823	0.713	0.800
7	Guixia3	0.648	0.693	0.588	0.823	0.757	0.843
8	Hedou12	0.567	0.576	0.477	0.603	0.773	0.932
9	Heinong37	0.688	0.757	0.699	0.847	0.603	0.707
10	Huachun4	0.831	0.713	0.780	0.892	0.674	0.794
11	Huangbaozhuhao	0.734	0.890	0.720	0.742	0.674	0.735
12	Huaxia101	0.727	0.721	0.559	0.661	0.787	0.857
13	Huaxia102	0.710	0.816	0.689	0.892	0.727	0.831
14	Jidou7	0.828	0.814	0.846	0.798	0.618	0.650
15	Jikedou1	0.863	0.838	0.803	0.717	0.598	0.662
16	Jindou21	0.773	0.736	0.779	0.798	0.728	0.800
17	Jindou31	0.875	0.829	0.743	0.863	0.721	0.707
18	Jinong11	0.711	0.807	0.669	0.806	0.566	0.586
19	Jinyi50	0.781	0.871	0.713	0.766	0.603	0.750
20	Jiufeng10	0.892	0.811	0.758	0.725	0.539	0.636
21	Jiwuxing1	0.847	0.779	0.742	0.783	0.735	0.713
22	Kefeng5	0.563	0.600	0.463	0.524	0.750	0.879
23	Ludou4	0.852	0.793	0.809	0.790	0.787	0.729
24	Lvling9804	0.733	0.871	0.805	0.845	0.719	0.795
25	Nannong99 - 6	0.625	0.714	0.699	0.718	0.750	0.850
26	Puhai10	0.718	0.574	0.591	0.683	0.780	0.846
27	Qihuang1	0.813	0.757	0.684	0.702	0.735	0.779

（续）

序号	资源编号（名称）	序号/资源编号（名称）					
		49	50	51	52	53	54
		XIN07094	XIN07095	XIN07203	XIN07397	XIN07483	XIN07486
28	Qihuang28	0.883	0.743	0.831	0.782	0.772	0.821
29	Ribenqing3	0.906	0.786	0.816	0.863	0.750	0.821
30	Shang951099	0.677	0.728	0.568	0.625	0.803	0.926
31	Suchun10 - 8	0.750	0.786	0.757	0.815	0.779	0.779
32	Sudou5	0.839	0.875	0.811	0.742	0.712	0.860
33	Suhan1	0.750	0.786	0.860	0.815	0.735	0.736
34	suinong14	0.833	0.803	0.797	0.750	0.445	0.826
35	Suixiaolidou2	0.819	0.859	0.823	0.848	0.621	0.703
36	Suza1	0.750	0.614	0.581	0.702	0.765	0.807
37	Tongdou4	0.719	0.729	0.669	0.702	0.809	0.807
38	Tongdou7	0.781	0.686	0.728	0.669	0.824	0.864
39	Wandou9	0.656	0.600	0.596	0.669	0.765	0.864
40	Xiadou1	0.847	0.824	0.833	0.808	0.795	0.831
41	Xiangchundou17	0.719	0.607	0.654	0.710	0.647	0.757
42	XIN06640	0.758	0.831	0.720	0.767	0.515	0.559
43	XIN06666	0.703	0.771	0.743	0.863	0.471	0.607
44	XIN06830	0.719	0.843	0.757	0.750	0.706	0.807
45	XIN06832	0.711	0.771	0.684	0.694	0.625	0.743
46	XIN06846	0.664	0.780	0.609	0.567	0.664	0.788
47	XIN06890	0.648	0.679	0.662	0.774	0.684	0.843
48	XIN06908	0.750	0.843	0.772	0.766	0.588	0.707
49	XIN07094	0.000	0.672	0.435	0.595	0.710	0.867
50	XIN07095	0.672	0.000	0.581	0.637	0.779	0.836
51	XIN07203	0.435	0.581	0.000	0.435	0.743	0.824
52	XIN07397	0.595	0.637	0.435	0.000	0.734	0.839
53	XIN07483	0.710	0.779	0.743	0.734	0.000	0.515
54	XIN07486	0.867	0.836	0.824	0.839	0.515	0.000
55	XIN07543	0.645	0.559	0.583	0.583	0.636	0.728
56	XIN07544	0.805	0.736	0.743	0.589	0.691	0.800
57	XIN07545	0.933	0.790	0.800	0.777	0.683	0.750

（续）

序号	资源编号（名称）	序号/资源编号（名称）					
		49	50	51	52	53	54
		XIN07094	XIN07095	XIN07203	XIN07397	XIN07483	XIN07486
58	XIN07704	0.727	0.786	0.757	0.831	0.596	0.621
59	XIN07707	0.836	0.893	0.838	0.823	0.522	0.814
60	XIN07896	0.688	0.700	0.669	0.685	0.507	0.679
61	XIN07898	0.813	0.809	0.750	0.875	0.697	0.596
62	XIN10695	0.815	0.801	0.727	0.817	0.545	0.618
63	XIN10697	0.773	0.836	0.721	0.871	0.574	0.643
64	XIN10799	0.805	0.793	0.853	0.839	0.669	0.729
65	XIN10801	0.742	0.521	0.706	0.758	0.757	0.814
66	XIN10935	0.688	0.700	0.625	0.629	0.471	0.521
67	XIN10961	0.789	0.864	0.706	0.718	0.654	0.807
68	XIN10963	0.875	0.786	0.860	0.895	0.574	0.664
69	XIN10964	0.836	0.864	0.794	0.887	0.500	0.671
70	XIN10966	0.773	0.829	0.757	0.790	0.559	0.714
71	XIN10967	0.711	0.593	0.618	0.661	0.713	0.786
72	XIN10981	0.141	0.657	0.419	0.573	0.765	0.893
73	XIN10983	0.852	0.693	0.713	0.710	0.684	0.657
74	XIN11115	0.602	0.657	0.581	0.540	0.610	0.721
75	XIN11117	0.617	0.586	0.618	0.637	0.750	0.879
76	XIN11196	0.281	0.629	0.463	0.637	0.721	0.779
77	XIN11198	0.133	0.586	0.419	0.581	0.735	0.864
78	XIN11235	0.656	0.657	0.640	0.718	0.706	0.807
79	XIN11237	0.629	0.618	0.507	0.597	0.765	0.904
80	XIN11239	0.719	0.686	0.625	0.702	0.647	0.836
81	XIN11277	0.625	0.636	0.456	0.548	0.801	0.821
82	XIN11315	0.750	0.771	0.669	0.710	0.581	0.650
83	XIN11317	0.815	0.787	0.765	0.742	0.606	0.706
84	XIN11319	0.773	0.664	0.750	0.823	0.515	0.636
85	XIN11324	0.688	0.643	0.603	0.613	0.772	0.864
86	XIN11326	0.813	0.900	0.904	0.879	0.691	0.707
87	XIN11328	0.906	0.843	0.904	0.895	0.618	0.793

序号	资源编号（名称）	序号/资源编号（名称）					
		49	50	51	52	53	54
		XIN07094	XIN07095	XIN07203	XIN07397	XIN07483	XIN07486
88	XIN11330	0.664	0.593	0.529	0.677	0.684	0.786
89	XIN11332	0.805	0.714	0.706	0.565	0.640	0.693
90	XIN11359	0.702	0.390	0.515	0.592	0.811	0.838
91	XIN11447	0.750	0.829	0.772	0.798	0.574	0.721
92	XIN11475	0.609	0.714	0.581	0.500	0.816	0.779
93	XIN11478	0.667	0.629	0.531	0.629	0.695	0.780
94	XIN11480	0.711	0.636	0.632	0.710	0.684	0.779
95	XIN11481	0.773	0.750	0.721	0.669	0.684	0.707
96	XIN11532	0.711	0.864	0.735	0.790	0.493	0.593
97	XIN11534	0.641	0.679	0.625	0.653	0.721	0.793
98	XIN11556	0.750	0.764	0.662	0.677	0.574	0.600
99	XIN11846	0.653	0.662	0.636	0.592	0.500	0.603
100	XIN11847	0.688	0.593	0.618	0.573	0.515	0.557
101	XIN11848	0.609	0.664	0.596	0.605	0.368	0.600
102	XIN11953	0.813	0.843	0.743	0.815	0.735	0.750
103	XIN11955	0.880	0.825	0.793	0.657	0.733	0.858
104	XIN11956	0.578	0.729	0.618	0.677	0.625	0.650
105	XIN12175	0.563	0.514	0.493	0.669	0.824	0.907
106	XIN12219	0.617	0.679	0.618	0.774	0.684	0.814
107	XIN12221	0.656	0.671	0.625	0.750	0.706	0.836
108	XIN12249	0.690	0.477	0.581	0.767	0.758	0.773
109	XIN12251	0.717	0.750	0.703	0.708	0.633	0.727
110	XIN12283	0.711	0.679	0.691	0.677	0.713	0.743
111	XIN12374	0.758	0.779	0.779	0.710	0.507	0.729
112	XIN12380	0.700	0.859	0.758	0.732	0.702	0.789
113	XIN12461	0.828	0.867	0.718	0.723	0.629	0.859
114	XIN12463	0.883	0.864	0.882	0.887	0.551	0.700
115	XIN12465	0.833	0.924	0.780	0.908	0.659	0.644
116	XIN12467	0.766	0.706	0.697	0.725	0.674	0.772
117	XIN12469	0.725	0.879	0.750	0.862	0.508	0.705

（续）

序号	资源编号（名称）	序号/资源编号（名称）					
		49	50	51	52	53	54
		XIN07094	XIN07095	XIN07203	XIN07397	XIN07483	XIN07486
118	XIN12533	0.833	0.621	0.711	0.783	0.844	0.826
119	XIN12535	0.653	0.625	0.470	0.573	0.788	0.816
120	XIN12545	0.839	0.868	0.841	0.850	0.636	0.654
121	XIN12678	0.672	0.614	0.449	0.702	0.794	0.821
122	XIN12680	0.767	0.773	0.711	0.683	0.641	0.674
123	XIN12690	0.688	0.757	0.713	0.847	0.618	0.807
124	XIN12764	0.813	0.786	0.699	0.556	0.706	0.793
125	XIN12799	0.793	0.806	0.800	0.759	0.658	0.685
126	XIN12829	0.672	0.633	0.621	0.648	0.560	0.708
127	XIN12831	0.597	0.574	0.568	0.621	0.742	0.875
128	XIN13095	0.734	0.643	0.610	0.589	0.809	0.821
129	XIN13395	0.742	0.742	0.734	0.775	0.461	0.742
130	XIN13397	0.789	0.779	0.706	0.726	0.603	0.543
131	XIN13398	0.733	0.833	0.711	0.800	0.609	0.765
132	XIN13400	0.669	0.720	0.711	0.819	0.617	0.697
133	XIN13761	0.906	0.814	0.801	0.831	0.559	0.564
134	XIN13795	0.806	0.909	0.859	0.842	0.625	0.614
135	XIN13798	0.664	0.843	0.721	0.734	0.493	0.664
136	XIN13822	0.833	0.750	0.810	0.837	0.500	0.606
137	XIN13824	0.813	0.708	0.724	0.857	0.483	0.683
138	XIN13833	0.781	0.843	0.713	0.815	0.662	0.721
139	XIN13835	0.719	0.757	0.654	0.863	0.647	0.736
140	XIN13925	0.688	0.632	0.576	0.642	0.803	0.757
141	XIN13927	0.581	0.492	0.445	0.603	0.688	0.758
142	XIN13929	0.653	0.610	0.568	0.589	0.720	0.787
143	XIN13941	0.680	0.650	0.574	0.613	0.713	0.829
144	XIN13943	0.773	0.807	0.662	0.710	0.625	0.757
145	XIN13982	0.931	0.859	0.867	0.828	0.672	0.773
146	XIN13984	0.527	0.612	0.482	0.519	0.723	0.853
147	XIN13986	0.336	0.621	0.471	0.637	0.772	0.843

（续）

序号	资源编号 （名称）	序号/资源编号（名称）					
		49	50	51	52	53	54
		XIN07094	XIN07095	XIN07203	XIN07397	XIN07483	XIN07486
148	XIN13995	0.808	0.750	0.630	0.521	0.685	0.705
149	XIN13997	0.793	0.719	0.664	0.681	0.797	0.820
150	XIN14025	0.836	0.807	0.706	0.669	0.838	0.807
151	XIN14027	0.833	0.902	0.797	0.828	0.586	0.606
152	XIN14029	0.759	0.855	0.694	0.705	0.605	0.669
153	XIN14031	0.781	0.843	0.743	0.815	0.588	0.664
154	XIN14033	0.875	0.926	0.848	0.792	0.470	0.757
155	XIN14035	0.847	0.757	0.735	0.758	0.632	0.676
156	XIN14036	0.773	0.886	0.743	0.823	0.596	0.736
157	XIN14044	0.656	0.586	0.640	0.685	0.779	0.836
158	XIN14138	0.742	0.735	0.689	0.825	0.788	0.772
159	XIN14140	0.710	0.794	0.780	0.858	0.682	0.801
160	XIN14141	0.731	0.655	0.723	0.817	0.732	0.905
161	XIN14142	0.758	0.721	0.779	0.839	0.735	0.757
162	XIN14143	0.734	0.772	0.773	0.817	0.758	0.750
163	XIN14144	0.804	0.698	0.768	0.833	0.714	0.793
164	XIN14146	0.742	0.829	0.779	0.855	0.801	0.729
165	XIN14147	0.758	0.735	0.766	0.833	0.758	0.826
166	XIN14149	0.320	0.550	0.500	0.532	0.706	0.786
167	XIN14151	0.836	0.857	0.809	0.726	0.596	0.721
168	XIN14176	0.742	0.818	0.758	0.750	0.656	0.750
169	XIN14204	0.733	0.750	0.828	0.833	0.813	0.618
170	XIN14206	0.914	0.879	0.912	0.758	0.699	0.857
171	XIN14262	0.643	0.608	0.595	0.648	0.724	0.817
172	XIN14288	0.833	0.833	0.805	0.810	0.578	0.720
173	XIN14305	0.727	0.640	0.561	0.613	0.705	0.735
174	XIN15286	0.815	0.856	0.734	0.667	0.758	0.742
175	XIN15416	0.742	0.750	0.691	0.613	0.728	0.750
176	XIN15418	0.750	0.786	0.566	0.605	0.706	0.736
177	XIN15450	0.742	0.707	0.647	0.758	0.787	0.871

（续）

序号	资源编号（名称）	序号/资源编号（名称）					
		49	50	51	52	53	54
		XIN07094	XIN07095	XIN07203	XIN07397	XIN07483	XIN07486
178	XIN15452	0.741	0.750	0.688	0.759	0.750	0.922
179	XIN15530	0.783	0.813	0.734	0.842	0.613	0.688
180	XIN15532	0.820	0.904	0.818	0.815	0.598	0.603
181	XIN15533	0.806	0.833	0.805	0.775	0.531	0.735
182	XIN15535	0.839	0.758	0.742	0.766	0.609	0.742
183	XIN15537	0.766	0.856	0.734	0.750	0.648	0.742
184	XIN15584	0.710	0.728	0.705	0.717	0.485	0.544
185	XIN15586	0.804	0.725	0.638	0.768	0.603	0.725
186	XIN15627	0.629	0.597	0.725	0.821	0.758	0.847
187	XIN15636	0.621	0.553	0.547	0.667	0.758	0.848
188	XIN15738	0.898	0.750	0.838	0.855	0.669	0.786
189	XIN15739	0.600	0.492	0.516	0.612	0.727	0.848
190	XIN15741	0.648	0.307	0.574	0.710	0.772	0.814
191	XIN15743	0.445	0.371	0.426	0.492	0.676	0.750
192	XIN15811	0.793	0.742	0.734	0.698	0.677	0.742
193	XIN15879	0.868	0.845	0.838	0.792	0.638	0.524
194	XIN15895	0.694	0.828	0.714	0.778	0.598	0.759
195	XIN16008	0.616	0.575	0.491	0.500	0.690	0.742
196	XIN16010	0.483	0.500	0.468	0.569	0.694	0.789
197	XIN16016	0.492	0.669	0.538	0.658	0.742	0.779
198	XIN16018	0.567	0.470	0.375	0.533	0.727	0.788
199	Xindali1	0.938	0.829	0.890	0.944	0.735	0.807
200	Yang02-1	0.786	0.798	0.800	0.750	0.608	0.863
201	Yudou18	0.313	0.700	0.434	0.589	0.706	0.821
202	Zhechun2	0.750	0.714	0.551	0.685	0.706	0.807
203	Zhongdou27	0.656	0.800	0.699	0.629	0.706	0.736
204	Zhongdou34	0.805	0.707	0.662	0.710	0.787	0.843
205	Zhongdou8	0.625	0.671	0.596	0.669	0.721	0.779
206	Zhonghuang10	0.798	0.831	0.758	0.742	0.758	0.757
207	Zhongpin661	0.759	0.781	0.734	0.705	0.718	0.781

表 10 遗传距离（十）

序号	资源编号（名称）	序号/资源编号（名称）					
		55	56	57	58	59	60
		XIN07543	XIN07544	XIN07545	XIN07704	XIN07707	XIN07896
1	Dongnong50089	0.682	0.743	0.833	0.647	0.522	0.581
2	Dongnong92070	0.588	0.650	0.823	0.686	0.664	0.586
3	Dongxin2	0.659	0.706	0.733	0.728	0.838	0.691
4	Gandou5	0.794	0.821	0.871	0.800	0.793	0.743
5	Gongdou5	0.667	0.801	0.733	0.882	0.846	0.684
6	Guichundou1	0.794	0.843	0.806	0.779	0.900	0.793
7	Guixia3	0.728	0.757	0.831	0.707	0.871	0.721
8	Hedou12	0.633	0.773	0.862	0.758	0.864	0.659
9	Heinong37	0.721	0.679	0.806	0.500	0.736	0.629
10	Huachun4	0.765	0.706	0.825	0.684	0.750	0.581
11	Huangbaozhuhao	0.750	0.750	0.758	0.757	0.809	0.684
12	Huaxia101	0.640	0.714	0.766	0.807	0.843	0.764
13	Huaxia102	0.788	0.816	0.867	0.735	0.816	0.787
14	Jidou7	0.618	0.621	0.758	0.679	0.879	0.629
15	Jikedou1	0.735	0.794	0.825	0.596	0.676	0.471
16	Jindou21	0.713	0.843	0.815	0.736	0.914	0.664
17	Jindou31	0.794	0.821	0.839	0.800	0.850	0.714
18	Jinong11	0.625	0.629	0.766	0.636	0.686	0.650
19	Jinyi50	0.765	0.621	0.710	0.686	0.793	0.714
20	Jiufeng10	0.750	0.795	0.819	0.667	0.508	0.371
21	Jiwuxing1	0.652	0.721	0.725	0.713	0.838	0.699
22	Kefeng5	0.669	0.721	0.823	0.757	0.879	0.664
23	Ludou4	0.787	0.857	0.685	0.800	0.886	0.707
24	Lvling9804	0.836	0.856	0.862	0.803	0.841	0.720
25	Nannong99 – 6	0.706	0.636	0.774	0.829	0.879	0.729
26	Puhai10	0.644	0.809	0.775	0.794	0.853	0.706
27	Qihuang1	0.632	0.750	0.806	0.914	0.879	0.686

（续）

序号	资源编号（名称）	序号/资源编号（名称）					
		55	56	57	58	59	60
		XIN07543	XIN07544	XIN07545	XIN07704	XIN07707	XIN07896
28	Qihuang28	0.735	0.736	0.234	0.786	0.907	0.721
29	Ribenqing3	0.721	0.893	0.806	0.771	0.821	0.657
30	Shang951099	0.652	0.728	0.800	0.809	0.816	0.669
31	Suchun10 - 8	0.809	0.721	0.806	0.786	0.821	0.671
32	Sudou5	0.682	0.801	0.933	0.809	0.743	0.640
33	Suhan1	0.809	0.764	0.903	0.771	0.821	0.657
34	suinong14	0.742	0.742	0.828	0.720	0.515	0.462
35	Suixiaolidou2	0.855	0.797	0.759	0.586	0.578	0.555
36	Suza1	0.691	0.736	0.806	0.743	0.879	0.743
37	Tongdou4	0.721	0.693	0.742	0.857	0.964	0.829
38	Tongdou7	0.676	0.779	0.742	0.900	0.850	0.729
39	Wandou9	0.765	0.807	0.839	0.886	0.964	0.786
40	Xiadou1	0.742	0.831	0.792	0.838	0.860	0.691
41	Xiangchundou17	0.713	0.750	0.677	0.743	0.764	0.636
42	XIN06640	0.794	0.765	0.694	0.537	0.478	0.353
43	XIN06666	0.706	0.821	0.758	0.621	0.650	0.529
44	XIN06830	0.676	0.636	0.710	0.786	0.764	0.657
45	XIN06832	0.699	0.764	0.839	0.629	0.579	0.479
46	XIN06846	0.680	0.591	0.708	0.758	0.697	0.492
47	XIN06890	0.713	0.743	0.831	0.793	0.814	0.664
48	XIN06908	0.853	0.821	0.774	0.629	0.650	0.571
49	XIN07094	0.645	0.805	0.933	0.727	0.836	0.688
50	XIN07095	0.559	0.736	0.790	0.786	0.893	0.700
51	XIN07203	0.583	0.743	0.800	0.757	0.838	0.669
52	XIN07397	0.583	0.589	0.777	0.831	0.823	0.685
53	XIN07483	0.636	0.691	0.683	0.596	0.522	0.507
54	XIN07486	0.728	0.800	0.750	0.621	0.814	0.679
55	XIN07543	0.000	0.669	0.758	0.750	0.743	0.625
56	XIN07544	0.669	0.000	0.750	0.721	0.743	0.621
57	XIN07545	0.758	0.750	0.000	0.790	0.831	0.734

（续）

序号	资源编号（名称）	序号/资源编号（名称）					
		55	56	57	58	59	60
		XIN07543	XIN07544	XIN07545	XIN07704	XIN07707	XIN07896
58	XIN07704	0.750	0.721	0.790	0.000	0.507	0.471
59	XIN07707	0.743	0.743	0.831	0.507	0.000	0.450
60	XIN07896	0.625	0.621	0.734	0.471	0.450	0.000
61	XIN07898	0.879	0.904	0.733	0.522	0.610	0.485
62	XIN10695	0.697	0.824	0.767	0.426	0.574	0.522
63	XIN10697	0.684	0.657	0.782	0.464	0.414	0.600
64	XIN10799	0.699	0.771	0.895	0.664	0.814	0.636
65	XIN10801	0.713	0.771	0.831	0.750	0.871	0.650
66	XIN10935	0.537	0.650	0.702	0.664	0.693	0.479
67	XIN10961	0.728	0.786	0.766	0.779	0.629	0.514
68	XIN10963	0.853	0.793	0.806	0.543	0.536	0.443
69	XIN10964	0.728	0.814	0.798	0.436	0.429	0.379
70	XIN10966	0.750	0.650	0.798	0.536	0.550	0.350
71	XIN10967	0.640	0.743	0.766	0.807	0.900	0.736
72	XIN10981	0.662	0.807	0.871	0.764	0.850	0.729
73	XIN10983	0.684	0.714	0.266	0.750	0.800	0.650
74	XIN11115	0.610	0.536	0.694	0.664	0.750	0.564
75	XIN11117	0.559	0.650	0.831	0.800	0.793	0.600
76	XIN11196	0.588	0.836	0.887	0.771	0.836	0.743
77	XIN11198	0.618	0.779	0.887	0.743	0.821	0.714
78	XIN11235	0.691	0.736	0.839	0.771	0.850	0.514
79	XIN11237	0.652	0.765	0.867	0.779	0.875	0.684
80	XIN11239	0.691	0.736	0.903	0.700	0.736	0.557
81	XIN11277	0.618	0.707	0.685	0.786	0.893	0.707
82	XIN11315	0.647	0.607	0.750	0.643	0.593	0.521
83	XIN11317	0.691	0.647	0.750	0.618	0.647	0.331
84	XIN11319	0.684	0.700	0.782	0.714	0.643	0.493
85	XIN11324	0.676	0.686	0.758	0.814	0.850	0.679
86	XIN11326	0.838	0.793	0.903	0.271	0.521	0.457
87	XIN11328	0.750	0.679	0.774	0.600	0.407	0.500

（续）

序号	资源编号（名称）	序号/资源编号（名称）					
		55	56	57	58	59	60
		XIN07543	XIN07544	XIN07545	XIN07704	XIN07707	XIN07896
88	XIN11330	0.551	0.686	0.806	0.707	0.786	0.543
89	XIN11332	0.596	0.579	0.565	0.800	0.807	0.579
90	XIN11359	0.591	0.676	0.825	0.772	0.926	0.713
91	XIN11447	0.765	0.807	0.823	0.471	0.536	0.464
92	XIN11475	0.706	0.607	0.758	0.700	0.850	0.686
93	XIN11478	0.688	0.742	0.716	0.689	0.864	0.659
94	XIN11480	0.757	0.757	0.669	0.714	0.886	0.671
95	XIN11481	0.581	0.657	0.766	0.707	0.786	0.671
96	XIN11532	0.728	0.786	0.734	0.650	0.657	0.443
97	XIN11534	0.662	0.536	0.694	0.686	0.750	0.621
98	XIN11556	0.713	0.729	0.685	0.693	0.800	0.664
99	XIN11846	0.485	0.500	0.692	0.529	0.684	0.493
100	XIN11847	0.529	0.500	0.653	0.586	0.621	0.450
101	XIN11848	0.485	0.564	0.573	0.500	0.479	0.371
102	XIN11953	0.750	0.707	0.710	0.714	0.793	0.700
103	XIN11955	0.681	0.758	0.663	0.767	0.808	0.658
104	XIN11956	0.676	0.664	0.645	0.636	0.707	0.643
105	XIN12175	0.618	0.793	0.839	0.829	0.850	0.729
106	XIN12219	0.713	0.743	0.798	0.779	0.814	0.664
107	XIN12221	0.706	0.736	0.806	0.786	0.836	0.657
108	XIN12249	0.677	0.719	0.786	0.711	0.766	0.656
109	XIN12251	0.680	0.727	0.690	0.644	0.682	0.515
110	XIN12283	0.581	0.686	0.702	0.721	0.800	0.693
111	XIN12374	0.706	0.714	0.798	0.693	0.629	0.514
112	XIN12380	0.718	0.648	0.724	0.750	0.742	0.625
113	XIN12461	0.806	0.688	0.839	0.633	0.484	0.578
114	XIN12463	0.801	0.771	0.831	0.521	0.386	0.521
115	XIN12465	0.797	0.909	0.759	0.652	0.583	0.424
116	XIN12467	0.644	0.375	0.675	0.596	0.566	0.647
117	XIN12469	0.742	0.765	0.681	0.576	0.674	0.621

（续）

序号	资源编号（名称）	序号/资源编号（名称）					
		55	56	57	58	59	60
		XIN07543	XIN07544	XIN07545	XIN07704	XIN07707	XIN07896
118	XIN12533	0.773	0.856	0.759	0.848	0.932	0.811
119	XIN12535	0.644	0.735	0.775	0.765	0.853	0.721
120	XIN12545	0.644	0.757	0.767	0.426	0.331	0.426
121	XIN12678	0.618	0.707	0.839	0.757	0.807	0.657
122	XIN12680	0.648	0.629	0.690	0.682	0.674	0.674
123	XIN12690	0.721	0.764	0.839	0.471	0.593	0.600
124	XIN12764	0.603	0.521	0.806	0.829	0.864	0.643
125	XIN12799	0.692	0.879	0.750	0.669	0.750	0.629
126	XIN12829	0.629	0.675	0.732	0.683	0.842	0.608
127	XIN12831	0.545	0.610	0.817	0.794	0.816	0.625
128	XIN13095	0.603	0.764	0.726	0.714	0.764	0.671
129	XIN13395	0.750	0.780	0.850	0.485	0.492	0.409
130	XIN13397	0.588	0.657	0.734	0.607	0.586	0.471
131	XIN13398	0.680	0.689	0.828	0.636	0.598	0.508
132	XIN13400	0.750	0.742	0.825	0.447	0.591	0.591
133	XIN13761	0.750	0.793	0.839	0.571	0.564	0.429
134	XIN13795	0.641	0.750	0.833	0.606	0.765	0.530
135	XIN13798	0.676	0.679	0.734	0.443	0.529	0.479
136	XIN13822	0.600	0.808	0.804	0.712	0.538	0.471
137	XIN13824	0.664	0.750	0.694	0.700	0.650	0.500
138	XIN13833	0.765	0.879	0.839	0.529	0.550	0.400
139	XIN13835	0.735	0.850	0.806	0.571	0.679	0.514
140	XIN13925	0.652	0.757	0.645	0.654	0.875	0.743
141	XIN13927	0.555	0.674	0.742	0.727	0.750	0.606
142	XIN13929	0.636	0.654	0.692	0.743	0.765	0.625
143	XIN13941	0.654	0.686	0.766	0.836	0.871	0.679
144	XIN13943	0.684	0.700	0.798	0.693	0.614	0.564
145	XIN13982	0.815	0.688	0.786	0.617	0.477	0.570
146	XIN13984	0.643	0.707	0.824	0.759	0.845	0.647
147	XIN13986	0.669	0.786	0.798	0.750	0.829	0.721

（续）

序号	资源编号（名称）	55 XIN07543	56 XIN07544	57 XIN07545	58 XIN07704	59 XIN07707	60 XIN07896
148	XIN13995	0.639	0.527	0.840	0.741	0.848	0.679
149	XIN13997	0.734	0.688	0.759	0.805	0.883	0.719
150	XIN14025	0.603	0.736	0.766	0.714	0.864	0.693
151	XIN14027	0.734	0.773	0.724	0.439	0.409	0.462
152	XIN14029	0.775	0.710	0.679	0.653	0.653	0.435
153	XIN14031	0.853	0.821	0.742	0.557	0.536	0.400
154	XIN14033	0.788	0.713	0.839	0.559	0.610	0.551
155	XIN14035	0.545	0.713	0.642	0.610	0.647	0.434
156	XIN14036	0.794	0.750	0.790	0.557	0.436	0.471
157	XIN14044	0.588	0.721	0.806	0.814	0.793	0.643
158	XIN14138	0.803	0.728	0.800	0.743	0.846	0.765
159	XIN14140	0.833	0.787	0.867	0.691	0.801	0.662
160	XIN14141	0.741	0.793	0.760	0.828	0.879	0.690
161	XIN14142	0.772	0.814	0.847	0.679	0.743	0.707
162	XIN14143	0.713	0.750	0.831	0.699	0.809	0.699
163	XIN14144	0.759	0.716	0.704	0.724	0.802	0.724
164	XIN14146	0.816	0.814	0.766	0.779	0.871	0.764
165	XIN14147	0.758	0.727	0.733	0.765	0.833	0.735
166	XIN14149	0.544	0.693	0.766	0.786	0.743	0.600
167	XIN14151	0.787	0.814	0.847	0.693	0.671	0.614
168	XIN14176	0.672	0.750	0.733	0.720	0.742	0.591
169	XIN14204	0.656	0.721	0.786	0.721	0.926	0.794
170	XIN14206	0.801	0.757	0.798	0.579	0.486	0.364
171	XIN14262	0.595	0.675	0.750	0.742	0.892	0.742
172	XIN14288	0.727	0.720	0.862	0.545	0.280	0.470
173	XIN14305	0.644	0.706	0.903	0.757	0.868	0.640
174	XIN15286	0.758	0.591	0.842	0.674	0.818	0.553
175	XIN15416	0.684	0.600	0.790	0.779	0.771	0.693
176	XIN15418	0.691	0.607	0.774	0.757	0.807	0.657
177	XIN15450	0.801	0.814	0.863	0.836	0.957	0.764

（续）

序号	资源编号（名称）	序号/资源编号（名称）					
		55	56	57	58	59	60
		XIN07543	XIN07544	XIN07545	XIN07704	XIN07707	XIN07896
178	XIN15452	0.813	0.853	0.923	0.793	0.957	0.741
179	XIN15530	0.806	0.789	0.845	0.609	0.633	0.492
180	XIN15532	0.705	0.794	0.879	0.566	0.603	0.412
181	XIN15533	0.828	0.780	0.867	0.409	0.538	0.538
182	XIN15535	0.688	0.705	0.733	0.682	0.652	0.538
183	XIN15537	0.742	0.833	0.892	0.523	0.470	0.530
184	XIN15584	0.667	0.691	0.808	0.757	0.779	0.515
185	XIN15586	0.793	0.725	0.667	0.750	0.742	0.583
186	XIN15627	0.750	0.726	0.723	0.734	0.710	0.573
187	XIN15636	0.648	0.742	0.842	0.773	0.833	0.697
188	XIN15738	0.713	0.686	0.863	0.686	0.757	0.593
189	XIN15739	0.583	0.667	0.867	0.788	0.909	0.659
190	XIN15741	0.625	0.729	0.750	0.793	0.929	0.664
191	XIN15743	0.500	0.593	0.758	0.729	0.821	0.629
192	XIN15811	0.661	0.820	0.893	0.734	0.742	0.648
193	XIN15879	0.663	0.845	0.750	0.607	0.774	0.488
194	XIN15895	0.732	0.707	0.904	0.560	0.655	0.603
195	XIN16008	0.552	0.642	0.694	0.742	0.783	0.608
196	XIN16010	0.556	0.633	0.776	0.813	0.789	0.609
197	XIN16016	0.689	0.654	0.692	0.735	0.882	0.721
198	XIN16018	0.531	0.674	0.741	0.780	0.841	0.682
199	Xindali1	0.926	0.864	0.871	0.771	0.850	0.714
200	Yang02－1	0.758	0.750	0.852	0.742	0.718	0.468
201	Yudou18	0.676	0.764	0.742	0.771	0.850	0.743
202	Zhechun2	0.515	0.807	0.742	0.843	0.879	0.686
203	Zhongdou27	0.750	0.679	0.790	0.693	0.807	0.700
204	Zhongdou34	0.757	0.814	0.782	0.879	0.914	0.750
205	Zhongdou8	0.691	0.750	0.774	0.814	0.936	0.814
206	Zhonghuang10	0.758	0.831	0.725	0.779	0.890	0.757
207	Zhongpin661	0.645	0.539	0.857	0.844	0.852	0.688

表 11 遗传距离（十一）

序号	资源编号（名称）	序号/资源编号（名称）					
		61	62	63	64	65	66
		XIN07898	XIN10695	XIN10697	XIN10799	XIN10801	XIN10935
1	Dongnong50089	0.758	0.551	0.607	0.736	0.714	0.550
2	Dongnong92070	0.779	0.536	0.674	0.757	0.785	0.486
3	Dongxin2	0.841	0.809	0.729	0.914	0.643	0.757
4	Gandou5	0.853	0.836	0.771	0.910	0.826	0.708
5	Gongdou5	0.848	0.846	0.836	0.886	0.764	0.736
6	Guichundou1	0.846	0.821	0.861	0.861	0.708	0.771
7	Guixia3	0.816	0.814	0.750	0.875	0.764	0.674
8	Hedou12	0.836	0.721	0.838	0.846	0.706	0.721
9	Heinong37	0.706	0.593	0.563	0.743	0.771	0.542
10	Huachun4	0.689	0.676	0.771	0.571	0.729	0.721
11	Huangbaozhuhao	0.720	0.750	0.714	0.871	0.929	0.593
12	Huaxia101	0.846	0.814	0.764	0.875	0.778	0.722
13	Huaxia102	0.848	0.787	0.693	0.850	0.829	0.779
14	Jidou7	0.868	0.743	0.674	0.771	0.799	0.653
15	Jikedou1	0.750	0.699	0.729	0.800	0.864	0.643
16	Jindou21	0.919	0.857	0.833	0.792	0.833	0.660
17	Jindou31	0.824	0.764	0.757	0.813	0.799	0.708
18	Jinong11	0.787	0.700	0.458	0.764	0.792	0.507
19	Jinyi50	0.882	0.779	0.674	0.854	0.882	0.583
20	Jiufeng10	0.547	0.553	0.801	0.816	0.750	0.647
21	Jiwuxing1	0.811	0.794	0.700	0.793	0.814	0.621
22	Kefeng5	0.838	0.821	0.826	0.854	0.701	0.688
23	Ludou4	0.860	0.807	0.792	0.694	0.931	0.757
24	Lvling9804	0.844	0.789	0.750	0.508	0.879	0.758
25	Nannong99－6	0.853	0.864	0.799	0.924	0.743	0.722
26	Puhai10	0.856	0.890	0.829	0.907	0.786	0.743
27	Qihuang1	0.824	0.879	0.813	0.826	0.771	0.750

（续）

序号	资源编号（名称）	序号/资源编号（名称）					
		61	62	63	64	65	66
		XIN07898	XIN10695	XIN10697	XIN10799	XIN10801	XIN10935
28	Qihuang28	0.824	0.764	0.826	0.882	0.813	0.743
29	Ribenqing3	0.824	0.721	0.826	0.549	0.826	0.764
30	Shang951099	0.788	0.743	0.821	0.857	0.821	0.693
31	Suchun10 - 8	0.824	0.779	0.799	0.688	0.771	0.722
32	Sudou5	0.909	0.772	0.864	0.736	0.829	0.821
33	Suhan1	0.853	0.807	0.715	0.632	0.715	0.736
34	suinong14	0.680	0.621	0.735	0.779	0.728	0.684
35	Suixiaolidou2	0.653	0.625	0.636	0.788	0.856	0.636
36	Suza1	0.853	0.821	0.771	0.910	0.743	0.750
37	Tongdou4	0.912	0.893	0.826	0.882	0.771	0.736
38	Tongdou7	0.941	0.936	0.854	0.868	0.882	0.736
39	Wandou9	0.912	0.936	0.938	0.924	0.715	0.806
40	Xiadou1	0.818	0.868	0.864	0.836	0.807	0.721
41	Xiangchundou17	0.772	0.743	0.743	0.799	0.542	0.625
42	XIN06640	0.280	0.523	0.566	0.853	0.735	0.625
43	XIN06666	0.456	0.537	0.721	0.850	0.664	0.643
44	XIN06830	0.794	0.757	0.721	0.736	0.850	0.629
45	XIN06832	0.559	0.654	0.650	0.664	0.821	0.607
46	XIN06846	0.795	0.828	0.727	0.864	0.727	0.576
47	XIN06890	0.846	0.735	0.757	0.800	0.714	0.636
48	XIN06908	0.676	0.669	0.779	0.764	0.850	0.729
49	XIN07094	0.813	0.815	0.773	0.805	0.742	0.688
50	XIN07095	0.809	0.801	0.836	0.793	0.521	0.700
51	XIN07203	0.750	0.727	0.721	0.853	0.706	0.625
52	XIN07397	0.875	0.817	0.871	0.839	0.758	0.629
53	XIN07483	0.697	0.545	0.574	0.669	0.757	0.471
54	XIN07486	0.596	0.618	0.643	0.729	0.814	0.521
55	XIN07543	0.879	0.697	0.684	0.699	0.713	0.537
56	XIN07544	0.904	0.824	0.657	0.771	0.771	0.650
57	XIN07545	0.733	0.767	0.782	0.895	0.831	0.702

（续）

序号	资源编号（名称）	序号/资源编号（名称）					
		61	62	63	64	65	66
		XIN07898	XIN10695	XIN10697	XIN10799	XIN10801	XIN10935
58	XIN07704	0.522	0.426	0.464	0.664	0.750	0.664
59	XIN07707	0.610	0.574	0.414	0.814	0.871	0.693
60	XIN07896	0.485	0.522	0.600	0.636	0.650	0.479
61	XIN07898	0.000	0.447	0.669	0.816	0.816	0.684
62	XIN10695	0.447	0.000	0.500	0.714	0.814	0.550
63	XIN10697	0.669	0.500	0.000	0.764	0.833	0.542
64	XIN10799	0.816	0.714	0.764	0.000	0.889	0.660
65	XIN10801	0.816	0.814	0.833	0.889	0.000	0.701
66	XIN10935	0.684	0.550	0.542	0.660	0.701	0.000
67	XIN10961	0.537	0.686	0.750	0.722	0.931	0.646
68	XIN10963	0.529	0.621	0.618	0.715	0.743	0.736
69	XIN10964	0.419	0.543	0.528	0.681	0.819	0.674
70	XIN10966	0.574	0.671	0.646	0.729	0.868	0.590
71	XIN10967	0.846	0.786	0.806	0.750	0.722	0.639
72	XIN10981	0.853	0.786	0.771	0.813	0.757	0.694
73	XIN10983	0.772	0.686	0.681	0.819	0.819	0.597
74	XIN11115	0.735	0.714	0.688	0.771	0.729	0.542
75	XIN11117	0.868	0.764	0.840	0.882	0.660	0.667
76	XIN11196	0.838	0.807	0.757	0.826	0.743	0.694
77	XIN11198	0.831	0.779	0.743	0.826	0.729	0.708
78	XIN11235	0.735	0.750	0.799	0.729	0.771	0.639
79	XIN11237	0.879	0.743	0.850	0.850	0.693	0.643
80	XIN11239	0.706	0.693	0.715	0.757	0.743	0.597
81	XIN11277	0.838	0.793	0.799	0.840	0.694	0.708
82	XIN11315	0.588	0.600	0.576	0.785	0.799	0.576
83	XIN11317	0.659	0.691	0.643	0.786	0.771	0.664
84	XIN11319	0.728	0.564	0.611	0.778	0.625	0.507
85	XIN11324	0.824	0.779	0.854	0.813	0.771	0.722
86	XIN11326	0.588	0.621	0.618	0.743	0.799	0.722
87	XIN11328	0.706	0.736	0.590	0.743	0.854	0.806

（续）

序号	资源编号（名称）	序号/资源编号（名称）					
		61	62	63	64	65	66
		XIN07898	XIN10695	XIN10697	XIN10799	XIN10801	XIN10935
88	XIN11330	0.757	0.714	0.736	0.722	0.694	0.556
89	XIN11332	0.757	0.721	0.743	0.813	0.785	0.542
90	XIN11359	0.902	0.868	0.871	0.857	0.643	0.686
91	XIN11447	0.544	0.636	0.729	0.771	0.771	0.701
92	XIN11475	0.868	0.871	0.743	0.896	0.771	0.667
93	XIN11478	0.813	0.742	0.691	0.794	0.647	0.618
94	XIN11480	0.831	0.793	0.750	0.819	0.681	0.646
95	XIN11481	0.816	0.743	0.729	0.764	0.806	0.556
96	XIN11532	0.507	0.557	0.708	0.875	0.792	0.549
97	XIN11534	0.882	0.864	0.660	0.813	0.806	0.646
98	XIN11556	0.853	0.721	0.714	0.743	0.729	0.564
99	XIN11846	0.689	0.618	0.536	0.607	0.671	0.493
100	XIN11847	0.544	0.550	0.569	0.701	0.563	0.493
101	XIN11848	0.478	0.486	0.576	0.618	0.660	0.479
102	XIN11953	0.735	0.707	0.674	0.854	0.826	0.625
103	XIN11955	0.845	0.758	0.750	0.798	0.790	0.702
104	XIN11956	0.662	0.671	0.604	0.757	0.757	0.576
105	XIN12175	0.853	0.807	0.771	0.854	0.729	0.694
106	XIN12219	0.816	0.714	0.736	0.806	0.722	0.646
107	XIN12221	0.838	0.700	0.757	0.799	0.715	0.625
108	XIN12249	0.798	0.797	0.727	0.833	0.621	0.705
109	XIN12251	0.734	0.758	0.691	0.691	0.750	0.625
110	XIN12283	0.816	0.900	0.806	0.861	0.778	0.701
111	XIN12374	0.684	0.700	0.681	0.806	0.708	0.604
112	XIN12380	0.774	0.773	0.735	0.750	0.811	0.636
113	XIN12461	0.718	0.742	0.621	0.894	0.848	0.659
114	XIN12463	0.654	0.586	0.514	0.819	0.764	0.632
115	XIN12465	0.438	0.614	0.743	0.757	0.875	0.662
116	XIN12467	0.803	0.728	0.579	0.764	0.779	0.693
117	XIN12469	0.656	0.555	0.705	0.826	0.856	0.652

（续）

序号	资源编号（名称）	序号/资源编号（名称）					
		61	62	63	64	65	66
		XIN07898	XIN10695	XIN10697	XIN10799	XIN10801	XIN10935
118	XIN12533	0.906	0.856	0.831	0.890	0.478	0.787
119	XIN12535	0.856	0.750	0.736	0.836	0.693	0.679
120	XIN12545	0.515	0.522	0.536	0.707	0.821	0.650
121	XIN12678	0.809	0.764	0.757	0.799	0.660	0.653
122	XIN12680	0.828	0.735	0.610	0.743	0.772	0.603
123	XIN12690	0.676	0.507	0.563	0.743	0.743	0.681
124	XIN12764	0.853	0.836	0.854	0.882	0.854	0.625
125	XIN12799	0.733	0.727	0.742	0.758	0.773	0.656
126	XIN12829	0.810	0.733	0.685	0.766	0.653	0.492
127	XIN12831	0.924	0.816	0.821	0.850	0.679	0.671
128	XIN13095	0.824	0.757	0.729	0.785	0.757	0.625
129	XIN13395	0.531	0.523	0.610	0.757	0.728	0.574
130	XIN13397	0.596	0.629	0.542	0.792	0.792	0.625
131	XIN13398	0.594	0.508	0.493	0.787	0.787	0.478
132	XIN13400	0.617	0.667	0.618	0.794	0.618	0.669
133	XIN13761	0.441	0.564	0.660	0.799	0.882	0.681
134	XIN13795	0.719	0.765	0.743	0.772	0.816	0.713
135	XIN13798	0.662	0.664	0.757	0.813	0.771	0.667
136	XIN13822	0.710	0.481	0.593	0.657	0.704	0.481
137	XIN13824	0.681	0.533	0.517	0.750	0.717	0.442
138	XIN13833	0.500	0.536	0.646	0.799	0.826	0.736
139	XIN13835	0.618	0.593	0.660	0.771	0.743	0.708
140	XIN13925	0.818	0.779	0.821	0.821	0.793	0.693
141	XIN13927	0.781	0.682	0.691	0.757	0.706	0.537
142	XIN13929	0.788	0.750	0.800	0.700	0.771	0.686
143	XIN13941	0.816	0.771	0.847	0.806	0.750	0.688
144	XIN13943	0.610	0.629	0.667	0.708	0.903	0.618
145	XIN13982	0.742	0.750	0.583	0.750	0.841	0.720
146	XIN13984	0.920	0.810	0.793	0.879	0.724	0.655
147	XIN13986	0.801	0.764	0.764	0.806	0.792	0.688

（续）

序号	资源编号（名称）	序号/资源编号（名称）					
		61	62	63	64	65	66
		XIN07898	XIN10695	XIN10697	XIN10799	XIN10801	XIN10935
148	XIN13995	0.815	0.698	0.681	0.836	0.819	0.500
149	XIN13997	0.871	0.781	0.811	0.932	0.705	0.742
150	XIN14025	0.853	0.821	0.799	0.854	0.917	0.729
151	XIN14027	0.445	0.529	0.574	0.794	0.838	0.603
152	XIN14029	0.367	0.617	0.656	0.867	0.836	0.578
153	XIN14031	0.235	0.507	0.604	0.854	0.799	0.639
154	XIN14033	0.697	0.699	0.779	0.679	0.850	0.650
155	XIN14035	0.598	0.603	0.657	0.643	0.800	0.550
156	XIN14036	0.610	0.579	0.549	0.813	0.813	0.674
157	XIN14044	0.882	0.907	0.854	0.910	0.826	0.764
158	XIN14138	0.758	0.764	0.750	0.879	0.779	0.700
159	XIN14140	0.833	0.795	0.816	0.949	0.772	0.743
160	XIN14141	0.884	0.810	0.879	0.957	0.690	0.741
161	XIN14142	0.801	0.765	0.757	0.943	0.786	0.750
162	XIN14143	0.826	0.795	0.735	0.897	0.809	0.684
163	XIN14144	0.839	0.741	0.716	0.862	0.698	0.690
164	XIN14146	0.875	0.897	0.800	0.929	0.750	0.736
165	XIN14147	0.836	0.813	0.758	0.833	0.742	0.750
166	XIN14149	0.801	0.794	0.750	0.757	0.629	0.614
167	XIN14151	0.684	0.632	0.700	0.693	0.900	0.600
168	XIN14176	0.734	0.680	0.659	0.780	0.826	0.621
169	XIN14204	0.813	0.625	0.706	0.824	0.809	0.691
170	XIN14206	0.581	0.669	0.743	0.814	0.771	0.707
171	XIN14262	0.897	0.842	0.758	0.800	0.725	0.642
172	XIN14288	0.563	0.492	0.492	0.750	0.841	0.652
173	XIN14305	0.811	0.742	0.765	0.853	0.691	0.596
174	XIN15286	0.758	0.734	0.742	0.803	0.803	0.636
175	XIN15416	0.875	0.868	0.700	0.800	0.771	0.593
176	XIN15418	0.882	0.875	0.693	0.864	0.836	0.600
177	XIN15450	0.875	0.882	0.829	0.886	0.729	0.807

（续）

序号	资源编号（名称）	序号/资源编号（名称）					
		61	62	63	64	65	66
		XIN07898	XIN10695	XIN10697	XIN10799	XIN10801	XIN10935
178	XIN15452	0.857	0.839	0.802	0.897	0.819	0.793
179	XIN15530	0.516	0.573	0.680	0.789	0.727	0.617
180	XIN15532	0.568	0.553	0.706	0.750	0.794	0.625
181	XIN15533	0.594	0.453	0.659	0.811	0.780	0.606
182	XIN15535	0.750	0.680	0.644	0.689	0.689	0.697
183	XIN15537	0.711	0.609	0.682	0.773	0.758	0.644
184	XIN15584	0.735	0.603	0.691	0.824	0.721	0.412
185	XIN15586	0.638	0.642	0.725	0.833	0.675	0.633
186	XIN15627	0.642	0.742	0.694	0.831	0.613	0.685
187	XIN15636	0.836	0.833	0.773	0.864	0.712	0.629
188	XIN15738	0.816	0.750	0.843	0.543	0.729	0.793
189	XIN15739	0.898	0.871	0.803	0.864	0.712	0.614
190	XIN15741	0.846	0.809	0.843	0.829	0.643	0.671
191	XIN15743	0.846	0.765	0.736	0.793	0.564	0.593
192	XIN15811	0.806	0.669	0.805	0.531	0.867	0.789
193	XIN15879	0.650	0.563	0.738	0.810	0.774	0.571
194	XIN15895	0.455	0.586	0.552	0.750	0.828	0.595
195	XIN16008	0.793	0.725	0.767	0.725	0.708	0.658
196	XIN16010	0.806	0.758	0.742	0.773	0.727	0.586
197	XIN16016	0.886	0.809	0.765	0.882	0.735	0.610
198	XIN16018	0.828	0.750	0.705	0.795	0.644	0.576
199	Xindali1	0.765	0.807	0.813	0.674	0.799	0.792
200	Yang02－1	0.733	0.766	0.820	0.805	0.750	0.672
201	Yudou18	0.794	0.836	0.743	0.882	0.799	0.736
202	Zhechun2	0.912	0.779	0.854	0.785	0.743	0.639
203	Zhongdou27	0.809	0.764	0.715	0.868	0.854	0.653
204	Zhongdou34	0.846	0.829	0.924	0.917	0.708	0.764
205	Zhongdou8	0.882	0.879	0.799	0.938	0.743	0.722
206	Zhonghuang10	0.833	0.728	0.764	0.721	0.914	0.779
207	Zhongpin661	0.839	0.859	0.750	0.909	0.818	0.682

表 12 遗传距离（十二）

序号	资源编号（名称）	序号/资源编号（名称）					
		67	68	69	70	71	72
		XIN10961	XIN10963	XIN10964	XIN10966	XIN10967	XIN10981
1	Dongnong50089	0.664	0.743	0.650	0.643	0.864	0.736
2	Dongnong92070	0.743	0.778	0.646	0.653	0.882	0.750
3	Dongxin2	0.843	0.807	0.829	0.821	0.714	0.764
4	Gandou5	0.826	0.861	0.799	0.736	0.854	0.722
5	Gongdou5	0.793	0.914	0.850	0.814	0.707	0.786
6	Guichundou1	0.903	0.854	0.875	0.896	0.819	0.785
7	Guixia3	0.764	0.840	0.792	0.701	0.875	0.660
8	Hedou12	0.838	0.846	0.868	0.831	0.574	0.574
9	Heinong37	0.729	0.806	0.715	0.722	0.771	0.722
10	Huachun4	0.729	0.650	0.671	0.707	0.757	0.850
11	Huangbaozhuhao	0.600	0.793	0.814	0.707	0.871	0.721
12	Huaxia101	0.819	0.882	0.875	0.785	0.750	0.715
13	Huaxia102	0.821	0.857	0.850	0.714	0.879	0.750
14	Jidou7	0.840	0.792	0.785	0.750	0.813	0.889
15	Jikedou1	0.886	0.593	0.600	0.607	0.814	0.871
16	Jindou21	0.813	0.924	0.806	0.819	0.750	0.785
17	Jindou31	0.715	0.806	0.882	0.792	0.771	0.889
18	Jinong11	0.736	0.701	0.667	0.674	0.819	0.715
19	Jinyi50	0.785	0.778	0.799	0.750	0.799	0.778
20	Jiufeng10	0.669	0.588	0.581	0.735	0.772	0.860
21	Jiwuxing1	0.757	0.850	0.800	0.793	0.757	0.864
22	Kefeng5	0.813	0.847	0.854	0.833	0.576	0.569
23	Ludou4	0.819	0.785	0.806	0.826	0.792	0.833
24	Lvling9804	0.765	0.758	0.811	0.788	0.818	0.705
25	Nannong99 - 6	0.854	0.861	0.854	0.722	0.799	0.722
26	Puhai10	0.714	0.836	0.886	0.807	0.729	0.714
27	Qihuang1	0.771	0.806	0.799	0.833	0.771	0.819

（续）

序号	资源编号（名称）	序号/资源编号（名称）					
		67	68	69	70	71	72
		XIN10961	XIN10963	XIN10964	XIN10966	XIN10967	XIN10981
28	Qihuang28	0.799	0.903	0.882	0.847	0.840	0.875
29	Ribenqing3	0.799	0.750	0.743	0.806	0.799	0.847
30	Shang951099	0.621	0.857	0.879	0.786	0.736	0.686
31	Suchun10-8	0.854	0.722	0.882	0.750	0.785	0.778
32	Sudou5	0.764	0.829	0.707	0.829	0.879	0.850
33	Suhan1	0.813	0.750	0.826	0.806	0.840	0.736
34	suinong14	0.706	0.640	0.456	0.728	0.868	0.868
35	Suixiaolidou2	0.818	0.644	0.621	0.780	0.871	0.833
36	Suza1	0.882	0.833	0.854	0.833	0.660	0.681
37	Tongdou4	0.896	0.889	0.882	0.833	0.799	0.653
38	Tongdou7	0.854	0.917	0.938	0.833	0.688	0.819
39	Wandou9	0.854	0.972	0.938	0.903	0.799	0.708
40	Xiadou1	0.807	0.871	0.893	0.793	0.864	0.871
41	Xiangchundou17	0.743	0.701	0.778	0.722	0.653	0.736
42	XIN06640	0.632	0.478	0.368	0.471	0.809	0.801
43	XIN06666	0.721	0.600	0.464	0.714	0.793	0.786
44	XIN06830	0.436	0.829	0.850	0.657	0.879	0.743
45	XIN06832	0.321	0.571	0.621	0.493	0.736	0.729
46	XIN06846	0.788	0.750	0.682	0.712	0.773	0.735
47	XIN06890	0.843	0.793	0.871	0.793	0.357	0.721
48	XIN06908	0.550	0.600	0.693	0.586	0.907	0.800
49	XIN07094	0.789	0.875	0.836	0.773	0.711	0.141
50	XIN07095	0.864	0.786	0.864	0.829	0.593	0.657
51	XIN07203	0.706	0.860	0.794	0.757	0.618	0.419
52	XIN07397	0.718	0.895	0.887	0.790	0.661	0.573
53	XIN07483	0.654	0.574	0.500	0.559	0.713	0.765
54	XIN07486	0.807	0.664	0.671	0.714	0.786	0.893
55	XIN07543	0.728	0.853	0.728	0.750	0.640	0.662
56	XIN07544	0.786	0.793	0.814	0.650	0.743	0.807
57	XIN07545	0.766	0.806	0.798	0.798	0.766	0.871

（续）

序号	资源编号（名称）	序号/资源编号（名称）					
		67 XIN10961	68 XIN10963	69 XIN10964	70 XIN10966	71 XIN10967	72 XIN10981
58	XIN07704	0.779	0.543	0.436	0.536	0.807	0.764
59	XIN07707	0.629	0.536	0.429	0.550	0.900	0.850
60	XIN07896	0.514	0.443	0.379	0.350	0.736	0.729
61	XIN07898	0.537	0.529	0.419	0.574	0.846	0.853
62	XIN10695	0.686	0.621	0.543	0.671	0.786	0.786
63	XIN10697	0.750	0.618	0.528	0.646	0.806	0.771
64	XIN10799	0.722	0.715	0.681	0.729	0.750	0.813
65	XIN10801	0.931	0.743	0.819	0.868	0.722	0.757
66	XIN10935	0.646	0.736	0.674	0.590	0.639	0.694
67	XIN10961	0.000	0.729	0.653	0.542	0.875	0.813
68	XIN10963	0.729	0.000	0.479	0.569	0.799	0.889
69	XIN10964	0.653	0.479	0.000	0.507	0.875	0.826
70	XIN10966	0.542	0.569	0.507	0.000	0.910	0.819
71	XIN10967	0.875	0.799	0.875	0.910	0.000	0.660
72	XIN10981	0.813	0.889	0.826	0.819	0.660	0.000
73	XIN10983	0.736	0.757	0.750	0.743	0.792	0.813
74	XIN11115	0.667	0.750	0.729	0.722	0.674	0.604
75	XIN11117	0.771	0.819	0.813	0.847	0.604	0.625
76	XIN11196	0.785	0.889	0.840	0.861	0.701	0.264
77	XIN11198	0.771	0.861	0.799	0.792	0.688	0.069
78	XIN11235	0.660	0.750	0.771	0.625	0.826	0.708
79	XIN11237	0.857	0.829	0.879	0.821	0.436	0.529
80	XIN11239	0.674	0.778	0.688	0.694	0.771	0.764
81	XIN11277	0.799	0.806	0.785	0.785	0.583	0.542
82	XIN11315	0.646	0.597	0.590	0.563	0.757	0.778
83	XIN11317	0.657	0.621	0.543	0.521	0.771	0.843
84	XIN11319	0.715	0.729	0.764	0.632	0.778	0.792
85	XIN11324	0.660	0.819	0.910	0.806	0.660	0.722
86	XIN11326	0.840	0.583	0.521	0.667	0.868	0.861
87	XIN11328	0.771	0.611	0.549	0.653	0.910	0.931

（续）

序号	资源编号（名称）	序号/资源编号（名称）					
		67	68	69	70	71	72
		XIN10961	XIN10963	XIN10964	XIN10966	XIN10967	XIN10981
88	XIN11330	0.653	0.771	0.750	0.688	0.694	0.688
89	XIN11332	0.743	0.778	0.743	0.667	0.715	0.778
90	XIN11359	0.814	0.936	0.929	0.807	0.607	0.721
91	XIN11447	0.701	0.597	0.493	0.514	0.806	0.833
92	XIN11475	0.826	0.903	0.840	0.819	0.840	0.632
93	XIN11478	0.779	0.787	0.750	0.721	0.699	0.669
94	XIN11480	0.840	0.785	0.778	0.715	0.722	0.701
95	XIN11481	0.722	0.757	0.792	0.715	0.708	0.757
96	XIN11532	0.646	0.563	0.569	0.590	0.847	0.743
97	XIN11534	0.771	0.722	0.743	0.660	0.688	0.625
98	XIN11556	0.829	0.750	0.771	0.750	0.714	0.707
99	XIN11846	0.714	0.629	0.571	0.564	0.650	0.671
100	XIN11847	0.660	0.556	0.563	0.639	0.563	0.681
101	XIN11848	0.549	0.528	0.431	0.535	0.646	0.618
102	XIN11953	0.674	0.833	0.826	0.694	0.799	0.819
103	XIN11955	0.726	0.774	0.742	0.831	0.806	0.847
104	XIN11956	0.590	0.722	0.729	0.590	0.667	0.611
105	XIN12175	0.854	0.889	0.854	0.806	0.549	0.569
106	XIN12219	0.847	0.771	0.819	0.771	0.375	0.688
107	XIN12221	0.868	0.792	0.840	0.792	0.354	0.681
108	XIN12249	0.894	0.765	0.795	0.841	0.644	0.689
109	XIN12251	0.603	0.625	0.662	0.632	0.809	0.772
110	XIN12283	0.792	0.854	0.708	0.771	0.778	0.743
111	XIN12374	0.694	0.632	0.597	0.618	0.778	0.813
112	XIN12380	0.341	0.848	0.871	0.652	0.939	0.727
113	XIN12461	0.803	0.720	0.644	0.750	0.856	0.826
114	XIN12463	0.736	0.604	0.611	0.660	0.861	0.882
115	XIN12465	0.654	0.647	0.412	0.588	0.934	0.882
116	XIN12467	0.721	0.771	0.693	0.714	0.814	0.757
117	XIN12469	0.598	0.742	0.773	0.652	0.803	0.773

（续）

序号	资源编号（名称）	序号/资源编号（名称）					
		67	68	69	70	71	72
		XIN10961	XIN10963	XIN10964	XIN10966	XIN10967	XIN10981
118	XIN12533	0.890	0.882	0.875	0.912	0.824	0.838
119	XIN12535	0.793	0.886	0.864	0.829	0.650	0.586
120	XIN12545	0.736	0.543	0.479	0.586	0.857	0.886
121	XIN12678	0.785	0.875	0.840	0.819	0.576	0.694
122	XIN12680	0.713	0.794	0.728	0.706	0.750	0.735
123	XIN12690	0.813	0.583	0.604	0.694	0.826	0.722
124	XIN12764	0.743	0.889	0.826	0.778	0.688	0.792
125	XIN12799	0.852	0.656	0.750	0.734	0.875	0.805
126	XIN12829	0.766	0.758	0.790	0.702	0.710	0.710
127	XIN12831	0.850	0.871	0.864	0.843	0.579	0.643
128	XIN13095	0.799	0.806	0.771	0.792	0.604	0.694
129	XIN13395	0.654	0.588	0.449	0.544	0.846	0.765
130	XIN13397	0.667	0.632	0.556	0.625	0.764	0.785
131	XIN13398	0.537	0.765	0.669	0.618	0.765	0.765
132	XIN13400	0.721	0.669	0.588	0.684	0.772	0.728
133	XIN13761	0.646	0.472	0.479	0.625	0.854	0.889
134	XIN13795	0.846	0.706	0.566	0.603	0.875	0.868
135	XIN13798	0.701	0.653	0.535	0.514	0.826	0.750
136	XIN13822	0.667	0.639	0.750	0.667	0.769	0.806
137	XIN13824	0.700	0.658	0.725	0.667	0.783	0.783
138	XIN13833	0.646	0.556	0.396	0.653	0.854	0.778
139	XIN13835	0.688	0.639	0.521	0.736	0.799	0.750
140	XIN13925	0.850	0.800	0.850	0.786	0.593	0.650
141	XIN13927	0.691	0.846	0.794	0.743	0.463	0.537
142	XIN13929	0.643	0.750	0.829	0.757	0.571	0.664
143	XIN13941	0.708	0.826	0.903	0.813	0.667	0.715
144	XIN13943	0.347	0.729	0.708	0.590	0.792	0.771
145	XIN13982	0.750	0.697	0.689	0.682	0.818	0.962
146	XIN13984	0.810	0.905	0.888	0.828	0.716	0.500
147	XIN13986	0.778	0.854	0.792	0.757	0.556	0.236

（续）

序号	资源编号（名称）	序号/资源编号（名称）					
		67	68	69	70	71	72
		XIN10961	XIN10963	XIN10964	XIN10966	XIN10967	XIN10981
148	XIN13995	0.716	0.862	0.828	0.741	0.655	0.784
149	XIN13997	0.902	0.894	0.886	0.811	0.795	0.773
150	XIN14025	0.813	0.806	0.840	0.750	0.771	0.792
151	XIN14027	0.735	0.551	0.471	0.493	0.816	0.809
152	XIN14029	0.555	0.688	0.648	0.438	0.906	0.805
153	XIN14031	0.618	0.556	0.479	0.444	0.882	0.833
154	XIN14033	0.750	0.571	0.464	0.514	0.907	0.914
155	XIN14035	0.729	0.621	0.514	0.607	0.786	0.821
156	XIN14036	0.715	0.625	0.576	0.528	0.868	0.792
157	XIN14044	0.826	0.833	0.799	0.750	0.660	0.694
158	XIN14138	0.879	0.800	0.764	0.886	0.850	0.736
159	XIN14140	0.934	0.779	0.801	0.809	0.772	0.779
160	XIN14141	0.879	0.853	0.914	0.784	0.784	0.741
161	XIN14142	0.914	0.736	0.771	0.793	0.800	0.764
162	XIN14143	0.853	0.831	0.794	0.816	0.897	0.743
163	XIN14144	0.888	0.776	0.784	0.784	0.810	0.776
164	XIN14146	0.871	0.850	0.871	0.836	0.957	0.750
165	XIN14147	0.879	0.780	0.773	0.811	0.803	0.720
166	XIN14149	0.771	0.821	0.771	0.729	0.629	0.229
167	XIN14151	0.471	0.679	0.629	0.664	0.771	0.821
168	XIN14176	0.697	0.833	0.720	0.742	0.765	0.742
169	XIN14204	0.941	0.824	0.824	0.868	0.706	0.676
170	XIN14206	0.586	0.536	0.586	0.614	0.900	0.936
171	XIN14262	0.842	0.867	0.858	0.775	0.583	0.625
172	XIN14288	0.614	0.606	0.447	0.606	0.970	0.833
173	XIN14305	0.794	0.875	0.809	0.824	0.691	0.757
174	XIN15286	0.848	0.780	0.742	0.818	0.742	0.811
175	XIN15416	0.807	0.821	0.786	0.700	0.786	0.736
176	XIN15418	0.793	0.886	0.793	0.771	0.736	0.743
177	XIN15450	0.814	0.850	0.814	0.864	0.786	0.736

（续）

序号	资源编号（名称）	67 XIN10961	68 XIN10963	69 XIN10964	70 XIN10966	71 XIN10967	72 XIN10981
178	XIN15452	0.802	0.862	0.784	0.871	0.828	0.707
179	XIN15530	0.711	0.578	0.555	0.695	0.852	0.781
180	XIN15532	0.721	0.566	0.441	0.654	0.809	0.846
181	XIN15533	0.795	0.667	0.583	0.720	0.841	0.833
182	XIN15535	0.674	0.697	0.644	0.689	0.841	0.833
183	XIN15537	0.773	0.689	0.591	0.742	0.826	0.765
184	XIN15584	0.779	0.699	0.779	0.588	0.794	0.721
185	XIN15586	0.792	0.683	0.708	0.875	0.625	0.775
186	XIN15627	0.742	0.750	0.742	0.726	0.750	0.645
187	XIN15636	0.773	0.871	0.833	0.773	0.758	0.667
188	XIN15738	0.814	0.693	0.671	0.779	0.729	0.893
189	XIN15739	0.712	0.902	0.864	0.735	0.576	0.636
190	XIN15741	0.843	0.850	0.900	0.793	0.671	0.693
191	XIN15743	0.721	0.814	0.850	0.743	0.621	0.500
192	XIN15811	0.742	0.719	0.711	0.813	0.773	0.750
193	XIN15879	0.786	0.619	0.619	0.738	0.774	0.833
194	XIN15895	0.534	0.698	0.569	0.655	0.707	0.707
195	XIN16008	0.617	0.792	0.833	0.775	0.533	0.642
196	XIN16010	0.664	0.859	0.836	0.727	0.602	0.523
197	XIN16016	0.853	0.934	0.912	0.816	0.691	0.471
198	XIN16018	0.674	0.864	0.826	0.758	0.508	0.492
199	Xindali1	0.840	0.694	0.771	0.861	0.771	0.903
200	Yang02-1	0.781	0.719	0.617	0.789	0.875	0.836
201	Yudou18	0.771	0.889	0.826	0.792	0.660	0.306
202	Zhechun2	0.743	0.889	0.854	0.778	0.715	0.722
203	Zhongdou27	0.833	0.917	0.771	0.806	0.701	0.708
204	Zhongdou34	0.847	0.910	0.847	0.826	0.708	0.729
205	Zhongdou8	0.896	0.889	0.854	0.833	0.715	0.556
206	Zhonghuang10	0.736	0.771	0.821	0.843	0.779	0.807
207	Zhongpin661	0.871	0.848	0.811	0.795	0.659	0.811

表 13 遗传距离（十三）

序号	资源编号（名称）	序号/资源编号（名称）					
		73	74	75	76	77	78
		XIN10983	XIN11115	XIN11117	XIN11196	XIN11198	XIN11235
1	Dongnong50089	0.814	0.650	0.757	0.786	0.714	0.771
2	Dongnong92070	0.757	0.653	0.806	0.792	0.736	0.764
3	Dongxin2	0.829	0.721	0.636	0.650	0.764	0.793
4	Gandou5	0.882	0.792	0.764	0.764	0.694	0.778
5	Gongdou5	0.700	0.714	0.793	0.793	0.771	0.829
6	Guichundou1	0.806	0.771	0.743	0.729	0.771	0.826
7	Guixia3	0.792	0.674	0.813	0.639	0.632	0.743
8	Hedou12	0.890	0.691	0.566	0.632	0.581	0.713
9	Heinong37	0.701	0.569	0.792	0.708	0.681	0.750
10	Huachun4	0.843	0.764	0.836	0.836	0.814	0.679
11	Huangbaozhuhao	0.671	0.550	0.807	0.764	0.729	0.850
12	Huaxia101	0.722	0.729	0.771	0.743	0.729	0.757
13	Huaxia102	0.814	0.821	0.871	0.757	0.700	0.857
14	Jidou7	0.688	0.681	0.792	0.847	0.875	0.792
15	Jikedou1	0.764	0.721	0.893	0.879	0.879	0.793
16	Jindou21	0.764	0.674	0.799	0.840	0.757	0.785
17	Jindou31	0.771	0.722	0.875	0.806	0.861	0.778
18	Jinong11	0.667	0.604	0.854	0.771	0.688	0.743
19	Jinyi50	0.715	0.667	0.778	0.778	0.764	0.806
20	Jiufeng10	0.691	0.684	0.713	0.794	0.868	0.706
21	Jiwuxing1	0.693	0.643	0.914	0.886	0.836	0.736
22	Kefeng5	0.799	0.688	0.667	0.500	0.569	0.667
23	Ludou4	0.597	0.694	0.826	0.813	0.813	0.743
24	Lvling9804	0.833	0.765	0.894	0.742	0.742	0.727
25	Nannong99－6	0.715	0.583	0.583	0.722	0.708	0.722
26	Puhai10	0.664	0.671	0.786	0.657	0.664	0.736
27	Qihuang1	0.785	0.667	0.875	0.764	0.806	0.778

（续）

序号	资源编号（名称）	序号/资源编号（名称）					
		73	74	75	76	77	78
		XIN10983	XIN11115	XIN11117	XIN11196	XIN11198	XIN11235
28	Qihuang28	0.396	0.736	0.806	0.875	0.875	0.806
29	Ribenqing3	0.813	0.847	0.903	0.847	0.847	0.778
30	Shang951099	0.743	0.671	0.679	0.707	0.671	0.600
31	Suchun10 - 8	0.785	0.681	0.875	0.847	0.764	0.694
32	Sudou5	0.871	0.764	0.814	0.814	0.843	0.800
33	Suhan1	0.840	0.750	0.819	0.819	0.722	0.667
34	suinong14	0.772	0.721	0.765	0.816	0.846	0.787
35	Suixiaolidou2	0.705	0.773	0.871	0.826	0.811	0.841
36	Suza1	0.826	0.736	0.653	0.611	0.681	0.778
37	Tongdou4	0.715	0.681	0.708	0.681	0.694	0.806
38	Tongdou7	0.715	0.736	0.778	0.792	0.778	0.861
39	Wandou9	0.854	0.611	0.667	0.653	0.681	0.806
40	Xiadou1	0.807	0.700	0.771	0.843	0.843	0.800
41	Xiangchundou17	0.750	0.729	0.646	0.736	0.729	0.743
42	XIN06640	0.647	0.647	0.757	0.772	0.772	0.669
43	XIN06666	0.679	0.714	0.757	0.700	0.757	0.743
44	XIN06830	0.621	0.629	0.700	0.814	0.714	0.743
45	XIN06832	0.721	0.657	0.814	0.714	0.700	0.643
46	XIN06846	0.758	0.636	0.598	0.765	0.712	0.720
47	XIN06890	0.857	0.650	0.579	0.750	0.721	0.664
48	XIN06908	0.721	0.771	0.829	0.886	0.771	0.771
49	XIN07094	0.852	0.602	0.617	0.281	0.133	0.656
50	XIN07095	0.693	0.657	0.586	0.629	0.586	0.657
51	XIN07203	0.713	0.581	0.618	0.463	0.419	0.640
52	XIN07397	0.710	0.540	0.637	0.637	0.581	0.718
53	XIN07483	0.684	0.610	0.750	0.721	0.735	0.706
54	XIN07486	0.657	0.721	0.879	0.779	0.864	0.807
55	XIN07543	0.684	0.610	0.559	0.588	0.618	0.691
56	XIN07544	0.714	0.536	0.650	0.836	0.779	0.736
57	XIN07545	0.266	0.694	0.831	0.887	0.887	0.839

（续）

序号	资源编号（名称）	序号/资源编号（名称）					
		73	74	75	76	77	78
		XIN10983	XIN11115	XIN11117	XIN11196	XIN11198	XIN11235
58	XIN07704	0.750	0.664	0.800	0.771	0.743	0.771
59	XIN07707	0.800	0.750	0.793	0.836	0.821	0.850
60	XIN07896	0.650	0.564	0.600	0.743	0.714	0.514
61	XIN07898	0.772	0.735	0.868	0.838	0.831	0.735
62	XIN10695	0.686	0.714	0.764	0.807	0.779	0.750
63	XIN10697	0.681	0.688	0.840	0.757	0.743	0.799
64	XIN10799	0.819	0.771	0.882	0.826	0.826	0.729
65	XIN10801	0.819	0.729	0.660	0.743	0.729	0.771
66	XIN10935	0.597	0.542	0.667	0.694	0.708	0.639
67	XIN10961	0.736	0.667	0.771	0.785	0.771	0.660
68	XIN10963	0.757	0.750	0.819	0.889	0.861	0.750
69	XIN10964	0.750	0.729	0.813	0.840	0.799	0.771
70	XIN10966	0.743	0.722	0.847	0.861	0.792	0.625
71	XIN10967	0.792	0.674	0.604	0.701	0.688	0.826
72	XIN10981	0.813	0.604	0.625	0.264	0.069	0.708
73	XIN10983	0.000	0.604	0.799	0.813	0.799	0.729
74	XIN11115	0.604	0.000	0.583	0.694	0.583	0.667
75	XIN11117	0.799	0.583	0.000	0.611	0.611	0.736
76	XIN11196	0.813	0.694	0.611	0.000	0.250	0.667
77	XIN11198	0.799	0.583	0.611	0.250	0.000	0.681
78	XIN11235	0.729	0.667	0.736	0.667	0.681	0.000
79	XIN11237	0.850	0.643	0.443	0.629	0.586	0.700
80	XIN11239	0.840	0.667	0.667	0.667	0.736	0.417
81	XIN11277	0.722	0.611	0.556	0.625	0.576	0.708
82	XIN11315	0.701	0.618	0.778	0.750	0.743	0.681
83	XIN11317	0.614	0.543	0.693	0.879	0.836	0.664
84	XIN11319	0.708	0.597	0.729	0.785	0.757	0.701
85	XIN11324	0.688	0.639	0.625	0.694	0.681	0.611
86	XIN11326	0.813	0.653	0.847	0.875	0.833	0.806
87	XIN11328	0.701	0.764	0.861	0.903	0.917	0.750

（续）

序号	资源编号（名称）	序号/资源编号（名称）					
		73	74	75	76	77	78
		XIN10983	XIN11115	XIN11117	XIN11196	XIN11198	XIN11235
88	XIN11330	0.708	0.674	0.576	0.563	0.674	0.549
89	XIN11332	0.444	0.382	0.667	0.819	0.785	0.667
90	XIN11359	0.757	0.650	0.550	0.593	0.650	0.607
91	XIN11447	0.799	0.750	0.889	0.792	0.806	0.750
92	XIN11475	0.674	0.472	0.708	0.722	0.625	0.847
93	XIN11478	0.721	0.662	0.654	0.654	0.654	0.728
94	XIN11480	0.708	0.701	0.729	0.688	0.701	0.688
95	XIN11481	0.736	0.694	0.701	0.688	0.743	0.771
96	XIN11532	0.694	0.611	0.757	0.715	0.715	0.688
97	XIN11534	0.625	0.590	0.625	0.625	0.611	0.750
98	XIN11556	0.629	0.621	0.821	0.679	0.707	0.793
99	XIN11846	0.543	0.379	0.657	0.664	0.621	0.671
100	XIN11847	0.569	0.396	0.590	0.660	0.653	0.639
101	XIN11848	0.556	0.500	0.625	0.632	0.597	0.639
102	XIN11953	0.729	0.667	0.833	0.833	0.792	0.750
103	XIN11955	0.710	0.669	0.774	0.839	0.815	0.694
104	XIN11956	0.667	0.590	0.722	0.667	0.569	0.625
105	XIN12175	0.840	0.764	0.569	0.625	0.583	0.778
106	XIN12219	0.833	0.646	0.563	0.729	0.674	0.674
107	XIN12221	0.840	0.639	0.556	0.750	0.694	0.639
108	XIN12249	0.758	0.606	0.561	0.689	0.674	0.705
109	XIN12251	0.662	0.610	0.728	0.713	0.765	0.654
110	XIN12283	0.583	0.535	0.715	0.660	0.715	0.868
111	XIN12374	0.708	0.688	0.757	0.688	0.785	0.743
112	XIN12380	0.659	0.606	0.750	0.803	0.682	0.727
113	XIN12461	0.742	0.636	0.818	0.856	0.811	0.871
114	XIN12463	0.833	0.799	0.840	0.854	0.868	0.813
115	XIN12465	0.772	0.757	0.897	0.897	0.853	0.706
116	XIN12467	0.636	0.579	0.721	0.743	0.729	0.800
117	XIN12469	0.735	0.720	0.750	0.773	0.727	0.788

（续）

序号	资源编号（名称）	序号/资源编号（名称）					
		73	74	75	76	77	78
		XIN10983	XIN11115	XIN11117	XIN11196	XIN11198	XIN11235
118	XIN12533	0.831	0.838	0.691	0.824	0.824	0.824
119	XIN12535	0.779	0.614	0.643	0.629	0.614	0.714
120	XIN12545	0.750	0.814	0.843	0.843	0.857	0.771
121	XIN12678	0.840	0.778	0.472	0.556	0.688	0.694
122	XIN12680	0.669	0.706	0.779	0.676	0.721	0.809
123	XIN12690	0.729	0.708	0.792	0.722	0.681	0.778
124	XIN12764	0.743	0.375	0.681	0.847	0.806	0.806
125	XIN12799	0.711	0.672	0.914	0.844	0.813	0.719
126	XIN12829	0.718	0.621	0.589	0.645	0.677	0.710
127	XIN12831	0.793	0.514	0.186	0.657	0.629	0.743
128	XIN13095	0.701	0.681	0.667	0.667	0.667	0.736
129	XIN13395	0.816	0.750	0.801	0.735	0.735	0.750
130	XIN13397	0.639	0.569	0.771	0.674	0.757	0.646
131	XIN13398	0.743	0.603	0.779	0.721	0.721	0.706
132	XIN13400	0.779	0.625	0.794	0.640	0.684	0.713
133	XIN13761	0.674	0.625	0.847	0.806	0.861	0.722
134	XIN13795	0.831	0.765	0.860	0.794	0.853	0.735
135	XIN13798	0.701	0.660	0.778	0.715	0.722	0.736
136	XIN13822	0.676	0.602	0.787	0.759	0.806	0.694
137	XIN13824	0.617	0.617	0.742	0.775	0.758	0.692
138	XIN13833	0.757	0.708	0.875	0.764	0.750	0.722
139	XIN13835	0.701	0.736	0.764	0.722	0.722	0.639
140	XIN13925	0.707	0.650	0.679	0.629	0.657	0.771
141	XIN13927	0.735	0.500	0.551	0.574	0.522	0.566
142	XIN13929	0.657	0.586	0.579	0.636	0.607	0.564
143	XIN13941	0.722	0.576	0.604	0.688	0.674	0.590
144	XIN13943	0.708	0.618	0.785	0.778	0.729	0.688
145	XIN13982	0.826	0.780	0.864	0.864	0.924	0.848
146	XIN13984	0.741	0.534	0.552	0.491	0.474	0.716
147	XIN13986	0.833	0.639	0.576	0.438	0.271	0.688

序号	资源编号（名称）	序号/资源编号（名称）					
		73	74	75	76	77	78
		XIN10983	XIN11115	XIN11117	XIN11196	XIN11198	XIN11235
148	XIN13995	0.733	0.457	0.664	0.793	0.802	0.793
149	XIN13997	0.780	0.614	0.727	0.727	0.773	0.864
150	XIN14025	0.743	0.729	0.694	0.792	0.792	0.764
151	XIN14027	0.750	0.794	0.860	0.860	0.816	0.787
152	XIN14029	0.680	0.625	0.836	0.750	0.781	0.563
153	XIN14031	0.701	0.722	0.819	0.819	0.806	0.667
154	XIN14033	0.821	0.686	0.850	0.914	0.886	0.800
155	XIN14035	0.593	0.657	0.850	0.821	0.836	0.721
156	XIN14036	0.757	0.674	0.819	0.861	0.792	0.722
157	XIN14044	0.729	0.639	0.653	0.764	0.667	0.778
158	XIN14138	0.779	0.664	0.800	0.743	0.757	0.886
159	XIN14140	0.919	0.765	0.735	0.779	0.772	0.838
160	XIN14141	0.819	0.776	0.716	0.724	0.733	0.750
161	XIN14142	0.900	0.793	0.707	0.729	0.764	0.879
162	XIN14143	0.765	0.684	0.757	0.743	0.743	0.757
163	XIN14144	0.707	0.698	0.776	0.819	0.802	0.759
164	XIN14146	0.771	0.764	0.850	0.836	0.750	0.793
165	XIN14147	0.742	0.705	0.780	0.811	0.742	0.720
166	XIN14149	0.750	0.507	0.579	0.350	0.250	0.664
167	XIN14151	0.707	0.636	0.857	0.814	0.821	0.793
168	XIN14176	0.674	0.621	0.826	0.742	0.742	0.697
169	XIN14204	0.750	0.662	0.691	0.721	0.691	0.882
170	XIN14206	0.786	0.721	0.807	0.907	0.921	0.807
171	XIN14262	0.750	0.642	0.525	0.625	0.600	0.717
172	XIN14288	0.795	0.667	0.818	0.864	0.818	0.788
173	XIN14305	0.838	0.676	0.699	0.669	0.728	0.654
174	XIN15286	0.727	0.485	0.735	0.856	0.811	0.841
175	XIN15416	0.729	0.643	0.807	0.736	0.721	0.836
176	XIN15418	0.736	0.629	0.743	0.686	0.714	0.857
177	XIN15450	0.729	0.679	0.821	0.750	0.679	0.764

（续）

序号	资源编号 （名称）	序号/资源编号（名称）					
		73	74	75	76	77	78
		XIN10983	XIN11115	XIN11117	XIN11196	XIN11198	XIN11235
178	XIN15452	0.776	0.647	0.853	0.802	0.672	0.793
179	XIN15530	0.680	0.711	0.781	0.828	0.766	0.609
180	XIN15532	0.824	0.640	0.772	0.860	0.831	0.743
181	XIN15533	0.826	0.689	0.803	0.848	0.818	0.848
182	XIN15535	0.621	0.667	0.818	0.742	0.811	0.712
183	XIN15537	0.848	0.697	0.811	0.780	0.780	0.780
184	XIN15584	0.662	0.640	0.743	0.713	0.699	0.625
185	XIN15586	0.583	0.617	0.775	0.775	0.775	0.683
186	XIN15627	0.637	0.613	0.710	0.742	0.605	0.734
187	XIN15636	0.712	0.614	0.674	0.629	0.614	0.538
188	XIN15738	0.829	0.779	0.850	0.893	0.864	0.736
189	XIN15739	0.773	0.621	0.598	0.644	0.583	0.750
190	XIN15741	0.657	0.657	0.650	0.693	0.664	0.664
191	XIN15743	0.650	0.521	0.529	0.464	0.464	0.571
192	XIN15811	0.797	0.703	0.773	0.711	0.734	0.781
193	XIN15879	0.631	0.738	0.726	0.821	0.810	0.786
194	XIN15895	0.767	0.647	0.845	0.707	0.690	0.716
195	XIN16008	0.633	0.550	0.575	0.600	0.575	0.542
196	XIN16010	0.727	0.523	0.641	0.531	0.477	0.625
197	XIN16016	0.735	0.603	0.625	0.581	0.507	0.757
198	XIN16018	0.598	0.591	0.636	0.485	0.470	0.652
199	Xindali1	0.910	0.806	0.889	0.889	0.875	0.806
200	Yang02－1	0.805	0.664	0.766	0.797	0.813	0.844
201	Yudou18	0.715	0.625	0.708	0.319	0.306	0.722
202	Zhechun2	0.660	0.667	0.653	0.750	0.708	0.639
203	Zhongdou27	0.743	0.694	0.806	0.667	0.708	0.903
204	Zhongdou34	0.847	0.757	0.743	0.674	0.757	0.743
205	Zhongdou8	0.771	0.611	0.736	0.583	0.583	0.861
206	Zhonghuang10	0.700	0.736	0.814	0.743	0.771	0.571
207	Zhongpin661	0.826	0.462	0.689	0.841	0.788	0.788

表 14 遗传距离（十四）

序号	资源编号（名称）	序号/资源编号（名称）					
		79	80	81	82	83	84
		XIN11237	XIN11239	XIN11277	XIN11315	XIN11317	XIN11319
1	Dongnong50089	0.765	0.629	0.864	0.757	0.757	0.507
2	Dongnong92070	0.814	0.736	0.778	0.694	0.807	0.632
3	Dongxin2	0.640	0.679	0.636	0.779	0.838	0.757
4	Gandou5	0.814	0.722	0.764	0.847	0.921	0.771
5	Gongdou5	0.772	0.886	0.757	0.757	0.801	0.764
6	Guichundou1	0.750	0.771	0.743	0.826	0.836	0.875
7	Guixia3	0.764	0.715	0.701	0.729	0.829	0.819
8	Hedou12	0.227	0.728	0.434	0.772	0.735	0.831
9	Heinong37	0.800	0.722	0.861	0.681	0.779	0.451
10	Huachun4	0.816	0.707	0.800	0.721	0.809	0.757
11	Huangbaozhuhao	0.875	0.821	0.771	0.750	0.809	0.686
12	Huaxia101	0.721	0.785	0.701	0.757	0.800	0.861
13	Huaxia102	0.868	0.857	0.850	0.757	0.919	0.821
14	Jidou7	0.886	0.847	0.792	0.722	0.686	0.743
15	Jikedou1	0.757	0.807	0.757	0.636	0.721	0.750
16	Jindou21	0.793	0.813	0.854	0.924	0.814	0.785
17	Jindou31	0.743	0.778	0.778	0.806	0.864	0.688
18	Jinong11	0.836	0.715	0.792	0.646	0.707	0.583
19	Jinyi50	0.714	0.750	0.708	0.708	0.793	0.729
20	Jiufeng10	0.773	0.750	0.824	0.662	0.538	0.640
21	Jiwuxing1	0.794	0.807	0.793	0.664	0.750	0.800
22	Kefeng5	0.400	0.625	0.472	0.736	0.793	0.854
23	Ludou4	0.850	0.854	0.729	0.854	0.814	0.799
24	Lvling9804	0.797	0.848	0.803	0.750	0.867	0.750
25	Nannong99－6	0.743	0.750	0.694	0.819	0.836	0.743
26	Puhai10	0.676	0.707	0.721	0.807	0.853	0.821
27	Qihuang1	0.857	0.750	0.778	0.750	0.764	0.868

（续）

序号	资源编号（名称）	序号/资源编号（名称）					
		79	80	81	82	83	84
		XIN11237	XIN11239	XIN11277	XIN11315	XIN11317	XIN11319
28	Qihuang28	0.871	0.861	0.750	0.819	0.764	0.833
29	Ribenqing3	0.843	0.833	0.722	0.847	0.879	0.799
30	Shang951099	0.654	0.543	0.714	0.729	0.699	0.807
31	Suchun10 - 8	0.800	0.861	0.792	0.694	0.793	0.715
32	Sudou5	0.853	0.743	0.821	0.743	0.713	0.864
33	Suhan1	0.843	0.750	0.819	0.736	0.793	0.660
34	suinong14	0.841	0.728	0.868	0.654	0.636	0.706
35	Suixiaolidou2	0.852	0.811	0.886	0.652	0.688	0.773
36	Suza1	0.657	0.639	0.583	0.833	0.850	0.785
37	Tongdou4	0.814	0.722	0.681	0.847	0.907	0.813
38	Tongdou7	0.729	0.861	0.708	0.778	0.821	0.813
39	Wandou9	0.700	0.694	0.681	0.861	0.893	0.854
40	Xiadou1	0.868	0.814	0.786	0.850	0.875	0.764
41	Xiangchundou17	0.700	0.688	0.653	0.764	0.814	0.743
42	XIN06640	0.811	0.684	0.787	0.529	0.507	0.610
43	XIN06666	0.853	0.729	0.850	0.586	0.699	0.736
44	XIN06830	0.838	0.800	0.757	0.614	0.713	0.636
45	XIN06832	0.765	0.671	0.729	0.471	0.647	0.686
46	XIN06846	0.758	0.811	0.674	0.674	0.688	0.682
47	XIN06890	0.449	0.721	0.550	0.736	0.750	0.800
48	XIN06908	0.897	0.829	0.829	0.614	0.713	0.707
49	XIN07094	0.629	0.719	0.625	0.750	0.815	0.773
50	XIN07095	0.618	0.686	0.636	0.771	0.787	0.664
51	XIN07203	0.507	0.625	0.456	0.669	0.765	0.750
52	XIN07397	0.597	0.702	0.548	0.710	0.742	0.823
53	XIN07483	0.765	0.647	0.801	0.581	0.606	0.515
54	XIN07486	0.904	0.836	0.821	0.650	0.706	0.636
55	XIN07543	0.652	0.691	0.618	0.647	0.691	0.684
56	XIN07544	0.765	0.736	0.707	0.607	0.647	0.700
57	XIN07545	0.867	0.903	0.685	0.750	0.750	0.782

（续）

序号	资源编号（名称）	序号/资源编号（名称）					
		79	80	81	82	83	84
		XIN11237	XIN11239	XIN11277	XIN11315	XIN11317	XIN11319
58	XIN07704	0.779	0.700	0.786	0.643	0.618	0.714
59	XIN07707	0.875	0.736	0.893	0.593	0.647	0.643
60	XIN07896	0.684	0.557	0.707	0.521	0.331	0.493
61	XIN07898	0.879	0.706	0.838	0.588	0.659	0.728
62	XIN10695	0.743	0.693	0.793	0.600	0.691	0.564
63	XIN10697	0.850	0.715	0.799	0.576	0.643	0.611
64	XIN10799	0.850	0.757	0.840	0.785	0.786	0.778
65	XIN10801	0.693	0.743	0.694	0.799	0.771	0.625
66	XIN10935	0.643	0.597	0.708	0.576	0.664	0.507
67	XIN10961	0.857	0.674	0.799	0.646	0.657	0.715
68	XIN10963	0.829	0.778	0.806	0.597	0.621	0.729
69	XIN10964	0.879	0.688	0.785	0.590	0.543	0.764
70	XIN10966	0.821	0.694	0.785	0.563	0.521	0.632
71	XIN10967	0.436	0.771	0.583	0.757	0.771	0.778
72	XIN10981	0.529	0.764	0.542	0.778	0.843	0.792
73	XIN10983	0.850	0.840	0.722	0.701	0.614	0.708
74	XIN11115	0.643	0.667	0.611	0.618	0.543	0.597
75	XIN11117	0.443	0.667	0.556	0.778	0.693	0.729
76	XIN11196	0.629	0.667	0.625	0.750	0.879	0.785
77	XIN11198	0.586	0.736	0.576	0.743	0.836	0.757
78	XIN11235	0.700	0.417	0.708	0.681	0.664	0.701
79	XIN11237	0.000	0.643	0.429	0.757	0.743	0.800
80	XIN11239	0.643	0.000	0.792	0.750	0.707	0.701
81	XIN11277	0.429	0.792	0.000	0.708	0.743	0.868
82	XIN11315	0.757	0.750	0.708	0.000	0.464	0.674
83	XIN11317	0.743	0.707	0.743	0.464	0.000	0.629
84	XIN11319	0.800	0.701	0.868	0.674	0.629	0.000
85	XIN11324	0.607	0.500	0.694	0.750	0.664	0.757
86	XIN11326	0.857	0.806	0.847	0.708	0.621	0.757
87	XIN11328	0.943	0.833	0.847	0.708	0.621	0.729

（续）

序号	资源编号（名称）	序号/资源编号（名称）					
		79	80	81	82	83	84
		XIN11237	XIN11239	XIN11277	XIN11315	XIN11317	XIN11319
88	XIN11330	0.693	0.521	0.701	0.681	0.700	0.639
89	XIN11332	0.700	0.736	0.632	0.639	0.550	0.646
90	XIN11359	0.537	0.521	0.671	0.786	0.838	0.729
91	XIN11447	0.843	0.792	0.813	0.597	0.693	0.757
92	XIN11475	0.657	0.750	0.597	0.708	0.607	0.792
93	XIN11478	0.636	0.684	0.662	0.794	0.758	0.699
94	XIN11480	0.714	0.701	0.674	0.840	0.764	0.715
95	XIN11481	0.700	0.674	0.632	0.646	0.814	0.694
96	XIN11532	0.829	0.785	0.826	0.507	0.657	0.583
97	XIN11534	0.643	0.778	0.542	0.639	0.621	0.764
98	XIN11556	0.713	0.807	0.721	0.793	0.765	0.629
99	XIN11846	0.662	0.686	0.621	0.529	0.537	0.529
100	XIN11847	0.636	0.694	0.583	0.528	0.486	0.438
101	XIN11848	0.686	0.611	0.653	0.431	0.543	0.556
102	XIN11953	0.829	0.750	0.847	0.722	0.793	0.688
103	XIN11955	0.825	0.726	0.790	0.766	0.792	0.855
104	XIN11956	0.693	0.694	0.701	0.646	0.707	0.639
105	XIN12175	0.429	0.750	0.444	0.792	0.864	0.826
106	XIN12219	0.407	0.729	0.563	0.715	0.757	0.792
107	XIN12221	0.386	0.722	0.514	0.736	0.750	0.799
108	XIN12249	0.586	0.659	0.591	0.742	0.641	0.652
109	XIN12251	0.705	0.801	0.750	0.603	0.697	0.706
110	XIN12283	0.721	0.840	0.660	0.688	0.714	0.764
111	XIN12374	0.779	0.701	0.778	0.507	0.586	0.736
112	XIN12380	0.859	0.788	0.750	0.689	0.727	0.576
113	XIN12461	0.758	0.765	0.879	0.758	0.734	0.788
114	XIN12463	0.836	0.757	0.854	0.688	0.714	0.583
115	XIN12465	0.912	0.794	0.882	0.647	0.659	0.669
116	XIN12467	0.809	0.800	0.764	0.593	0.706	0.693
117	XIN12469	0.813	0.727	0.841	0.720	0.773	0.644

（续）

序号	资源编号（名称）	序号/资源编号（名称）					
		79	80	81	82	83	84
		XIN11237	XIN11239	XIN11277	XIN11315	XIN11317	XIN11319
118	XIN12533	0.758	0.765	0.699	0.875	0.977	0.787
119	XIN12535	0.456	0.729	0.486	0.786	0.809	0.757
120	XIN12545	0.853	0.800	0.850	0.521	0.581	0.779
121	XIN12678	0.443	0.583	0.611	0.792	0.779	0.757
122	XIN12680	0.742	0.824	0.684	0.610	0.727	0.787
123	XIN12690	0.829	0.722	0.861	0.611	0.736	0.590
124	XIN12764	0.686	0.861	0.639	0.611	0.593	0.757
125	XIN12799	0.823	0.781	0.820	0.758	0.742	0.781
126	XIN12829	0.683	0.597	0.750	0.718	0.692	0.613
127	XIN12831	0.426	0.686	0.557	0.757	0.669	0.664
128	XIN13095	0.586	0.653	0.625	0.750	0.807	0.813
129	XIN13395	0.773	0.647	0.846	0.544	0.659	0.610
130	XIN13397	0.864	0.743	0.785	0.542	0.600	0.583
131	XIN13398	0.818	0.735	0.860	0.551	0.705	0.434
132	XIN13400	0.795	0.684	0.838	0.500	0.682	0.574
133	XIN13761	0.857	0.806	0.792	0.583	0.564	0.646
134	XIN13795	0.924	0.794	0.838	0.647	0.735	0.801
135	XIN13798	0.814	0.833	0.799	0.535	0.629	0.681
136	XIN13822	0.721	0.750	0.815	0.639	0.663	0.287
137	XIN13824	0.819	0.692	0.842	0.642	0.664	0.225
138	XIN13833	0.829	0.722	0.792	0.514	0.679	0.757
139	XIN13835	0.800	0.694	0.792	0.708	0.707	0.688
140	XIN13925	0.529	0.771	0.500	0.757	0.816	0.843
141	XIN13927	0.477	0.493	0.537	0.699	0.742	0.647
142	XIN13929	0.588	0.550	0.586	0.693	0.640	0.757
143	XIN13941	0.607	0.479	0.715	0.729	0.643	0.708
144	XIN13943	0.836	0.688	0.785	0.493	0.657	0.569
145	XIN13982	0.848	0.848	0.902	0.689	0.656	0.788
146	XIN13984	0.482	0.664	0.569	0.741	0.741	0.750
147	XIN13986	0.407	0.715	0.375	0.785	0.843	0.799

（续）

序号	资源编号（名称）	序号/资源编号（名称）					
		79	80	81	82	83	84
		XIN11237	XIN11239	XIN11277	XIN11315	XIN11317	XIN11319
148	XIN13995	0.571	0.793	0.595	0.500	0.643	0.759
149	XIN13997	0.591	0.773	0.636	0.712	0.720	0.758
150	XIN14025	0.600	0.778	0.438	0.722	0.779	0.882
151	XIN14027	0.780	0.757	0.779	0.647	0.659	0.772
152	XIN14029	0.844	0.625	0.813	0.453	0.597	0.656
153	XIN14031	0.857	0.694	0.861	0.569	0.550	0.604
154	XIN14033	0.824	0.743	0.829	0.557	0.699	0.850
155	XIN14035	0.836	0.779	0.736	0.593	0.676	0.714
156	XIN14036	0.800	0.750	0.840	0.625	0.564	0.660
157	XIN14044	0.600	0.778	0.667	0.778	0.750	0.826
158	XIN14138	0.779	0.800	0.700	0.814	0.897	0.786
159	XIN14140	0.727	0.691	0.853	0.809	0.886	0.772
160	XIN14141	0.732	0.595	0.759	0.879	0.848	0.716
161	XIN14142	0.757	0.736	0.786	0.793	0.838	0.757
162	XIN14143	0.735	0.757	0.728	0.684	0.779	0.765
163	XIN14144	0.813	0.690	0.733	0.802	0.848	0.750
164	XIN14146	0.890	0.821	0.786	0.836	0.882	0.743
165	XIN14147	0.773	0.720	0.674	0.795	0.844	0.788
166	XIN14149	0.544	0.664	0.579	0.693	0.743	0.671
167	XIN14151	0.750	0.764	0.750	0.593	0.750	0.757
168	XIN14176	0.758	0.803	0.773	0.705	0.695	0.735
169	XIN14204	0.938	1.000	0.750	0.824	0.797	0.809
170	XIN14206	0.860	0.779	0.864	0.536	0.603	0.786
171	XIN14262	0.560	0.583	0.550	0.800	0.845	0.783
172	XIN14288	0.938	0.727	0.886	0.644	0.680	0.583
173	XIN14305	0.598	0.640	0.654	0.772	0.803	0.706
174	XIN15286	0.758	0.780	0.735	0.598	0.594	0.773
175	XIN15416	0.706	0.807	0.664	0.650	0.735	0.721
176	XIN15418	0.676	0.743	0.714	0.643	0.728	0.679
177	XIN15450	0.801	0.821	0.764	0.750	0.868	0.814

（续）

序号	资源编号（名称）	序号/资源编号（名称）					
		79	80	81	82	83	84
		XIN11237	XIN11239	XIN11277	XIN11315	XIN11317	XIN11319
178	XIN15452	0.795	0.793	0.802	0.802	0.884	0.819
179	XIN15530	0.790	0.672	0.852	0.609	0.637	0.648
180	XIN15532	0.788	0.684	0.868	0.610	0.629	0.676
181	XIN15533	0.781	0.727	0.864	0.591	0.711	0.614
182	XIN15535	0.813	0.742	0.826	0.712	0.695	0.659
183	XIN15537	0.836	0.780	0.818	0.568	0.734	0.758
184	XIN15584	0.742	0.728	0.779	0.610	0.606	0.419
185	XIN15586	0.716	0.783	0.733	0.742	0.664	0.600
186	XIN15627	0.750	0.798	0.637	0.726	0.767	0.589
187	XIN15636	0.602	0.538	0.629	0.765	0.820	0.795
188	XIN15738	0.846	0.821	0.807	0.793	0.691	0.771
189	XIN15739	0.586	0.659	0.614	0.765	0.811	0.735
190	XIN15741	0.654	0.664	0.643	0.821	0.779	0.714
191	XIN15743	0.507	0.557	0.564	0.729	0.721	0.636
192	XIN15811	0.815	0.750	0.750	0.672	0.653	0.789
193	XIN15879	0.900	0.833	0.762	0.560	0.538	0.655
194	XIN15895	0.750	0.647	0.741	0.543	0.652	0.698
195	XIN16008	0.526	0.475	0.542	0.658	0.603	0.692
196	XIN16010	0.565	0.563	0.617	0.680	0.766	0.656
197	XIN16016	0.636	0.787	0.581	0.772	0.780	0.787
198	XIN16018	0.547	0.576	0.561	0.705	0.773	0.697
199	Xindali1	0.857	0.833	0.833	0.819	0.879	0.840
200	Yang02－1	0.831	0.813	0.891	0.680	0.685	0.781
201	Yudou18	0.600	0.722	0.556	0.722	0.807	0.813
202	Zhechun2	0.643	0.778	0.667	0.806	0.779	0.715
203	Zhongdou27	0.700	0.806	0.701	0.694	0.664	0.840
204	Zhongdou34	0.664	0.660	0.701	0.868	0.886	0.847
205	Zhongdou8	0.729	0.722	0.681	0.847	0.921	0.771
206	Zhonghuang10	0.809	0.714	0.721	0.786	0.890	0.836
207	Zhongpin661	0.695	0.848	0.629	0.659	0.664	0.735

表 15　遗传距离（十五）

序号	资源编号（名称）	序号/资源编号（名称）					
		85	86	87	88	89	90
		XIN11324	XIN11326	XIN11328	XIN11330	XIN11332	XIN11359
1	Dongnong50089	0.771	0.686	0.714	0.771	0.764	0.846
2	Dongnong92070	0.819	0.792	0.764	0.799	0.667	0.807
3	Dongxin2	0.750	0.879	0.936	0.586	0.879	0.662
4	Gandou5	0.736	0.917	0.917	0.674	0.861	0.764
5	Gongdou5	0.821	0.857	0.800	0.829	0.807	0.706
6	Guichundou1	0.771	0.840	0.868	0.750	0.813	0.800
7	Guixia3	0.757	0.826	0.910	0.667	0.826	0.729
8	Hedou12	0.647	0.846	0.904	0.699	0.735	0.644
9	Heinong37	0.806	0.639	0.806	0.688	0.750	0.707
10	Huachun4	0.793	0.707	0.821	0.771	0.857	0.809
11	Huangbaozhuhao	0.736	0.793	0.821	0.671	0.643	0.868
12	Huaxia101	0.743	0.938	0.826	0.694	0.701	0.686
13	Huaxia102	0.843	0.886	0.886	0.771	0.921	0.757
14	Jidou7	0.875	0.792	0.708	0.785	0.611	0.850
15	Jikedou1	0.864	0.736	0.621	0.764	0.686	0.868
16	Jindou21	0.799	0.813	0.896	0.750	0.840	0.714
17	Jindou31	0.778	0.778	0.889	0.715	0.778	0.779
18	Jinong11	0.826	0.743	0.743	0.750	0.736	0.857
19	Jinyi50	0.847	0.778	0.861	0.757	0.806	0.764
20	Jiufeng10	0.750	0.632	0.574	0.706	0.640	0.811
21	Jiwuxing1	0.814	0.764	0.707	0.836	0.686	0.772
22	Kefeng5	0.583	0.875	0.903	0.590	0.736	0.550
23	Ludou4	0.757	0.868	0.771	0.722	0.715	0.771
24	Lvling9804	0.848	0.848	0.818	0.848	0.871	0.871
25	Nannong99 – 6	0.750	0.833	0.833	0.688	0.556	0.693
26	Puhai10	0.643	0.921	0.850	0.636	0.757	0.551
27	Qihuang1	0.778	0.861	0.833	0.660	0.694	0.793

序号	资源编号 （名称）	序号/资源编号（名称）					
		85	86	87	88	89	90
		XIN11324	XIN11326	XIN11328	XIN11330	XIN11332	XIN11359
28	Qihuang28	0.778	0.847	0.792	0.785	0.625	0.764
29	Ribenqing3	0.861	0.861	0.778	0.771	0.847	0.879
30	Shang951099	0.150	0.886	0.857	0.543	0.721	0.618
31	Suchun10 - 8	0.778	0.806	0.833	0.799	0.764	0.764
32	Sudou5	0.771	0.829	0.800	0.771	0.850	0.875
33	Suhan1	0.819	0.806	0.833	0.771	0.806	0.764
34	suinong14	0.787	0.757	0.596	0.757	0.706	0.864
35	Suixiaolidou2	0.856	0.659	0.614	0.856	0.833	0.909
36	Suza1	0.708	0.917	0.944	0.535	0.861	0.650
37	Tongdou4	0.764	0.972	0.944	0.674	0.778	0.650
38	Tongdou7	0.736	0.944	0.889	0.701	0.694	0.693
39	Wandou9	0.708	0.972	0.944	0.701	0.736	0.607
40	Xiadou1	0.857	0.871	0.871	0.736	0.743	0.831
41	Xiangchundou17	0.750	0.854	0.785	0.618	0.736	0.621
42	XIN06640	0.757	0.551	0.522	0.647	0.640	0.848
43	XIN06666	0.829	0.657	0.629	0.721	0.700	0.860
44	XIN06830	0.743	0.771	0.800	0.679	0.643	0.846
45	XIN06832	0.693	0.629	0.714	0.650	0.714	0.772
46	XIN06846	0.856	0.780	0.750	0.818	0.742	0.703
47	XIN06890	0.664	0.850	0.879	0.700	0.750	0.676
48	XIN06908	0.786	0.714	0.771	0.807	0.886	0.904
49	XIN07094	0.688	0.813	0.906	0.664	0.805	0.702
50	XIN07095	0.643	0.900	0.843	0.593	0.714	0.390
51	XIN07203	0.603	0.904	0.904	0.529	0.706	0.515
52	XIN07397	0.613	0.879	0.895	0.677	0.565	0.592
53	XIN07483	0.772	0.691	0.618	0.684	0.640	0.811
54	XIN07486	0.864	0.707	0.793	0.786	0.693	0.838
55	XIN07543	0.676	0.838	0.750	0.551	0.596	0.591
56	XIN07544	0.686	0.793	0.679	0.686	0.579	0.676
57	XIN07545	0.758	0.903	0.774	0.806	0.565	0.825

（续）

序号	资源编号（名称）	序号/资源编号（名称）					
		85	86	87	88	89	90
		XIN11324	XIN11326	XIN11328	XIN11330	XIN11332	XIN11359
58	XIN07704	0.814	0.271	0.600	0.707	0.800	0.772
59	XIN07707	0.850	0.521	0.407	0.786	0.807	0.926
60	XIN07896	0.679	0.457	0.500	0.543	0.579	0.713
61	XIN07898	0.824	0.588	0.706	0.757	0.757	0.902
62	XIN10695	0.779	0.621	0.736	0.714	0.721	0.868
63	XIN10697	0.854	0.618	0.590	0.736	0.743	0.871
64	XIN10799	0.813	0.743	0.743	0.722	0.813	0.857
65	XIN10801	0.771	0.799	0.854	0.694	0.785	0.643
66	XIN10935	0.722	0.722	0.806	0.556	0.542	0.686
67	XIN10961	0.660	0.840	0.771	0.653	0.743	0.814
68	XIN10963	0.819	0.583	0.611	0.771	0.778	0.936
69	XIN10964	0.910	0.521	0.549	0.750	0.743	0.929
70	XIN10966	0.806	0.667	0.653	0.688	0.667	0.807
71	XIN10967	0.660	0.868	0.910	0.694	0.715	0.607
72	XIN10981	0.722	0.861	0.931	0.688	0.778	0.721
73	XIN10983	0.688	0.813	0.701	0.708	0.444	0.757
74	XIN11115	0.639	0.653	0.764	0.674	0.382	0.650
75	XIN11117	0.625	0.847	0.861	0.576	0.667	0.550
76	XIN11196	0.694	0.875	0.903	0.563	0.819	0.593
77	XIN11198	0.681	0.833	0.917	0.674	0.785	0.650
78	XIN11235	0.611	0.806	0.750	0.549	0.667	0.607
79	XIN11237	0.607	0.857	0.943	0.693	0.700	0.537
80	XIN11239	0.500	0.806	0.833	0.521	0.736	0.521
81	XIN11277	0.694	0.847	0.847	0.701	0.632	0.671
82	XIN11315	0.750	0.708	0.708	0.681	0.639	0.786
83	XIN11317	0.664	0.621	0.621	0.700	0.550	0.838
84	XIN11319	0.757	0.757	0.729	0.639	0.646	0.729
85	XIN11324	0.000	0.889	0.833	0.576	0.694	0.536
86	XIN11326	0.889	0.000	0.528	0.854	0.764	0.907
87	XIN11328	0.833	0.528	0.000	0.826	0.708	0.936

（续）

序号	资源编号（名称）	序号/资源编号（名称）					
		85	86	87	88	89	90
		XIN11324	XIN11326	XIN11328	XIN11330	XIN11332	XIN11359
88	XIN11330	0.576	0.854	0.826	0.000	0.639	0.543
89	XIN11332	0.694	0.764	0.708	0.639	0.000	0.721
90	XIN11359	0.536	0.907	0.936	0.543	0.721	0.000
91	XIN11447	0.819	0.486	0.611	0.688	0.750	0.857
92	XIN11475	0.750	0.736	0.819	0.771	0.646	0.707
93	XIN11478	0.699	0.816	0.919	0.647	0.669	0.662
94	XIN11480	0.701	0.840	0.896	0.681	0.701	0.700
95	XIN11481	0.688	0.785	0.799	0.667	0.701	0.671
96	XIN11532	0.799	0.757	0.771	0.750	0.743	0.871
97	XIN11534	0.708	0.750	0.778	0.639	0.632	0.636
98	XIN11556	0.821	0.750	0.779	0.786	0.686	0.735
99	XIN11846	0.700	0.543	0.586	0.643	0.350	0.640
100	XIN11847	0.618	0.583	0.528	0.618	0.368	0.629
101	XIN11848	0.625	0.611	0.569	0.583	0.549	0.700
102	XIN11953	0.792	0.861	0.806	0.757	0.764	0.793
103	XIN11955	0.726	0.758	0.855	0.710	0.702	0.750
104	XIN11956	0.681	0.736	0.750	0.660	0.694	0.686
105	XIN12175	0.722	0.944	0.917	0.688	0.819	0.593
106	XIN12219	0.674	0.826	0.910	0.708	0.757	0.657
107	XIN12221	0.667	0.847	0.903	0.701	0.736	0.650
108	XIN12249	0.614	0.841	0.811	0.621	0.705	0.591
109	XIN12251	0.757	0.684	0.640	0.743	0.676	0.682
110	XIN12283	0.729	0.771	0.743	0.667	0.535	0.686
111	XIN12374	0.757	0.743	0.688	0.639	0.542	0.814
112	XIN12380	0.697	0.758	0.788	0.689	0.652	0.871
113	XIN12461	0.886	0.705	0.629	0.788	0.720	0.879
114	XIN12463	0.826	0.563	0.549	0.806	0.826	0.886
115	XIN12465	0.904	0.676	0.647	0.801	0.765	0.962
116	XIN12467	0.771	0.729	0.600	0.764	0.679	0.707
117	XIN12469	0.697	0.712	0.788	0.780	0.848	0.871

（续）

序号	资源编号（名称）	序号/资源编号（名称）					
		85	86	87	88	89	90
		XIN11324	XIN11326	XIN11328	XIN11330	XIN11332	XIN11359
118	XIN12533	0.794	0.971	0.912	0.684	0.824	0.625
119	XIN12535	0.657	0.900	0.871	0.693	0.693	0.449
120	XIN12545	0.800	0.457	0.457	0.821	0.814	0.936
121	XIN12678	0.569	0.903	0.903	0.521	0.833	0.507
122	XIN12680	0.824	0.765	0.750	0.713	0.772	0.787
123	XIN12690	0.819	0.583	0.694	0.632	0.847	0.793
124	XIN12764	0.750	0.750	0.750	0.715	0.264	0.764
125	XIN12799	0.766	0.719	0.563	0.867	0.609	0.914
126	XIN12829	0.677	0.790	0.855	0.573	0.661	0.653
127	XIN12831	0.571	0.871	0.900	0.564	0.600	0.551
128	XIN13095	0.694	0.833	0.889	0.618	0.819	0.521
129	XIN13395	0.750	0.574	0.765	0.684	0.824	0.780
130	XIN13397	0.785	0.604	0.632	0.569	0.604	0.757
131	XIN13398	0.794	0.647	0.735	0.728	0.676	0.787
132	XIN13400	0.772	0.581	0.787	0.647	0.713	0.706
133	XIN13761	0.861	0.556	0.583	0.688	0.639	0.850
134	XIN13795	0.838	0.676	0.676	0.713	0.779	0.886
135	XIN13798	0.806	0.528	0.556	0.771	0.694	0.807
136	XIN13822	0.769	0.731	0.657	0.694	0.611	0.806
137	XIN13824	0.775	0.808	0.758	0.617	0.658	0.776
138	XIN13833	0.806	0.472	0.500	0.729	0.792	0.879
139	XIN13835	0.694	0.694	0.611	0.688	0.764	0.764
140	XIN13925	0.743	0.829	0.871	0.707	0.643	0.610
141	XIN13927	0.551	0.846	0.816	0.507	0.662	0.434
142	XIN13929	0.150	0.793	0.736	0.536	0.664	0.471
143	XIN13941	0.063	0.910	0.854	0.583	0.646	0.543
144	XIN13943	0.646	0.688	0.799	0.597	0.729	0.786
145	XIN13982	0.811	0.727	0.667	0.780	0.818	0.841
146	XIN13984	0.552	0.871	0.888	0.638	0.698	0.448
147	XIN13986	0.701	0.882	0.910	0.694	0.757	0.657

（续）

序号	资源编号（名称）	序号/资源编号（名称）					
		85	86	87	88	89	90
		XIN11324	XIN11326	XIN11328	XIN11330	XIN11332	XIN11359
148	XIN13995	0.724	0.793	0.897	0.698	0.414	0.698
149	XIN13997	0.735	0.894	0.833	0.659	0.636	0.727
150	XIN14025	0.764	0.792	0.847	0.771	0.701	0.736
151	XIN14027	0.816	0.566	0.566	0.853	0.801	0.926
152	XIN14029	0.742	0.797	0.703	0.602	0.664	0.836
153	XIN14031	0.750	0.639	0.611	0.660	0.708	0.879
154	XIN14033	0.886	0.686	0.743	0.807	0.757	0.904
155	XIN14035	0.886	0.736	0.564	0.707	0.636	0.824
156	XIN14036	0.819	0.569	0.556	0.826	0.722	0.950
157	XIN14044	0.708	0.806	0.833	0.688	0.653	0.536
158	XIN14138	0.829	0.857	0.743	0.764	0.786	0.757
159	XIN14140	0.824	0.779	0.956	0.743	0.868	0.652
160	XIN14141	0.672	0.957	0.957	0.612	0.793	0.629
161	XIN14142	0.807	0.836	0.836	0.757	0.807	0.676
162	XIN14143	0.801	0.846	0.787	0.735	0.713	0.712
163	XIN14144	0.836	0.879	0.759	0.724	0.750	0.707
164	XIN14146	0.864	0.907	0.807	0.757	0.807	0.794
165	XIN14147	0.856	0.902	0.750	0.758	0.720	0.734
166	XIN14149	0.643	0.836	0.821	0.607	0.700	0.574
167	XIN14151	0.814	0.679	0.736	0.807	0.629	0.831
168	XIN14176	0.848	0.682	0.636	0.750	0.644	0.742
169	XIN14204	0.926	0.765	0.765	0.882	0.721	0.824
170	XIN14206	0.821	0.507	0.621	0.800	0.707	0.912
171	XIN14262	0.625	0.933	0.967	0.600	0.758	0.483
172	XIN14288	0.879	0.606	0.485	0.780	0.712	0.902
173	XIN14305	0.669	0.904	0.860	0.610	0.684	0.455
174	XIN15286	0.841	0.629	0.720	0.879	0.614	0.766
175	XIN15416	0.793	0.764	0.821	0.707	0.693	0.735
176	XIN15418	0.729	0.857	0.857	0.650	0.729	0.654
177	XIN15450	0.764	0.850	0.879	0.786	0.807	0.713

（续）

序号	资源编号（名称）	序号/资源编号（名称）					
		85	86	87	88	89	90
		XIN11324	XIN11326	XIN11328	XIN11330	XIN11332	XIN11359
178	XIN15452	0.784	0.828	0.897	0.845	0.836	0.793
179	XIN15530	0.750	0.625	0.578	0.711	0.664	0.887
180	XIN15532	0.809	0.493	0.728	0.794	0.757	0.811
181	XIN15533	0.848	0.576	0.727	0.720	0.742	0.836
182	XIN15535	0.773	0.652	0.591	0.758	0.652	0.758
183	XIN15537	0.841	0.523	0.629	0.803	0.780	0.836
184	XIN15584	0.743	0.816	0.787	0.721	0.625	0.712
185	XIN15586	0.742	0.717	0.600	0.717	0.642	0.776
186	XIN15627	0.774	0.750	0.669	0.734	0.718	0.702
187	XIN15636	0.644	0.902	0.902	0.591	0.735	0.453
188	XIN15738	0.793	0.650	0.650	0.814	0.771	0.868
189	XIN15739	0.674	0.932	0.932	0.576	0.780	0.453
190	XIN15741	0.621	0.879	0.821	0.586	0.714	0.471
191	XIN15743	0.493	0.829	0.771	0.521	0.657	0.404
192	XIN15811	0.695	0.719	0.781	0.750	0.773	0.839
193	XIN15879	0.821	0.667	0.857	0.738	0.750	0.900
194	XIN15895	0.776	0.629	0.664	0.716	0.655	0.830
195	XIN16008	0.150	0.758	0.725	0.508	0.625	0.422
196	XIN16010	0.625	0.953	0.828	0.555	0.727	0.508
197	XIN16016	0.669	0.860	0.860	0.721	0.654	0.621
198	XIN16018	0.561	0.924	0.864	0.492	0.652	0.383
199	Xindali1	0.819	0.806	0.833	0.785	0.889	0.893
200	Yang02－1	0.781	0.750	0.719	0.797	0.711	0.836
201	Yudou18	0.667	0.917	0.917	0.660	0.708	0.679
202	Zhechun2	0.583	0.889	0.833	0.729	0.694	0.636
203	Zhongdou27	0.778	0.806	0.806	0.799	0.694	0.750
204	Zhongdou34	0.715	0.965	0.924	0.681	0.826	0.686
205	Zhongdou8	0.792	0.944	0.972	0.688	0.764	0.679
206	Zhonghuang10	0.714	0.843	0.814	0.729	0.779	0.728
207	Zhongpin661	0.735	0.818	0.758	0.735	0.455	0.781

表 16　遗传距离（十六）

序号	资源编号（名称）	序号/资源编号（名称）					
		91	92	93	94	95	96
		XIN11447	XIN11475	XIN11478	XIN11480	XIN11481	XIN11532
1	Dongnong50089	0.743	0.686	0.720	0.764	0.707	0.721
2	Dongnong92070	0.806	0.764	0.831	0.813	0.674	0.618
3	Dongxin2	0.793	0.736	0.667	0.657	0.700	0.843
4	Gandou5	0.833	0.903	0.699	0.715	0.771	0.854
5	Gongdou5	0.800	0.843	0.803	0.857	0.771	0.793
6	Guichundou1	0.896	0.840	0.794	0.819	0.833	0.819
7	Guixia3	0.785	0.785	0.676	0.653	0.778	0.806
8	Hedou12	0.831	0.676	0.664	0.779	0.743	0.809
9	Heinong37	0.750	0.708	0.640	0.701	0.590	0.590
10	Huachun4	0.707	0.893	0.742	0.757	0.871	0.757
11	Huangbaozhuhao	0.779	0.750	0.773	0.814	0.614	0.657
12	Huaxia101	0.813	0.743	0.721	0.764	0.771	0.792
13	Huaxia102	0.800	0.829	0.765	0.793	0.807	0.793
14	Jidou7	0.750	0.750	0.779	0.785	0.743	0.785
15	Jikedou1	0.593	0.786	0.758	0.771	0.757	0.686
16	Jindou21	0.771	0.854	0.728	0.743	0.757	0.840
17	Jindou31	0.819	0.861	0.699	0.729	0.701	0.799
18	Jinong11	0.743	0.667	0.691	0.722	0.688	0.667
19	Jinyi50	0.847	0.708	0.787	0.785	0.563	0.701
20	Jiufeng10	0.647	0.853	0.820	0.831	0.816	0.522
21	Jiwuxing1	0.679	0.621	0.811	0.893	0.679	0.786
22	Kefeng5	0.750	0.597	0.699	0.688	0.618	0.813
23	Ludou4	0.868	0.785	0.779	0.840	0.792	0.833
24	Lvling9804	0.886	0.924	0.789	0.841	0.886	0.811
25	Nannong99 – 6	0.875	0.722	0.566	0.563	0.826	0.799
26	Puhai10	0.836	0.721	0.720	0.743	0.736	0.829
27	Qihuang1	0.819	0.792	0.801	0.813	0.799	0.826

（续）

序号	资源编号（名称）	序号/资源编号（名称）					
		91	92	93	94	95	96
		XIN11447	XIN11475	XIN11478	XIN11480	XIN11481	XIN11532
28	Qihuang28	0.854	0.722	0.816	0.799	0.771	0.840
29	Ribenqing3	0.792	0.931	0.860	0.868	0.799	0.826
30	Shang951099	0.786	0.786	0.727	0.757	0.700	0.764
31	Suchun10 - 8	0.806	0.875	0.728	0.743	0.854	0.799
32	Sudou5	0.729	0.814	0.841	0.864	0.793	0.821
33	Suhan1	0.847	0.833	0.787	0.813	0.757	0.826
34	suinong14	0.507	0.846	0.844	0.853	0.779	0.662
35	Suixiaolidou2	0.727	0.735	0.844	0.818	0.758	0.667
36	Suza1	0.833	0.764	0.684	0.674	0.688	0.882
37	Tongdou4	0.986	0.708	0.684	0.701	0.715	0.854
38	Tongdou7	0.847	0.764	0.831	0.826	0.757	0.910
39	Wandou9	0.903	0.722	0.757	0.743	0.799	0.854
40	Xiadou1	0.871	0.871	0.871	0.864	0.736	0.793
41	Xiangchundou17	0.743	0.715	0.588	0.597	0.694	0.792
42	XIN06640	0.419	0.772	0.750	0.779	0.765	0.368
43	XIN06666	0.514	0.871	0.780	0.807	0.736	0.450
44	XIN06830	0.729	0.643	0.750	0.821	0.664	0.764
45	XIN06832	0.486	0.743	0.750	0.800	0.571	0.586
46	XIN06846	0.795	0.538	0.685	0.742	0.727	0.667
47	XIN06890	0.793	0.821	0.742	0.757	0.757	0.814
48	XIN06908	0.586	0.757	0.841	0.850	0.793	0.707
49	XIN07094	0.750	0.609	0.667	0.711	0.773	0.711
50	XIN07095	0.829	0.714	0.629	0.636	0.750	0.864
51	XIN07203	0.772	0.581	0.531	0.632	0.721	0.735
52	XIN07397	0.798	0.500	0.629	0.710	0.669	0.790
53	XIN07483	0.574	0.816	0.695	0.684	0.684	0.493
54	XIN07486	0.721	0.779	0.780	0.779	0.707	0.593
55	XIN07543	0.765	0.706	0.688	0.757	0.581	0.728
56	XIN07544	0.807	0.607	0.742	0.757	0.657	0.786
57	XIN07545	0.823	0.758	0.716	0.669	0.766	0.734

（续）

序号	资源编号（名称）	序号/资源编号（名称）					
		91	92	93	94	95	96
		XIN11447	XIN11475	XIN11478	XIN11480	XIN11481	XIN11532
58	XIN07704	0.471	0.700	0.689	0.714	0.707	0.650
59	XIN07707	0.536	0.850	0.864	0.886	0.786	0.657
60	XIN07896	0.464	0.686	0.659	0.671	0.671	0.443
61	XIN07898	0.544	0.868	0.813	0.831	0.816	0.507
62	XIN10695	0.636	0.871	0.742	0.793	0.743	0.557
63	XIN10697	0.729	0.743	0.691	0.750	0.729	0.708
64	XIN10799	0.771	0.896	0.794	0.819	0.764	0.875
65	XIN10801	0.771	0.771	0.647	0.681	0.806	0.792
66	XIN10935	0.701	0.667	0.618	0.646	0.556	0.549
67	XIN10961	0.701	0.826	0.779	0.840	0.722	0.646
68	XIN10963	0.597	0.903	0.787	0.785	0.757	0.563
69	XIN10964	0.493	0.840	0.750	0.778	0.792	0.569
70	XIN10966	0.514	0.819	0.721	0.715	0.715	0.590
71	XIN10967	0.806	0.840	0.699	0.722	0.708	0.847
72	XIN10981	0.833	0.632	0.669	0.701	0.757	0.743
73	XIN10983	0.799	0.674	0.721	0.708	0.736	0.694
74	XIN11115	0.750	0.472	0.662	0.701	0.694	0.611
75	XIN11117	0.889	0.708	0.654	0.729	0.701	0.757
76	XIN11196	0.792	0.722	0.654	0.688	0.688	0.715
77	XIN11198	0.806	0.625	0.654	0.701	0.743	0.715
78	XIN11235	0.750	0.847	0.728	0.688	0.771	0.688
79	XIN11237	0.843	0.657	0.636	0.714	0.700	0.829
80	XIN11239	0.792	0.750	0.684	0.701	0.674	0.785
81	XIN11277	0.813	0.597	0.662	0.674	0.632	0.826
82	XIN11315	0.597	0.708	0.794	0.840	0.646	0.507
83	XIN11317	0.693	0.607	0.758	0.764	0.814	0.657
84	XIN11319	0.757	0.792	0.699	0.715	0.694	0.583
85	XIN11324	0.819	0.750	0.699	0.701	0.688	0.799
86	XIN11326	0.486	0.736	0.816	0.840	0.785	0.757
87	XIN11328	0.611	0.819	0.919	0.896	0.799	0.771

（续）

序号	资源编号（名称）	序号/资源编号（名称）					
		91	92	93	94	95	96
		XIN11447	XIN11475	XIN11478	XIN11480	XIN11481	XIN11532
88	XIN11330	0.688	0.771	0.647	0.681	0.667	0.750
89	XIN11332	0.750	0.646	0.669	0.701	0.701	0.743
90	XIN11359	0.857	0.707	0.662	0.700	0.671	0.871
91	XIN11447	0.000	0.806	0.824	0.840	0.660	0.674
92	XIN11475	0.806	0.000	0.654	0.736	0.701	0.840
93	XIN11478	0.824	0.654	0.000	0.110	0.750	0.787
94	XIN11480	0.840	0.736	0.110	0.000	0.819	0.806
95	XIN11481	0.660	0.701	0.750	0.819	0.000	0.653
96	XIN11532	0.674	0.840	0.787	0.806	0.653	0.000
97	XIN11534	0.819	0.486	0.669	0.681	0.604	0.764
98	XIN11556	0.786	0.736	0.667	0.643	0.707	0.657
99	XIN11846	0.621	0.550	0.606	0.664	0.579	0.600
100	XIN11847	0.583	0.563	0.669	0.674	0.618	0.493
101	XIN11848	0.431	0.611	0.699	0.708	0.535	0.354
102	XIN11953	0.847	0.819	0.640	0.660	0.715	0.701
103	XIN11955	0.766	0.758	0.783	0.790	0.726	0.790
104	XIN11956	0.736	0.764	0.603	0.611	0.632	0.625
105	XIN12175	0.847	0.750	0.713	0.785	0.646	0.854
106	XIN12219	0.771	0.826	0.721	0.750	0.764	0.792
107	XIN12221	0.792	0.819	0.728	0.743	0.757	0.813
108	XIN12249	0.848	0.644	0.734	0.712	0.606	0.803
109	XIN12251	0.669	0.787	0.656	0.691	0.743	0.618
110	XIN12283	0.660	0.465	0.721	0.778	0.556	0.736
111	XIN12374	0.535	0.729	0.765	0.778	0.667	0.681
112	XIN12380	0.727	0.682	0.742	0.811	0.674	0.720
113	XIN12461	0.652	0.614	0.852	0.848	0.773	0.697
114	XIN12463	0.618	0.826	0.846	0.847	0.736	0.653
115	XIN12465	0.574	0.868	0.836	0.860	0.860	0.478
116	XIN12467	0.750	0.629	0.816	0.836	0.779	0.764
117	XIN12469	0.652	0.909	0.789	0.780	0.629	0.614

（续）

序号	资源编号（名称）	序号/资源编号（名称）					
		91	92	93	94	95	96
		XIN11447	XIN11475	XIN11478	XIN11480	XIN11481	XIN11532
118	XIN12533	0.904	0.706	0.598	0.669	0.743	0.934
119	XIN12535	0.857	0.721	0.674	0.721	0.693	0.821
120	XIN12545	0.564	0.843	0.890	0.907	0.764	0.650
121	XIN12678	0.819	0.764	0.654	0.701	0.618	0.813
122	XIN12680	0.632	0.669	0.705	0.757	0.522	0.713
123	XIN12690	0.667	0.847	0.757	0.785	0.729	0.646
124	XIN12764	0.736	0.556	0.801	0.840	0.743	0.771
125	XIN12799	0.664	0.742	0.782	0.766	0.773	0.727
126	XIN12829	0.879	0.669	0.325	0.315	0.653	0.637
127	XIN12831	0.914	0.686	0.705	0.750	0.693	0.807
128	XIN13095	0.833	0.667	0.772	0.840	0.660	0.813
129	XIN13395	0.456	0.809	0.742	0.772	0.618	0.537
130	XIN13397	0.618	0.743	0.794	0.819	0.597	0.514
131	XIN13398	0.728	0.838	0.720	0.772	0.654	0.537
132	XIN13400	0.500	0.772	0.712	0.735	0.632	0.632
133	XIN13761	0.625	0.792	0.816	0.840	0.771	0.507
134	XIN13795	0.632	0.838	0.867	0.846	0.684	0.610
135	XIN13798	0.403	0.736	0.787	0.813	0.653	0.493
136	XIN13822	0.741	0.833	0.750	0.796	0.639	0.519
137	XIN13824	0.792	0.850	0.732	0.725	0.708	0.567
138	XIN13833	0.500	0.792	0.816	0.840	0.743	0.507
139	XIN13835	0.583	0.792	0.743	0.771	0.743	0.660
140	XIN13925	0.786	0.614	0.689	0.714	0.664	0.850
141	XIN13927	0.794	0.684	0.667	0.669	0.581	0.721
142	XIN13929	0.786	0.721	0.720	0.714	0.643	0.757
143	XIN13941	0.840	0.715	0.706	0.708	0.681	0.764
144	XIN13943	0.618	0.785	0.750	0.819	0.653	0.611
145	XIN13982	0.689	0.841	0.883	0.894	0.886	0.811
146	XIN13984	0.871	0.690	0.732	0.750	0.724	0.672
147	XIN13986	0.833	0.674	0.647	0.688	0.694	0.792

（续）

序号	资源编号（名称）	91 XIN11447	92 XIN11475	93 XIN11478	94 XIN11480	95 XIN11481	96 XIN11532
148	XIN13995	0.819	0.664	0.670	0.724	0.707	0.750
149	XIN13997	0.886	0.682	0.766	0.811	0.735	0.811
150	XIN14025	0.833	0.556	0.772	0.799	0.590	0.826
151	XIN14027	0.559	0.838	0.833	0.816	0.765	0.647
152	XIN14029	0.586	0.695	0.831	0.813	0.750	0.477
153	XIN14031	0.486	0.819	0.816	0.840	0.799	0.451
154	XIN14033	0.557	0.843	0.780	0.779	0.807	0.664
155	XIN14035	0.550	0.807	0.742	0.743	0.671	0.600
156	XIN14036	0.597	0.771	0.801	0.826	0.868	0.674
157	XIN14044	0.792	0.708	0.684	0.743	0.826	0.854
158	XIN14138	0.800	0.707	0.705	0.786	0.721	0.764
159	XIN14140	0.787	0.794	0.734	0.713	0.787	0.816
160	XIN14141	0.879	0.862	0.705	0.690	0.802	0.810
161	XIN14142	0.836	0.793	0.682	0.714	0.757	0.757
162	XIN14143	0.890	0.757	0.781	0.765	0.838	0.676
163	XIN14144	0.871	0.828	0.714	0.690	0.828	0.802
164	XIN14146	0.850	0.793	0.894	0.886	0.786	0.871
165	XIN14147	0.871	0.826	0.694	0.667	0.818	0.803
166	XIN14149	0.721	0.579	0.712	0.700	0.650	0.700
167	XIN14151	0.693	0.850	0.735	0.793	0.664	0.700
168	XIN14176	0.606	0.720	0.726	0.765	0.758	0.720
169	XIN14204	0.941	0.853	0.809	0.809	0.882	0.706
170	XIN14206	0.593	0.821	0.909	0.914	0.771	0.643
171	XIN14262	0.958	0.592	0.638	0.675	0.600	0.808
172	XIN14288	0.629	0.803	0.898	0.902	0.780	0.614
173	XIN14305	0.801	0.713	0.656	0.676	0.647	0.765
174	XIN15286	0.705	0.508	0.742	0.788	0.712	0.697
175	XIN15416	0.707	0.536	0.720	0.807	0.493	0.750
176	XIN15418	0.800	0.500	0.720	0.836	0.493	0.707
177	XIN15450	0.807	0.807	0.750	0.771	0.829	0.843

（续）

序号	资源编号（名称）	序号/资源编号（名称）					
		91	92	93	94	95	96
		XIN11447	XIN11475	XIN11478	XIN11480	XIN11481	XIN11532
178	XIN15452	0.853	0.776	0.750	0.759	0.845	0.836
179	XIN15530	0.672	0.766	0.817	0.820	0.836	0.648
180	XIN15532	0.566	0.743	0.836	0.838	0.728	0.515
181	XIN15533	0.621	0.788	0.863	0.871	0.780	0.644
182	XIN15535	0.712	0.818	0.766	0.780	0.826	0.720
183	XIN15537	0.591	0.856	0.815	0.818	0.773	0.712
184	XIN15584	0.816	0.706	0.688	0.713	0.684	0.471
185	XIN15586	0.650	0.775	0.750	0.742	0.783	0.558
186	XIN15627	0.726	0.694	0.742	0.758	0.766	0.661
187	XIN15636	0.871	0.788	0.758	0.750	0.712	0.742
188	XIN15738	0.750	0.864	0.742	0.743	0.843	0.843
189	XIN15739	0.856	0.621	0.645	0.674	0.712	0.833
190	XIN15741	0.807	0.664	0.621	0.600	0.743	0.900
191	XIN15743	0.771	0.486	0.515	0.564	0.621	0.779
192	XIN15811	0.734	0.797	0.850	0.844	0.797	0.805
193	XIN15879	0.750	0.857	0.863	0.869	0.762	0.476
194	XIN15895	0.595	0.707	0.731	0.793	0.612	0.690
195	XIN16008	0.733	0.667	0.625	0.667	0.658	0.750
196	XIN16010	0.781	0.664	0.683	0.734	0.680	0.742
197	XIN16016	0.875	0.603	0.672	0.713	0.779	0.853
198	XIN16018	0.848	0.659	0.492	0.606	0.674	0.811
199	Xindali1	0.736	0.875	0.787	0.826	0.882	0.826
200	Yang02-1	0.539	0.688	0.855	0.828	0.766	0.625
201	Yudou18	0.819	0.667	0.654	0.660	0.757	0.743
202	Zhechun2	0.806	0.875	0.640	0.729	0.701	0.771
203	Zhongdou27	0.861	0.583	0.779	0.799	0.729	0.743
204	Zhongdou34	0.813	0.813	0.618	0.625	0.757	0.889
205	Zhongdou8	0.931	0.667	0.610	0.632	0.785	0.854
206	Zhonghuang10	0.900	0.857	0.705	0.779	0.807	0.807
207	Zhongpin661	0.803	0.636	0.758	0.803	0.758	0.780

表 17　遗传距离（十七）

序号	资源编号（名称）	序号/资源编号（名称）					
		97	98	99	100	101	102
		XIN11534	XIN11556	XIN11846	XIN11847	XIN11848	XIN11953
1	Dongnong50089	0.807	0.713	0.629	0.621	0.550	0.686
2	Dongnong92070	0.764	0.714	0.543	0.500	0.521	0.722
3	Dongxin2	0.621	0.706	0.750	0.707	0.707	0.850
4	Gandou5	0.708	0.850	0.771	0.708	0.722	0.750
5	Gongdou5	0.793	0.794	0.662	0.614	0.657	0.771
6	Guichundou1	0.799	0.843	0.750	0.688	0.729	0.910
7	Guixia3	0.646	0.714	0.686	0.667	0.681	0.660
8	Hedou12	0.676	0.795	0.659	0.581	0.662	0.860
9	Heinong37	0.694	0.550	0.514	0.569	0.528	0.694
10	Huachun4	0.779	0.765	0.706	0.614	0.614	0.793
11	Huangbaozhuhao	0.793	0.765	0.559	0.600	0.600	0.707
12	Huaxia101	0.715	0.686	0.650	0.653	0.660	0.743
13	Huaxia102	0.750	0.787	0.757	0.807	0.693	0.743
14	Jidou7	0.708	0.721	0.443	0.542	0.611	0.792
15	Jikedou1	0.814	0.721	0.507	0.614	0.586	0.821
16	Jindou21	0.826	0.800	0.636	0.729	0.681	0.785
17	Jindou31	0.833	0.679	0.700	0.681	0.722	0.611
18	Jinong11	0.674	0.714	0.471	0.542	0.556	0.563
19	Jinyi50	0.514	0.607	0.629	0.625	0.625	0.694
20	Jiufeng10	0.801	0.765	0.610	0.456	0.449	0.838
21	Jiwuxing1	0.714	0.743	0.596	0.579	0.593	0.793
22	Kefeng5	0.486	0.736	0.700	0.639	0.597	0.847
23	Ludou4	0.729	0.786	0.671	0.701	0.681	0.826
24	Lvling9804	0.795	0.750	0.705	0.780	0.705	0.879
25	Nannong99－6	0.694	0.736	0.571	0.569	0.722	0.806
26	Puhai10	0.700	0.757	0.676	0.664	0.714	0.821
27	Qihuang1	0.819	0.779	0.643	0.611	0.597	0.750

（续）

序号	资源编号（名称）	序号/资源编号（名称）					
		97	98	99	100	101	102
		XIN11534	XIN11556	XIN11846	XIN11847	XIN11848	XIN11953
28	Qihuang28	0.694	0.807	0.664	0.688	0.639	0.736
29	Ribenqing3	0.778	0.821	0.700	0.736	0.597	0.917
30	Shang951099	0.750	0.882	0.721	0.629	0.600	0.771
31	Suchun10-8	0.806	0.793	0.643	0.681	0.681	0.861
32	Sudou5	0.750	0.801	0.700	0.693	0.579	0.829
33	Suhan1	0.806	0.750	0.686	0.653	0.667	0.806
34	suinong14	0.824	0.818	0.647	0.537	0.382	0.904
35	Suixiaolidou2	0.773	0.734	0.697	0.667	0.515	0.811
36	Suza1	0.597	0.736	0.729	0.694	0.736	0.833
37	Tongdou4	0.625	0.736	0.729	0.722	0.764	0.861
38	Tongdou7	0.653	0.893	0.571	0.667	0.639	0.861
39	Wandou9	0.722	0.807	0.700	0.667	0.694	0.806
40	Xiadou1	0.771	0.860	0.721	0.686	0.671	0.843
41	Xiangchundou17	0.653	0.721	0.721	0.653	0.618	0.701
42	XIN06640	0.728	0.728	0.538	0.463	0.449	0.669
43	XIN06666	0.843	0.736	0.581	0.493	0.357	0.814
44	XIN06830	0.629	0.764	0.566	0.679	0.507	0.743
45	XIN06832	0.671	0.764	0.581	0.586	0.457	0.714
46	XIN06846	0.508	0.765	0.617	0.591	0.523	0.826
47	XIN06890	0.679	0.829	0.676	0.614	0.671	0.764
48	XIN06908	0.771	0.836	0.743	0.707	0.550	0.857
49	XIN07094	0.641	0.750	0.653	0.688	0.609	0.813
50	XIN07095	0.679	0.764	0.662	0.593	0.664	0.843
51	XIN07203	0.625	0.662	0.636	0.618	0.596	0.743
52	XIN07397	0.653	0.677	0.592	0.573	0.605	0.815
53	XIN07483	0.721	0.574	0.500	0.515	0.368	0.735
54	XIN07486	0.793	0.600	0.603	0.557	0.600	0.750
55	XIN07543	0.662	0.713	0.485	0.529	0.485	0.750
56	XIN07544	0.536	0.729	0.500	0.500	0.564	0.707
57	XIN07545	0.694	0.685	0.692	0.653	0.573	0.710

（续）

序号	资源编号（名称）	序号/资源编号（名称）					
		97	98	99	100	101	102
		XIN11534	XIN11556	XIN11846	XIN11847	XIN11848	XIN11953
58	XIN07704	0.686	0.693	0.529	0.586	0.500	0.714
59	XIN07707	0.750	0.800	0.684	0.621	0.479	0.793
60	XIN07896	0.621	0.664	0.493	0.450	0.371	0.700
61	XIN07898	0.882	0.853	0.689	0.544	0.478	0.735
62	XIN10695	0.864	0.721	0.618	0.550	0.486	0.707
63	XIN10697	0.660	0.714	0.536	0.569	0.576	0.674
64	XIN10799	0.813	0.743	0.607	0.701	0.618	0.854
65	XIN10801	0.806	0.729	0.671	0.563	0.660	0.826
66	XIN10935	0.646	0.564	0.493	0.493	0.479	0.625
67	XIN10961	0.771	0.829	0.714	0.660	0.549	0.674
68	XIN10963	0.722	0.750	0.629	0.556	0.528	0.833
69	XIN10964	0.743	0.771	0.571	0.563	0.431	0.826
70	XIN10966	0.660	0.750	0.564	0.639	0.535	0.694
71	XIN10967	0.688	0.714	0.650	0.563	0.646	0.799
72	XIN10981	0.625	0.707	0.671	0.681	0.618	0.819
73	XIN10983	0.625	0.629	0.543	0.569	0.556	0.729
74	XIN11115	0.590	0.621	0.379	0.396	0.500	0.667
75	XIN11117	0.625	0.821	0.657	0.590	0.625	0.833
76	XIN11196	0.625	0.679	0.664	0.660	0.632	0.833
77	XIN11198	0.611	0.707	0.621	0.653	0.597	0.792
78	XIN11235	0.750	0.793	0.671	0.639	0.639	0.750
79	XIN11237	0.643	0.713	0.662	0.636	0.686	0.829
80	XIN11239	0.778	0.807	0.686	0.694	0.611	0.750
81	XIN11277	0.542	0.721	0.621	0.583	0.653	0.847
82	XIN11315	0.639	0.793	0.529	0.528	0.431	0.722
83	XIN11317	0.621	0.765	0.537	0.486	0.543	0.793
84	XIN11319	0.764	0.629	0.529	0.438	0.556	0.688
85	XIN11324	0.708	0.821	0.700	0.618	0.625	0.792
86	XIN11326	0.750	0.750	0.543	0.583	0.611	0.861
87	XIN11328	0.778	0.779	0.586	0.528	0.569	0.806

（续）

序号	资源编号（名称）	序号/资源编号（名称）					
		97	98	99	100	101	102
		XIN11534	XIN11556	XIN11846	XIN11847	XIN11848	XIN11953
88	XIN11330	0.639	0.786	0.643	0.618	0.583	0.757
89	XIN11332	0.632	0.686	0.350	0.368	0.549	0.764
90	XIN11359	0.636	0.735	0.640	0.629	0.700	0.793
91	XIN11447	0.819	0.786	0.621	0.583	0.431	0.847
92	XIN11475	0.486	0.736	0.550	0.563	0.611	0.819
93	XIN11478	0.669	0.667	0.606	0.669	0.699	0.640
94	XIN11480	0.681	0.643	0.664	0.674	0.708	0.660
95	XIN11481	0.604	0.707	0.579	0.618	0.535	0.715
96	XIN11532	0.764	0.657	0.600	0.493	0.354	0.701
97	XIN11534	0.000	0.707	0.507	0.597	0.583	0.819
98	XIN11556	0.707	0.000	0.559	0.586	0.600	0.721
99	XIN11846	0.507	0.559	0.000	0.300	0.429	0.643
100	XIN11847	0.597	0.586	0.300	0.000	0.382	0.583
101	XIN11848	0.583	0.600	0.429	0.382	0.000	0.583
102	XIN11953	0.819	0.721	0.643	0.583	0.583	0.000
103	XIN11955	0.815	0.750	0.669	0.629	0.629	0.790
104	XIN11956	0.625	0.600	0.543	0.535	0.576	0.222
105	XIN12175	0.611	0.850	0.714	0.708	0.681	0.889
106	XIN12219	0.660	0.771	0.664	0.604	0.646	0.743
107	XIN12221	0.681	0.779	0.671	0.597	0.653	0.736
108	XIN12249	0.606	0.680	0.680	0.538	0.629	0.826
109	XIN12251	0.728	0.674	0.523	0.529	0.507	0.625
110	XIN12283	0.493	0.714	0.493	0.507	0.535	0.826
111	XIN12374	0.681	0.743	0.550	0.556	0.431	0.910
112	XIN12380	0.697	0.766	0.625	0.606	0.530	0.697
113	XIN12461	0.682	0.773	0.586	0.545	0.492	0.826
114	XIN12463	0.868	0.800	0.650	0.597	0.563	0.757
115	XIN12465	0.919	0.758	0.674	0.654	0.485	0.765
116	XIN12467	0.543	0.713	0.493	0.579	0.529	0.843
117	XIN12469	0.795	0.689	0.656	0.674	0.515	0.636

（续）

序号	资源编号（名称）	序号/资源编号（名称）					
		97	98	99	100	101	102
		XIN11534	XIN11556	XIN11846	XIN11847	XIN11848	XIN11953
118	XIN12533	0.779	0.871	0.803	0.757	0.787	0.765
119	XIN12535	0.657	0.706	0.632	0.571	0.650	0.700
120	XIN12545	0.800	0.846	0.647	0.564	0.507	0.829
121	XIN12678	0.653	0.707	0.743	0.667	0.681	0.819
122	XIN12680	0.456	0.667	0.614	0.654	0.544	0.735
123	XIN12690	0.778	0.679	0.571	0.569	0.486	0.750
124	XIN12764	0.556	0.807	0.400	0.389	0.528	0.806
125	XIN12799	0.836	0.677	0.540	0.563	0.586	0.813
126	XIN12829	0.702	0.567	0.583	0.613	0.621	0.629
127	XIN12831	0.557	0.787	0.566	0.557	0.621	0.814
128	XIN13095	0.597	0.807	0.714	0.674	0.625	0.819
129	XIN13395	0.765	0.720	0.659	0.581	0.426	0.809
130	XIN13397	0.590	0.700	0.550	0.479	0.403	0.729
131	XIN13398	0.735	0.629	0.500	0.507	0.493	0.676
132	XIN13400	0.772	0.621	0.591	0.537	0.500	0.787
133	XIN13761	0.722	0.779	0.529	0.431	0.458	0.806
134	XIN13795	0.794	0.689	0.629	0.596	0.515	0.824
135	XIN13798	0.722	0.693	0.493	0.563	0.382	0.736
136	XIN13822	0.861	0.577	0.481	0.463	0.500	0.620
137	XIN13824	0.783	0.625	0.578	0.483	0.492	0.625
138	XIN13833	0.778	0.707	0.629	0.611	0.444	0.806
139	XIN13835	0.778	0.793	0.629	0.500	0.528	0.861
140	XIN13925	0.457	0.801	0.618	0.593	0.679	0.814
141	XIN13927	0.581	0.674	0.629	0.581	0.588	0.713
142	XIN13929	0.621	0.706	0.625	0.550	0.593	0.750
143	XIN13941	0.701	0.800	0.650	0.576	0.576	0.799
144	XIN13943	0.771	0.786	0.657	0.653	0.444	0.604
145	XIN13982	0.818	0.789	0.680	0.621	0.523	0.788
146	XIN13984	0.586	0.750	0.652	0.629	0.612	0.836
147	XIN13986	0.590	0.786	0.693	0.674	0.701	0.799

（续）

序号	资源编号（名称）	序号/资源编号（名称）					
		97	98	99	100	101	102
		XIN11534	XIN11556	XIN11846	XIN11847	XIN11848	XIN11953
148	XIN13995	0.647	0.732	0.509	0.483	0.612	0.759
149	XIN13997	0.652	0.781	0.563	0.561	0.705	0.788
150	XIN14025	0.535	0.893	0.600	0.646	0.632	0.847
151	XIN14027	0.831	0.742	0.652	0.596	0.544	0.669
152	XIN14029	0.797	0.742	0.637	0.570	0.469	0.625
153	XIN14031	0.806	0.807	0.629	0.500	0.500	0.750
154	XIN14033	0.786	0.743	0.537	0.679	0.543	0.771
155	XIN14035	0.771	0.676	0.537	0.514	0.350	0.621
156	XIN14036	0.764	0.714	0.629	0.646	0.528	0.792
157	XIN14044	0.597	0.850	0.614	0.639	0.681	0.917
158	XIN14138	0.729	0.713	0.654	0.600	0.679	0.771
159	XIN14140	0.750	0.772	0.803	0.735	0.669	0.750
160	XIN14141	0.707	0.802	0.795	0.681	0.672	0.750
161	XIN14142	0.714	0.829	0.735	0.621	0.657	0.764
162	XIN14143	0.699	0.794	0.629	0.596	0.625	0.669
163	XIN14144	0.716	0.810	0.768	0.698	0.647	0.690
164	XIN14146	0.700	0.857	0.772	0.700	0.714	0.764
165	XIN14147	0.689	0.773	0.742	0.644	0.682	0.689
166	XIN14149	0.629	0.671	0.625	0.571	0.536	0.764
167	XIN14151	0.757	0.779	0.588	0.657	0.629	0.779
168	XIN14176	0.705	0.720	0.523	0.515	0.515	0.667
169	XIN14204	0.691	0.750	0.563	0.618	0.765	0.824
170	XIN14206	0.764	0.843	0.662	0.600	0.514	0.836
171	XIN14262	0.492	0.750	0.664	0.692	0.650	0.767
172	XIN14288	0.788	0.795	0.672	0.583	0.439	0.818
173	XIN14305	0.728	0.706	0.629	0.588	0.618	0.743
174	XIN15286	0.614	0.682	0.406	0.500	0.553	0.795
175	XIN15416	0.521	0.714	0.507	0.621	0.629	0.693
176	XIN15418	0.471	0.721	0.551	0.621	0.579	0.743
177	XIN15450	0.779	0.729	0.662	0.679	0.657	0.793

（续）

序号	资源编号（名称）	序号/资源编号（名称）					
		97	98	99	100	101	102
		XIN11534	XIN11556	XIN11846	XIN11847	XIN11848	XIN11953
178	XIN15452	0.836	0.776	0.670	0.733	0.629	0.724
179	XIN15530	0.813	0.758	0.613	0.523	0.516	0.813
180	XIN15532	0.743	0.779	0.621	0.566	0.493	0.846
181	XIN15533	0.788	0.841	0.625	0.659	0.515	0.879
182	XIN15535	0.674	0.644	0.484	0.545	0.561	0.727
183	XIN15537	0.841	0.818	0.703	0.636	0.553	0.841
184	XIN15584	0.684	0.662	0.508	0.529	0.544	0.713
185	XIN15586	0.842	0.650	0.612	0.308	0.500	0.767
186	XIN15627	0.734	0.782	0.617	0.516	0.548	0.685
187	XIN15636	0.644	0.758	0.664	0.621	0.674	0.689
188	XIN15738	0.764	0.729	0.625	0.600	0.600	0.821
189	XIN15739	0.538	0.742	0.633	0.644	0.598	0.780
190	XIN15741	0.643	0.757	0.684	0.629	0.686	0.864
191	XIN15743	0.564	0.693	0.574	0.579	0.586	0.757
192	XIN15811	0.695	0.719	0.629	0.625	0.523	0.938
193	XIN15879	0.798	0.869	0.650	0.536	0.476	0.786
194	XIN15895	0.759	0.681	0.527	0.534	0.560	0.681
195	XIN16008	0.683	0.692	0.567	0.492	0.583	0.708
196	XIN16010	0.672	0.727	0.661	0.578	0.617	0.625
197	XIN16016	0.581	0.735	0.629	0.654	0.654	0.846
198	XIN16018	0.606	0.674	0.586	0.614	0.659	0.758
199	Xindali1	0.847	0.850	0.729	0.639	0.694	0.917
200	Yang02 – 1	0.703	0.702	0.672	0.602	0.391	0.875
201	Yudou18	0.583	0.679	0.629	0.625	0.639	0.778
202	Zhechun2	0.778	0.636	0.614	0.653	0.639	0.806
203	Zhongdou27	0.569	0.736	0.629	0.625	0.660	0.847
204	Zhongdou34	0.813	0.793	0.807	0.708	0.743	0.785
205	Zhongdou8	0.681	0.679	0.657	0.653	0.722	0.806
206	Zhonghuang10	0.779	0.816	0.707	0.707	0.736	0.814
207	Zhongpin661	0.621	0.859	0.455	0.417	0.629	0.818

表 18   遗传距离（十八）

序号	资源编号（名称）	序号/资源编号（名称）					
		103	104	105	106	107	108
		XIN11955	XIN11956	XIN12175	XIN12219	XIN12221	XIN12249
1	Dongnong50089	0.694	0.657	0.857	0.707	0.700	0.711
2	Dongnong92070	0.710	0.674	0.792	0.771	0.764	0.856
3	Dongxin2	0.717	0.771	0.579	0.671	0.664	0.570
4	Gandou5	0.871	0.597	0.722	0.715	0.736	0.750
5	Gongdou5	0.767	0.721	0.800	0.771	0.793	0.898
6	Guichundou1	0.766	0.826	0.826	0.750	0.785	0.803
7	Guixia3	0.798	0.549	0.715	0.764	0.785	0.682
8	Hedou12	0.819	0.750	0.375	0.478	0.485	0.621
9	Heinong37	0.823	0.639	0.806	0.826	0.847	0.750
10	Huachun4	0.775	0.707	0.821	0.643	0.664	0.672
11	Huangbaozhuhao	0.792	0.650	0.907	0.957	0.936	0.938
12	Huaxia101	0.750	0.674	0.729	0.778	0.757	0.727
13	Huaxia102	0.806	0.643	0.800	0.793	0.814	0.836
14	Jidou7	0.710	0.750	0.903	0.799	0.806	0.947
15	Jikedou1	0.798	0.764	0.921	0.829	0.807	0.875
16	Jindou21	0.694	0.611	0.757	0.833	0.826	0.848
17	Jindou31	0.774	0.583	0.806	0.674	0.708	0.795
18	Jinong11	0.766	0.542	0.826	0.722	0.743	0.833
19	Jinyi50	0.839	0.597	0.778	0.715	0.736	0.765
20	Jiufeng10	0.839	0.779	0.897	0.772	0.750	0.758
21	Jiwuxing1	0.642	0.714	0.807	0.764	0.786	0.781
22	Kefeng5	0.839	0.722	0.444	0.632	0.625	0.629
23	Ludou4	0.685	0.771	0.771	0.792	0.813	0.848
24	Lvling9804	0.817	0.720	0.818	0.780	0.788	0.879
25	Nannong99－6	0.823	0.653	0.694	0.729	0.764	0.780
26	Puhai10	0.775	0.643	0.650	0.779	0.786	0.641
27	Qihuang1	0.774	0.750	0.806	0.715	0.722	0.826

（续）

序号	资源编号（名称）	序号/资源编号（名称）					
		103	104	105	106	107	108
		XIN11955	XIN11956	XIN12175	XIN12219	XIN12221	XIN12249
28	Qihuang28	0.613	0.701	0.764	0.813	0.819	0.826
29	Ribenqing3	0.871	0.792	0.806	0.799	0.792	0.795
30	Shang951099	0.733	0.664	0.743	0.714	0.707	0.711
31	Suchun10-8	0.887	0.764	0.833	0.743	0.750	0.811
32	Sudou5	0.726	0.800	0.886	0.821	0.814	0.773
33	Suhan1	0.726	0.708	0.806	0.854	0.847	0.795
34	suinong14	0.750	0.831	0.846	0.838	0.831	0.766
35	Suixiaolidou2	0.875	0.780	0.902	0.909	0.902	0.790
36	Suza1	0.855	0.694	0.583	0.660	0.653	0.583
37	Tongdou4	0.823	0.764	0.694	0.882	0.861	0.765
38	Tongdou7	0.806	0.750	0.722	0.729	0.736	0.765
39	Wandou9	0.758	0.722	0.639	0.701	0.708	0.629
40	Xiadou1	0.700	0.729	0.786	0.836	0.843	0.820
41	Xiangchundou17	0.758	0.639	0.674	0.604	0.604	0.644
42	XIN06640	0.733	0.596	0.860	0.750	0.772	0.742
43	XIN06666	0.783	0.729	0.814	0.736	0.757	0.789
44	XIN06830	0.800	0.643	0.857	0.821	0.843	0.852
45	XIN06832	0.750	0.600	0.786	0.750	0.771	0.844
46	XIN06846	0.795	0.682	0.720	0.742	0.765	0.767
47	XIN06890	0.842	0.650	0.536	0.057	0.036	0.563
48	XIN06908	0.817	0.729	0.886	0.879	0.900	0.836
49	XIN07094	0.880	0.578	0.563	0.617	0.656	0.690
50	XIN07095	0.825	0.729	0.514	0.679	0.671	0.477
51	XIN07203	0.793	0.618	0.493	0.618	0.625	0.581
52	XIN07397	0.657	0.677	0.669	0.774	0.750	0.767
53	XIN07483	0.733	0.625	0.824	0.684	0.706	0.758
54	XIN07486	0.858	0.650	0.907	0.814	0.836	0.773
55	XIN07543	0.681	0.676	0.618	0.713	0.706	0.677
56	XIN07544	0.758	0.664	0.793	0.743	0.736	0.719
57	XIN07545	0.663	0.645	0.839	0.798	0.806	0.786

（续）

序号	资源编号 （名称）	序号/资源编号（名称）					
		103	104	105	106	107	108
		XIN11955	XIN11956	XIN12175	XIN12219	XIN12221	XIN12249
58	XIN07704	0.767	0.636	0.829	0.779	0.786	0.711
59	XIN07707	0.808	0.707	0.850	0.814	0.836	0.766
60	XIN07896	0.658	0.643	0.729	0.664	0.657	0.656
61	XIN07898	0.845	0.662	0.853	0.816	0.838	0.798
62	XIN10695	0.758	0.671	0.807	0.714	0.700	0.797
63	XIN10697	0.750	0.604	0.771	0.736	0.757	0.727
64	XIN10799	0.798	0.757	0.854	0.806	0.799	0.833
65	XIN10801	0.790	0.757	0.729	0.722	0.715	0.621
66	XIN10935	0.702	0.576	0.694	0.646	0.625	0.705
67	XIN10961	0.726	0.590	0.854	0.847	0.868	0.894
68	XIN10963	0.774	0.722	0.889	0.771	0.792	0.765
69	XIN10964	0.742	0.729	0.854	0.819	0.840	0.795
70	XIN10966	0.831	0.590	0.806	0.771	0.792	0.841
71	XIN10967	0.806	0.667	0.549	0.375	0.354	0.644
72	XIN10981	0.847	0.611	0.569	0.688	0.681	0.689
73	XIN10983	0.710	0.667	0.840	0.833	0.840	0.758
74	XIN11115	0.669	0.590	0.764	0.646	0.639	0.606
75	XIN11117	0.774	0.722	0.569	0.563	0.556	0.561
76	XIN11196	0.839	0.667	0.625	0.729	0.750	0.689
77	XIN11198	0.815	0.569	0.583	0.674	0.694	0.674
78	XIN11235	0.694	0.625	0.778	0.674	0.639	0.705
79	XIN11237	0.825	0.693	0.429	0.407	0.386	0.586
80	XIN11239	0.726	0.694	0.750	0.729	0.722	0.659
81	XIN11277	0.790	0.701	0.444	0.563	0.514	0.591
82	XIN11315	0.766	0.646	0.792	0.715	0.736	0.742
83	XIN11317	0.792	0.707	0.864	0.757	0.750	0.641
84	XIN11319	0.855	0.639	0.826	0.792	0.799	0.652
85	XIN11324	0.726	0.681	0.722	0.674	0.667	0.614
86	XIN11326	0.758	0.736	0.944	0.826	0.847	0.841
87	XIN11328	0.855	0.750	0.917	0.910	0.903	0.811

（续）

序号	资源编号（名称）	序号/资源编号（名称）					
		103	104	105	106	107	108
		XIN11955	XIN11956	XIN12175	XIN12219	XIN12221	XIN12249
88	XIN11330	0.710	0.660	0.688	0.708	0.701	0.621
89	XIN11332	0.702	0.694	0.819	0.757	0.736	0.705
90	XIN11359	0.750	0.686	0.593	0.657	0.650	0.591
91	XIN11447	0.766	0.736	0.847	0.771	0.792	0.848
92	XIN11475	0.758	0.764	0.750	0.826	0.819	0.644
93	XIN11478	0.783	0.603	0.713	0.721	0.728	0.734
94	XIN11480	0.790	0.611	0.785	0.750	0.743	0.712
95	XIN11481	0.726	0.632	0.646	0.764	0.757	0.606
96	XIN11532	0.790	0.625	0.854	0.792	0.813	0.803
97	XIN11534	0.815	0.625	0.611	0.660	0.681	0.606
98	XIN11556	0.750	0.600	0.850	0.771	0.779	0.680
99	XIN11846	0.669	0.543	0.714	0.664	0.671	0.680
100	XIN11847	0.629	0.535	0.708	0.604	0.597	0.538
101	XIN11848	0.629	0.576	0.681	0.646	0.653	0.629
102	XIN11953	0.790	0.222	0.889	0.743	0.736	0.826
103	XIN11955	0.000	0.718	0.823	0.847	0.839	0.774
104	XIN11956	0.718	0.000	0.722	0.604	0.625	0.705
105	XIN12175	0.823	0.722	0.000	0.549	0.556	0.583
106	XIN12219	0.847	0.604	0.549	0.000	0.035	0.561
107	XIN12221	0.839	0.625	0.556	0.035	0.000	0.553
108	XIN12249	0.774	0.705	0.583	0.561	0.553	0.000
109	XIN12251	0.733	0.544	0.787	0.706	0.743	0.742
110	XIN12283	0.863	0.729	0.743	0.750	0.785	0.652
111	XIN12374	0.774	0.785	0.840	0.764	0.785	0.758
112	XIN12380	0.784	0.636	0.879	0.871	0.894	0.903
113	XIN12461	0.758	0.773	0.871	0.848	0.841	0.758
114	XIN12463	0.895	0.701	0.896	0.778	0.771	0.773
115	XIN12465	0.917	0.713	0.941	0.846	0.868	0.930
116	XIN12467	0.871	0.750	0.786	0.807	0.829	0.705
117	XIN12469	0.833	0.621	0.833	0.720	0.758	0.797

（续）

序号	资源编号 （名称）	序号/资源编号（名称）					
		103	104	105	106	107	108
		XIN11955	XIN11956	XIN12175	XIN12219	XIN12221	XIN12249
118	XIN12533	0.783	0.757	0.706	0.831	0.824	0.758
119	XIN12535	0.839	0.571	0.414	0.636	0.600	0.659
120	XIN12545	0.758	0.736	0.857	0.764	0.786	0.811
121	XIN12678	0.702	0.708	0.500	0.576	0.569	0.462
122	XIN12680	0.792	0.618	0.676	0.743	0.765	0.766
123	XIN12690	0.742	0.639	0.833	0.799	0.819	0.795
124	XIN12764	0.790	0.736	0.833	0.715	0.694	0.750
125	XIN12799	0.784	0.750	0.969	0.852	0.828	0.774
126	XIN12829	0.777	0.605	0.774	0.702	0.710	0.717
127	XIN12831	0.783	0.700	0.543	0.464	0.457	0.430
128	XIN13095	0.565	0.750	0.542	0.660	0.653	0.659
129	XIN13395	0.725	0.691	0.853	0.772	0.794	0.719
130	XIN13397	0.669	0.667	0.799	0.736	0.757	0.742
131	XIN13398	0.750	0.640	0.853	0.757	0.779	0.836
132	XIN13400	0.750	0.691	0.816	0.765	0.787	0.602
133	XIN13761	0.839	0.722	0.889	0.826	0.847	0.826
134	XIN13795	0.716	0.765	0.912	0.801	0.794	0.871
135	XIN13798	0.855	0.674	0.847	0.785	0.806	0.856
136	XIN13822	0.875	0.630	0.861	0.731	0.722	0.788
137	XIN13824	0.837	0.608	0.792	0.783	0.775	0.714
138	XIN13833	0.774	0.722	0.889	0.799	0.819	0.826
139	XIN13835	0.774	0.736	0.778	0.799	0.819	0.705
140	XIN13925	0.842	0.671	0.586	0.607	0.600	0.656
141	XIN13927	0.758	0.544	0.434	0.522	0.500	0.461
142	XIN13929	0.718	0.600	0.621	0.586	0.579	0.561
143	XIN13941	0.734	0.688	0.743	0.667	0.660	0.576
144	XIN13943	0.734	0.563	0.826	0.819	0.840	0.848
145	XIN13982	0.897	0.765	0.909	0.811	0.803	0.798
146	XIN13984	0.769	0.690	0.509	0.741	0.733	0.670
147	XIN13986	0.879	0.583	0.424	0.514	0.507	0.606

（续）

序号	资源编号（名称）	序号/资源编号（名称）					
		103	104	105	106	107	108
		XIN11955	XIN11956	XIN12175	XIN12219	XIN12221	XIN12249
148	XIN13995	0.798	0.681	0.793	0.733	0.707	0.750
149	XIN13997	0.786	0.659	0.697	0.735	0.727	0.708
150	XIN14025	0.661	0.750	0.653	0.757	0.750	0.758
151	XIN14027	0.808	0.632	0.875	0.750	0.728	0.828
152	XIN14029	0.795	0.633	0.906	0.836	0.828	0.800
153	XIN14031	0.790	0.667	0.917	0.826	0.847	0.780
154	XIN14033	0.858	0.700	0.943	0.793	0.814	0.875
155	XIN14035	0.767	0.657	0.807	0.814	0.793	0.813
156	XIN14036	0.903	0.681	0.903	0.743	0.750	0.780
157	XIN14044	0.774	0.750	0.528	0.660	0.694	0.720
158	XIN14138	0.967	0.743	0.743	0.850	0.829	0.789
159	XIN14140	0.828	0.691	0.765	0.713	0.721	0.774
160	XIN14141	0.760	0.655	0.681	0.750	0.759	0.750
161	XIN14142	0.850	0.693	0.707	0.800	0.807	0.719
162	XIN14143	0.828	0.669	0.787	0.868	0.860	0.815
163	XIN14144	0.740	0.724	0.724	0.845	0.819	0.833
164	XIN14146	0.833	0.721	0.807	0.900	0.907	0.906
165	XIN14147	0.793	0.636	0.765	0.833	0.811	0.806
166	XIN14149	0.675	0.629	0.493	0.614	0.614	0.531
167	XIN14151	0.792	0.686	0.879	0.836	0.843	0.938
168	XIN14176	0.690	0.629	0.788	0.705	0.697	0.879
169	XIN14204	0.733	0.691	0.824	0.765	0.765	0.797
170	XIN14206	0.758	0.757	0.964	0.929	0.921	0.859
171	XIN14262	0.769	0.642	0.483	0.617	0.608	0.563
172	XIN14288	0.879	0.773	0.848	0.902	0.894	0.798
173	XIN14305	0.767	0.625	0.566	0.691	0.684	0.645
174	XIN15286	0.795	0.720	0.902	0.803	0.780	0.783
175	XIN15416	0.817	0.600	0.707	0.757	0.779	0.750
176	XIN15418	0.867	0.643	0.714	0.779	0.800	0.695
177	XIN15450	0.700	0.693	0.821	0.800	0.821	0.758

序号	资源编号（名称）	序号/资源编号（名称）					
		103 XIN11955	104 XIN11956	105 XIN12175	106 XIN12219	107 XIN12221	108 XIN12249
178	XIN15452	0.731	0.698	0.828	0.862	0.862	0.830
179	XIN15530	0.777	0.758	0.922	0.852	0.844	0.750
180	XIN15532	0.707	0.779	0.860	0.809	0.801	0.798
181	XIN15533	0.911	0.803	0.879	0.841	0.841	0.758
182	XIN15535	0.741	0.659	0.864	0.750	0.773	0.798
183	XIN15537	0.804	0.765	0.841	0.818	0.795	0.758
184	XIN15584	0.784	0.640	0.743	0.794	0.787	0.726
185	XIN15586	0.731	0.750	0.850	0.700	0.675	0.670
186	XIN15627	0.833	0.637	0.669	0.718	0.726	0.741
187	XIN15636	0.759	0.568	0.614	0.621	0.629	0.583
188	XIN15738	0.775	0.807	0.879	0.757	0.750	0.734
189	XIN15739	0.813	0.644	0.492	0.697	0.705	0.700
190	XIN15741	0.800	0.750	0.593	0.643	0.636	0.516
191	XIN15743	0.683	0.629	0.443	0.607	0.607	0.469
192	XIN15811	0.714	0.797	0.844	0.813	0.836	0.708
193	XIN15879	0.500	0.726	0.905	0.810	0.810	0.803
194	XIN15895	0.710	0.638	0.819	0.784	0.776	0.741
195	XIN16008	0.663	0.583	0.608	0.542	0.542	0.574
196	XIN16010	0.750	0.586	0.563	0.602	0.609	0.578
197	XIN16016	0.853	0.713	0.537	0.676	0.654	0.613
198	XIN16018	0.732	0.614	0.500	0.720	0.697	0.625
199	Xindali1	0.742	0.819	0.889	0.757	0.750	0.811
200	Yang02-1	0.817	0.820	0.875	0.836	0.828	0.725
201	Yudou18	0.855	0.597	0.583	0.688	0.722	0.705
202	Zhechun2	0.758	0.639	0.806	0.701	0.708	0.795
203	Zhongdou27	0.863	0.688	0.736	0.743	0.750	0.750
204	Zhongdou34	0.782	0.743	0.743	0.750	0.729	0.773
205	Zhongdou8	0.855	0.694	0.750	0.799	0.806	0.735
206	Zhonghuang10	0.677	0.729	0.771	0.764	0.800	0.891
207	Zhongpin661	0.828	0.727	0.727	0.606	0.614	0.625

表 19 遗传距离（十九）

序号	资源编号（名称）	序号/资源编号（名称）					
		109	110	111	112	113	114
		XIN12251	XIN12283	XIN12374	XIN12380	XIN12461	XIN12463
1	Dongnong50089	0.674	0.793	0.729	0.688	0.664	0.550
2	Dongnong92070	0.669	0.757	0.674	0.720	0.735	0.715
3	Dongxin2	0.773	0.771	0.771	0.844	0.848	0.814
4	Gandou5	0.772	0.826	0.882	0.848	0.902	0.868
5	Gongdou5	0.674	0.714	0.871	0.781	0.836	0.893
6	Guichundou1	0.735	0.806	0.806	0.886	0.833	0.875
7	Guixia3	0.647	0.764	0.806	0.780	0.864	0.889
8	Hedou12	0.688	0.728	0.757	0.839	0.782	0.824
9	Heinong37	0.699	0.715	0.757	0.606	0.689	0.743
10	Huachun4	0.644	0.871	0.786	0.836	0.875	0.714
11	Huangbaozhuhao	0.811	0.700	0.743	0.523	0.719	0.786
12	Huaxia101	0.765	0.736	0.833	0.811	0.803	0.861
13	Huaxia102	0.780	0.821	0.871	0.813	0.805	0.864
14	Jidou7	0.669	0.660	0.688	0.667	0.735	0.799
15	Jikedou1	0.606	0.771	0.664	0.898	0.688	0.643
16	Jindou21	0.735	0.806	0.847	0.811	0.833	0.917
17	Jindou31	0.699	0.785	0.840	0.758	0.871	0.826
18	Jinong11	0.713	0.708	0.750	0.644	0.667	0.625
19	Jinyi50	0.772	0.743	0.826	0.667	0.674	0.882
20	Jiufeng10	0.664	0.787	0.596	0.831	0.685	0.610
21	Jiwuxing1	0.712	0.607	0.807	0.680	0.688	0.843
22	Kefeng5	0.757	0.618	0.632	0.864	0.826	0.882
23	Ludou4	0.721	0.736	0.847	0.856	0.909	0.847
24	Lvling9804	0.653	0.871	0.818	0.806	0.976	0.780
25	Nannong99 – 6	0.728	0.646	0.813	0.727	0.795	0.938
26	Puhai10	0.697	0.607	0.807	0.758	0.750	0.900
27	Qihuang1	0.669	0.743	0.743	0.879	0.871	0.840

序号	资源编号（名称）	序号/资源编号（名称）					
		109	110	111	112	113	114
		XIN12251	XIN12283	XIN12374	XIN12380	XIN12461	XIN12463
28	Qihuang28	0.691	0.729	0.826	0.758	0.841	0.882
29	Ribenqing3	0.772	0.854	0.868	0.848	0.932	0.826
30	Shang951099	0.735	0.771	0.771	0.688	0.883	0.807
31	Suchun10 - 8	0.699	0.854	0.826	0.818	0.856	0.771
32	Sudou5	0.705	0.821	0.786	0.844	0.836	0.864
33	Suhan1	0.757	0.910	0.840	0.788	0.902	0.799
34	suinong14	0.664	0.779	0.478	0.806	0.661	0.676
35	Suixiaolidou2	0.742	0.864	0.705	0.831	0.641	0.697
36	Suza1	0.846	0.771	0.799	0.879	0.886	0.826
37	Tongdou4	0.860	0.743	0.854	0.848	0.886	0.938
38	Tongdou7	0.713	0.674	0.771	0.848	0.750	0.924
39	Wandou9	0.728	0.674	0.813	0.879	0.886	0.951
40	Xiadou1	0.705	0.750	0.836	0.742	0.805	0.893
41	Xiangchundou17	0.699	0.757	0.618	0.795	0.765	0.778
42	XIN06640	0.633	0.721	0.559	0.774	0.532	0.559
43	XIN06666	0.689	0.721	0.479	0.766	0.648	0.664
44	XIN06830	0.735	0.650	0.664	0.156	0.805	0.793
45	XIN06832	0.606	0.664	0.550	0.438	0.633	0.693
46	XIN06846	0.605	0.682	0.667	0.742	0.633	0.758
47	XIN06890	0.758	0.771	0.786	0.898	0.859	0.743
48	XIN06908	0.750	0.879	0.721	0.563	0.742	0.736
49	XIN07094	0.717	0.711	0.758	0.700	0.828	0.883
50	XIN07095	0.750	0.679	0.779	0.859	0.867	0.864
51	XIN07203	0.703	0.691	0.779	0.758	0.718	0.882
52	XIN07397	0.708	0.677	0.710	0.732	0.723	0.887
53	XIN07483	0.633	0.713	0.507	0.702	0.629	0.551
54	XIN07486	0.727	0.743	0.729	0.789	0.859	0.700
55	XIN07543	0.680	0.581	0.706	0.718	0.806	0.801
56	XIN07544	0.727	0.686	0.714	0.648	0.688	0.771
57	XIN07545	0.690	0.702	0.798	0.724	0.839	0.831

（续）

序号	资源编号（名称）	序号/资源编号（名称）					
		109	110	111	112	113	114
		XIN12251	XIN12283	XIN12374	XIN12380	XIN12461	XIN12463
58	XIN07704	0.644	0.721	0.693	0.750	0.633	0.521
59	XIN07707	0.682	0.800	0.629	0.742	0.484	0.386
60	XIN07896	0.515	0.693	0.514	0.625	0.578	0.521
61	XIN07898	0.734	0.816	0.684	0.774	0.718	0.654
62	XIN10695	0.758	0.900	0.700	0.773	0.742	0.586
63	XIN10697	0.691	0.806	0.681	0.735	0.621	0.514
64	XIN10799	0.691	0.861	0.806	0.750	0.894	0.819
65	XIN10801	0.750	0.778	0.708	0.811	0.848	0.764
66	XIN10935	0.625	0.701	0.604	0.636	0.659	0.632
67	XIN10961	0.603	0.792	0.694	0.341	0.803	0.736
68	XIN10963	0.625	0.854	0.632	0.848	0.720	0.604
69	XIN10964	0.662	0.708	0.597	0.871	0.644	0.611
70	XIN10966	0.632	0.771	0.618	0.652	0.750	0.660
71	XIN10967	0.809	0.778	0.778	0.939	0.856	0.861
72	XIN10981	0.772	0.743	0.813	0.727	0.826	0.882
73	XIN10983	0.662	0.583	0.708	0.659	0.742	0.833
74	XIN11115	0.610	0.535	0.688	0.606	0.636	0.799
75	XIN11117	0.728	0.715	0.757	0.750	0.818	0.840
76	XIN11196	0.713	0.660	0.688	0.803	0.856	0.854
77	XIN11198	0.765	0.715	0.785	0.682	0.811	0.868
78	XIN11235	0.654	0.868	0.743	0.727	0.871	0.813
79	XIN11237	0.705	0.721	0.779	0.859	0.758	0.836
80	XIN11239	0.801	0.840	0.701	0.788	0.765	0.757
81	XIN11277	0.750	0.660	0.778	0.750	0.879	0.854
82	XIN11315	0.603	0.688	0.507	0.689	0.758	0.688
83	XIN11317	0.697	0.714	0.586	0.727	0.734	0.714
84	XIN11319	0.706	0.764	0.736	0.576	0.788	0.583
85	XIN11324	0.757	0.729	0.757	0.697	0.886	0.826
86	XIN11326	0.684	0.771	0.743	0.758	0.705	0.563
87	XIN11328	0.640	0.743	0.688	0.788	0.629	0.549

（续）

序号	资源编号（名称）	序号/资源编号（名称）					
		109	110	111	112	113	114
		XIN12251	XIN12283	XIN12374	XIN12380	XIN12461	XIN12463
88	XIN11330	0.743	0.667	0.639	0.689	0.788	0.806
89	XIN11332	0.676	0.535	0.542	0.652	0.720	0.826
90	XIN11359	0.682	0.686	0.814	0.871	0.879	0.886
91	XIN11447	0.669	0.660	0.535	0.727	0.652	0.618
92	XIN11475	0.787	0.465	0.729	0.682	0.614	0.826
93	XIN11478	0.656	0.721	0.765	0.742	0.852	0.846
94	XIN11480	0.691	0.778	0.778	0.811	0.848	0.847
95	XIN11481	0.743	0.556	0.667	0.674	0.773	0.736
96	XIN11532	0.618	0.736	0.681	0.720	0.697	0.653
97	XIN11534	0.728	0.493	0.681	0.697	0.682	0.868
98	XIN11556	0.674	0.714	0.743	0.766	0.773	0.800
99	XIN11846	0.523	0.493	0.550	0.625	0.586	0.650
100	XIN11847	0.529	0.507	0.556	0.606	0.545	0.597
101	XIN11848	0.507	0.535	0.431	0.530	0.492	0.563
102	XIN11953	0.625	0.826	0.910	0.697	0.826	0.757
103	XIN11955	0.733	0.863	0.774	0.784	0.758	0.895
104	XIN11956	0.544	0.729	0.785	0.636	0.773	0.701
105	XIN12175	0.787	0.743	0.840	0.879	0.871	0.896
106	XIN12219	0.706	0.750	0.764	0.871	0.848	0.778
107	XIN12221	0.743	0.785	0.785	0.894	0.841	0.771
108	XIN12249	0.742	0.652	0.758	0.903	0.758	0.773
109	XIN12251	0.000	0.691	0.654	0.726	0.702	0.647
110	XIN12283	0.691	0.000	0.569	0.689	0.682	0.778
111	XIN12374	0.654	0.569	0.000	0.674	0.682	0.694
112	XIN12380	0.726	0.689	0.674	0.000	0.774	0.780
113	XIN12461	0.702	0.682	0.682	0.774	0.000	0.682
114	XIN12463	0.647	0.778	0.694	0.780	0.682	0.000
115	XIN12465	0.703	0.816	0.728	0.774	0.711	0.596
116	XIN12467	0.644	0.636	0.707	0.674	0.629	0.621
117	XIN12469	0.702	0.811	0.735	0.548	0.750	0.644

（续）

序号	资源编号（名称）	序号/资源编号（名称）					
		109	110	111	112	113	114
		XIN12251	XIN12283	XIN12374	XIN12380	XIN12461	XIN12463
118	XIN12533	0.811	0.801	0.816	0.875	0.930	0.875
119	XIN12535	0.689	0.707	0.793	0.813	0.852	0.793
120	XIN12545	0.598	0.821	0.621	0.788	0.629	0.436
121	XIN12678	0.801	0.826	0.813	0.833	0.765	0.854
122	XIN12680	0.735	0.610	0.699	0.648	0.688	0.743
123	XIN12690	0.669	0.826	0.701	0.788	0.644	0.701
124	XIN12764	0.728	0.465	0.632	0.636	0.689	0.896
125	XIN12799	0.617	0.664	0.664	0.806	0.694	0.617
126	XIN12829	0.655	0.669	0.702	0.683	0.790	0.782
127	XIN12831	0.713	0.679	0.779	0.781	0.820	0.879
128	XIN13095	0.757	0.743	0.826	0.818	0.727	0.854
129	XIN13395	0.688	0.728	0.559	0.750	0.613	0.654
130	XIN13397	0.676	0.597	0.625	0.644	0.742	0.667
131	XIN13398	0.583	0.846	0.669	0.594	0.727	0.713
132	XIN13400	0.656	0.676	0.574	0.720	0.695	0.735
133	XIN13761	0.640	0.688	0.632	0.818	0.705	0.701
134	XIN13795	0.750	0.831	0.669	0.844	0.823	0.713
135	XIN13798	0.603	0.576	0.528	0.598	0.705	0.563
136	XIN13822	0.644	0.731	0.602	0.680	0.722	0.509
137	XIN13824	0.664	0.783	0.717	0.676	0.759	0.600
138	XIN13833	0.654	0.743	0.632	0.758	0.614	0.701
139	XIN13835	0.654	0.771	0.618	0.758	0.674	0.785
140	XIN13925	0.735	0.521	0.736	0.879	0.859	0.907
141	XIN13927	0.695	0.684	0.735	0.742	0.703	0.765
142	XIN13929	0.667	0.700	0.743	0.688	0.828	0.786
143	XIN13941	0.765	0.722	0.722	0.720	0.864	0.847
144	XIN13943	0.691	0.736	0.722	0.402	0.788	0.667
145	XIN13982	0.605	0.841	0.659	0.806	0.637	0.583
146	XIN13984	0.620	0.741	0.776	0.821	0.767	0.828
147	XIN13986	0.809	0.736	0.847	0.788	0.833	0.861

（续）

序号	资源编号（名称）	序号/资源编号（名称）					
		109	110	111	112	113	114
		XIN12251	XIN12283	XIN12374	XIN12380	XIN12461	XIN12463
148	XIN13995	0.705	0.629	0.664	0.714	0.793	0.836
149	XIN13997	0.726	0.674	0.750	0.903	0.825	0.856
150	XIN14025	0.772	0.674	0.826	0.811	0.811	0.882
151	XIN14027	0.703	0.868	0.706	0.867	0.656	0.426
152	XIN14029	0.650	0.820	0.586	0.726	0.650	0.680
153	XIN14031	0.713	0.799	0.604	0.788	0.644	0.618
154	XIN14033	0.598	0.793	0.550	0.818	0.719	0.636
155	XIN14035	0.576	0.700	0.671	0.773	0.609	0.686
156	XIN14036	0.794	0.799	0.618	0.712	0.583	0.549
157	XIN14044	0.684	0.576	0.813	0.818	0.811	0.951
158	XIN14138	0.795	0.736	0.807	0.813	0.773	0.850
159	XIN14140	0.711	0.772	0.772	0.927	0.781	0.728
160	XIN14141	0.750	0.802	0.802	0.813	0.866	0.862
161	XIN14142	0.720	0.771	0.771	0.914	0.797	0.729
162	XIN14143	0.672	0.721	0.750	0.863	0.750	0.824
163	XIN14144	0.696	0.845	0.845	0.839	0.857	0.836
164	XIN14146	0.758	0.786	0.829	0.742	0.828	0.843
165	XIN14147	0.718	0.833	0.864	0.825	0.855	0.864
166	XIN14149	0.667	0.614	0.736	0.750	0.703	0.800
167	XIN14151	0.591	0.693	0.579	0.633	0.766	0.771
168	XIN14176	0.556	0.674	0.750	0.692	0.653	0.735
169	XIN14204	0.779	0.824	0.985	0.875	0.868	0.882
170	XIN14206	0.530	0.800	0.571	0.758	0.609	0.543
171	XIN14262	0.768	0.650	0.800	0.821	0.853	0.842
172	XIN14288	0.766	0.780	0.674	0.710	0.539	0.462
173	XIN14305	0.672	0.706	0.676	0.815	0.806	0.765
174	XIN15286	0.694	0.742	0.773	0.808	0.645	0.818
175	XIN15416	0.742	0.543	0.757	0.711	0.734	0.743
176	XIN15418	0.735	0.464	0.707	0.719	0.680	0.779
177	XIN15450	0.652	0.771	0.786	0.813	0.883	0.886

（续）

序号	资源编号（名称）	序号/资源编号（名称）					
		109	110	111	112	113	114
		XIN12251	XIN12283	XIN12374	XIN12380	XIN12461	XIN12463
178	XIN15452	0.648	0.828	0.845	0.815	0.821	0.836
179	XIN15530	0.700	0.789	0.539	0.733	0.633	0.664
180	XIN15532	0.641	0.765	0.662	0.806	0.589	0.676
181	XIN15533	0.734	0.780	0.583	0.833	0.633	0.614
182	XIN15535	0.565	0.720	0.652	0.750	0.725	0.659
183	XIN15537	0.694	0.864	0.697	0.867	0.702	0.682
184	XIN15584	0.688	0.779	0.662	0.702	0.710	0.662
185	XIN15586	0.670	0.783	0.683	0.759	0.580	0.742
186	XIN15627	0.672	0.685	0.782	0.672	0.672	0.710
187	XIN15636	0.661	0.712	0.879	0.825	0.800	0.879
188	XIN15738	0.742	0.843	0.786	0.836	0.859	0.800
189	XIN15739	0.710	0.591	0.773	0.758	0.783	0.848
190	XIN15741	0.788	0.743	0.771	0.805	0.859	0.929
191	XIN15743	0.614	0.593	0.693	0.688	0.734	0.800
192	XIN15811	0.683	0.781	0.750	0.793	0.858	0.836
193	XIN15879	0.697	0.833	0.774	0.868	0.788	0.738
194	XIN15895	0.714	0.733	0.578	0.663	0.611	0.759
195	XIN16008	0.634	0.625	0.750	0.639	0.806	0.733
196	XIN16010	0.625	0.602	0.820	0.707	0.707	0.813
197	XIN16016	0.781	0.735	0.779	0.782	0.855	0.868
198	XIN16018	0.742	0.629	0.750	0.683	0.758	0.826
199	Xindali1	0.757	0.868	0.868	0.879	0.841	0.743
200	Yang02-1	0.650	0.617	0.609	0.800	0.725	0.836
201	Yudou18	0.743	0.604	0.688	0.758	0.826	0.882
202	Zhechun2	0.713	0.729	0.813	0.697	0.932	0.854
203	Zhongdou27	0.787	0.646	0.688	0.818	0.735	0.826
204	Zhongdou34	0.794	0.736	0.778	0.917	0.848	0.875
205	Zhongdou8	0.816	0.715	0.799	0.818	0.826	0.938
206	Zhonghuang10	0.659	0.807	0.900	0.836	0.930	0.836
207	Zhongpin661	0.766	0.515	0.780	0.733	0.775	0.871

表20 遗传距离（二十）

序号	资源编号（名称）	序号/资源编号（名称）					
		115	116	117	118	119	120
		XIN12465	XIN12467	XIN12469	XIN12533	XIN12535	XIN12545
1	Dongnong50089	0.758	0.721	0.688	0.879	0.809	0.618
2	Dongnong92070	0.750	0.700	0.697	0.897	0.714	0.643
3	Dongxin2	0.932	0.757	0.695	0.659	0.654	0.875
4	Gandou5	0.853	0.814	0.788	0.794	0.700	0.857
5	Gongdou5	0.818	0.794	0.844	0.818	0.750	0.824
6	Guichundou1	0.904	0.793	0.750	0.757	0.807	0.764
7	Guixia3	0.875	0.693	0.735	0.816	0.621	0.850
8	Hedou12	0.930	0.795	0.774	0.789	0.439	0.780
9	Heinong37	0.794	0.629	0.621	0.882	0.771	0.800
10	Huachun4	0.811	0.669	0.789	0.902	0.801	0.669
11	Huangbaozhuhao	0.811	0.816	0.633	0.932	0.772	0.904
12	Huaxia101	0.875	0.721	0.811	0.816	0.693	0.850
13	Huaxia102	0.848	0.750	0.703	0.758	0.779	0.824
14	Jidou7	0.868	0.700	0.727	0.882	0.829	0.700
15	Jikedou1	0.568	0.860	0.773	0.795	0.838	0.610
16	Jindou21	0.831	0.836	0.841	0.816	0.707	0.921
17	Jindou31	0.853	0.843	0.697	0.765	0.700	0.857
18	Jinong11	0.713	0.686	0.644	0.846	0.793	0.721
19	Jinyi50	0.882	0.629	0.636	0.853	0.743	0.886
20	Jiufeng10	0.594	0.780	0.710	0.922	0.706	0.545
21	Jiwuxing1	0.811	0.684	0.805	0.826	0.757	0.757
22	Kefeng5	0.926	0.757	0.848	0.750	0.443	0.871
23	Ludou4	0.772	0.807	0.871	0.728	0.807	0.836
24	Lvling9804	0.774	0.758	0.828	0.875	0.742	0.788
25	Nannong99－6	0.912	0.743	0.803	0.735	0.671	0.943
26	Puhai10	0.947	0.728	0.820	0.780	0.654	0.860
27	Qihuang1	0.853	0.843	0.894	0.853	0.786	0.857

（续）

序号	资源编号（名称）	序号/资源编号（名称）					
		115	116	117	118	119	120
		XIN12465	XIN12467	XIN12469	XIN12533	XIN12535	XIN12545
28	Qihuang28	0.853	0.714	0.697	0.750	0.786	0.829
29	Ribenqing3	0.794	0.771	0.864	0.853	0.786	0.800
30	Shang951099	0.879	0.794	0.719	0.848	0.662	0.765
31	Suchun10-8	0.735	0.714	0.803	0.853	0.757	0.714
32	Sudou5	0.848	0.750	0.859	0.909	0.838	0.735
33	Suhan1	0.853	0.743	0.833	0.824	0.786	0.829
34	suinong14	0.680	0.697	0.782	0.898	0.787	0.629
35	Suixiaolidou2	0.621	0.705	0.702	0.914	0.867	0.598
36	Suza1	0.971	0.771	0.742	0.765	0.543	0.914
37	Tongdou4	0.971	0.743	0.803	0.647	0.657	1.000
38	Tongdou7	0.941	0.771	0.894	0.882	0.714	0.857
39	Wandou9	0.971	0.843	0.833	0.735	0.571	0.943
40	Xiadou1	0.833	0.868	0.727	0.833	0.809	0.809
41	Xiangchundou17	0.772	0.779	0.720	0.346	0.693	0.764
42	XIN06640	0.398	0.742	0.633	0.867	0.788	0.492
43	XIN06666	0.561	0.735	0.606	0.833	0.816	0.618
44	XIN06830	0.788	0.618	0.621	0.879	0.890	0.824
45	XIN06832	0.591	0.691	0.568	0.848	0.801	0.647
46	XIN06846	0.685	0.633	0.815	0.766	0.688	0.680
47	XIN06890	0.871	0.816	0.765	0.856	0.662	0.787
48	XIN06908	0.667	0.691	0.561	0.879	0.949	0.706
49	XIN07094	0.833	0.766	0.725	0.833	0.653	0.839
50	XIN07095	0.924	0.706	0.879	0.621	0.625	0.868
51	XIN07203	0.780	0.697	0.750	0.711	0.470	0.841
52	XIN07397	0.908	0.725	0.862	0.783	0.573	0.850
53	XIN07483	0.659	0.674	0.508	0.844	0.788	0.636
54	XIN07486	0.644	0.772	0.705	0.826	0.816	0.654
55	XIN07543	0.797	0.644	0.742	0.773	0.644	0.644
56	XIN07544	0.909	0.375	0.765	0.856	0.735	0.757
57	XIN07545	0.759	0.675	0.681	0.759	0.775	0.767

（续）

序号	资源编号（名称）	序号/资源编号（名称）					
		115	116	117	118	119	120
		XIN12465	XIN12467	XIN12469	XIN12533	XIN12535	XIN12545
58	XIN07704	0.652	0.596	0.576	0.848	0.765	0.426
59	XIN07707	0.583	0.566	0.674	0.932	0.853	0.331
60	XIN07896	0.424	0.647	0.621	0.811	0.721	0.426
61	XIN07898	0.438	0.803	0.656	0.906	0.856	0.515
62	XIN10695	0.614	0.728	0.555	0.856	0.750	0.522
63	XIN10697	0.743	0.579	0.705	0.831	0.736	0.536
64	XIN10799	0.757	0.764	0.826	0.890	0.836	0.707
65	XIN10801	0.875	0.779	0.856	0.478	0.693	0.821
66	XIN10935	0.662	0.693	0.652	0.787	0.679	0.650
67	XIN10961	0.654	0.721	0.598	0.890	0.793	0.736
68	XIN10963	0.647	0.771	0.742	0.882	0.886	0.543
69	XIN10964	0.412	0.693	0.773	0.875	0.864	0.479
70	XIN10966	0.588	0.714	0.652	0.912	0.829	0.586
71	XIN10967	0.934	0.814	0.803	0.824	0.650	0.857
72	XIN10981	0.882	0.757	0.773	0.838	0.586	0.886
73	XIN10983	0.772	0.636	0.735	0.831	0.779	0.750
74	XIN11115	0.757	0.579	0.720	0.838	0.614	0.814
75	XIN11117	0.897	0.721	0.750	0.691	0.643	0.843
76	XIN11196	0.897	0.743	0.773	0.824	0.629	0.843
77	XIN11198	0.853	0.729	0.727	0.824	0.614	0.857
78	XIN11235	0.706	0.800	0.788	0.824	0.714	0.771
79	XIN11237	0.912	0.809	0.813	0.758	0.456	0.853
80	XIN11239	0.794	0.800	0.727	0.765	0.729	0.800
81	XIN11277	0.882	0.764	0.841	0.699	0.486	0.850
82	XIN11315	0.647	0.593	0.720	0.875	0.786	0.521
83	XIN11317	0.659	0.706	0.773	0.977	0.809	0.581
84	XIN11319	0.669	0.693	0.644	0.787	0.757	0.779
85	XIN11324	0.904	0.771	0.697	0.794	0.657	0.800
86	XIN11326	0.676	0.729	0.712	0.971	0.900	0.457
87	XIN11328	0.647	0.600	0.788	0.912	0.871	0.457

（续）

序号	资源编号（名称）	序号/资源编号（名称）					
		115	116	117	118	119	120
		XIN12465	XIN12467	XIN12469	XIN12533	XIN12535	XIN12545
88	XIN11330	0.801	0.764	0.780	0.684	0.693	0.821
89	XIN11332	0.765	0.679	0.848	0.824	0.693	0.814
90	XIN11359	0.962	0.707	0.871	0.625	0.449	0.936
91	XIN11447	0.574	0.750	0.652	0.904	0.857	0.564
92	XIN11475	0.868	0.629	0.909	0.706	0.721	0.843
93	XIN11478	0.836	0.816	0.789	0.598	0.674	0.890
94	XIN11480	0.860	0.836	0.780	0.669	0.721	0.907
95	XIN11481	0.860	0.779	0.629	0.743	0.693	0.764
96	XIN11532	0.478	0.764	0.614	0.934	0.821	0.650
97	XIN11534	0.919	0.543	0.795	0.779	0.657	0.800
98	XIN11556	0.758	0.713	0.689	0.871	0.706	0.846
99	XIN11846	0.674	0.493	0.656	0.803	0.632	0.647
100	XIN11847	0.654	0.579	0.674	0.757	0.571	0.564
101	XIN11848	0.485	0.529	0.515	0.787	0.650	0.507
102	XIN11953	0.765	0.843	0.636	0.765	0.700	0.829
103	XIN11955	0.917	0.871	0.833	0.783	0.839	0.758
104	XIN11956	0.713	0.750	0.621	0.757	0.571	0.736
105	XIN12175	0.941	0.786	0.833	0.706	0.414	0.857
106	XIN12219	0.846	0.807	0.720	0.831	0.636	0.764
107	XIN12221	0.868	0.829	0.758	0.824	0.600	0.786
108	XIN12249	0.930	0.705	0.797	0.758	0.659	0.811
109	XIN12251	0.703	0.644	0.702	0.811	0.689	0.598
110	XIN12283	0.816	0.636	0.811	0.801	0.707	0.821
111	XIN12374	0.728	0.707	0.735	0.816	0.793	0.621
112	XIN12380	0.774	0.674	0.548	0.875	0.813	0.788
113	XIN12461	0.711	0.629	0.750	0.930	0.852	0.629
114	XIN12463	0.596	0.621	0.644	0.875	0.793	0.436
115	XIN12465	0.000	0.758	0.703	0.844	0.955	0.545
116	XIN12467	0.758	0.000	0.742	0.897	0.706	0.614
117	XIN12469	0.703	0.742	0.000	0.875	0.820	0.742

序号	资源编号（名称）	序号/资源编号（名称）					
		115	116	117	118	119	120
		XIN12465	XIN12467	XIN12469	XIN12533	XIN12535	XIN12545
118	XIN12533	0.844	0.897	0.875	0.000	0.765	0.941
119	XIN12535	0.955	0.706	0.820	0.765	0.000	0.868
120	XIN12545	0.545	0.614	0.742	0.941	0.868	0.000
121	XIN12678	0.897	0.743	0.742	0.676	0.571	0.814
122	XIN12680	0.789	0.551	0.703	0.779	0.750	0.706
123	XIN12690	0.735	0.671	0.682	0.912	0.800	0.629
124	XIN12764	0.824	0.657	0.864	0.941	0.743	0.857
125	XIN12799	0.645	0.789	0.718	0.871	0.831	0.625
126	XIN12829	0.817	0.831	0.608	0.750	0.708	0.887
127	XIN12831	0.955	0.676	0.734	0.735	0.581	0.853
128	XIN13095	0.838	0.714	0.818	0.765	0.671	0.743
129	XIN13395	0.688	0.735	0.556	0.875	0.809	0.606
130	XIN13397	0.640	0.693	0.735	0.890	0.721	0.593
131	XIN13398	0.719	0.676	0.625	0.912	0.780	0.676
132	XIN13400	0.805	0.632	0.672	0.856	0.765	0.669
133	XIN13761	0.588	0.814	0.833	0.912	0.771	0.571
134	XIN13795	0.625	0.765	0.734	0.909	0.902	0.636
135	XIN13798	0.515	0.593	0.576	0.897	0.786	0.557
136	XIN13822	0.519	0.731	0.654	0.798	0.731	0.657
137	XIN13824	0.647	0.750	0.647	0.819	0.724	0.784
138	XIN13833	0.412	0.786	0.727	0.882	0.857	0.543
139	XIN13835	0.588	0.729	0.606	0.824	0.729	0.657
140	XIN13925	0.879	0.757	0.836	0.727	0.603	0.794
141	XIN13927	0.781	0.662	0.672	0.705	0.470	0.757
142	XIN13929	0.818	0.691	0.641	0.720	0.579	0.713
143	XIN13941	0.875	0.764	0.689	0.801	0.679	0.821
144	XIN13943	0.610	0.679	0.568	0.846	0.793	0.707
145	XIN13982	0.719	0.576	0.855	1.000	0.773	0.545
146	XIN13984	0.946	0.655	0.810	0.848	0.455	0.853
147	XIN13986	0.875	0.750	0.795	0.721	0.500	0.836

（续）

序号	资源编号（名称）	序号/资源编号（名称）					
		115	116	117	118	119	120
		XIN12465	XIN12467	XIN12469	XIN12533	XIN12535	XIN12545
148	XIN13995	0.893	0.612	0.848	0.893	0.634	0.828
149	XIN13997	0.859	0.766	0.925	0.790	0.578	0.891
150	XIN14025	0.882	0.757	0.848	0.735	0.714	0.771
151	XIN14027	0.570	0.743	0.664	0.962	0.803	0.243
152	XIN14029	0.452	0.758	0.658	0.855	0.831	0.656
153	XIN14031	0.529	0.800	0.697	0.941	0.829	0.514
154	XIN14033	0.545	0.669	0.680	0.879	0.897	0.618
155	XIN14035	0.449	0.728	0.711	0.826	0.772	0.507
156	XIN14036	0.412	0.664	0.667	0.926	0.886	0.543
157	XIN14044	0.882	0.729	0.924	0.794	0.671	0.857
158	XIN14138	0.788	0.691	0.781	0.727	0.684	0.882
159	XIN14140	0.844	0.780	0.742	0.742	0.705	0.871
160	XIN14141	0.954	0.828	0.768	0.698	0.679	0.922
161	XIN14142	0.856	0.787	0.780	0.750	0.676	0.728
162	XIN14143	0.844	0.705	0.859	0.680	0.667	0.780
163	XIN14144	0.796	0.716	0.830	0.621	0.714	0.810
164	XIN14146	0.811	0.743	0.780	0.583	0.824	0.875
165	XIN14147	0.831	0.742	0.863	0.637	0.682	0.867
166	XIN14149	0.788	0.721	0.758	0.780	0.559	0.757
167	XIN14151	0.705	0.772	0.750	0.841	0.824	0.728
168	XIN14176	0.734	0.703	0.718	0.839	0.705	0.750
169	XIN14204	0.875	0.706	0.838	0.824	0.750	0.824
170	XIN14206	0.598	0.684	0.705	0.902	0.897	0.463
171	XIN14262	0.982	0.733	0.707	0.586	0.517	0.900
172	XIN14288	0.484	0.530	0.766	0.906	0.789	0.515
173	XIN14305	0.883	0.735	0.836	0.727	0.303	0.841
174	XIN15286	0.718	0.680	0.863	0.960	0.766	0.711
175	XIN15416	0.795	0.713	0.826	0.826	0.676	0.801
176	XIN15418	0.818	0.647	0.818	0.848	0.625	0.853
177	XIN15450	0.841	0.809	0.833	0.848	0.691	0.912

序号	资源编号（名称）	序号/资源编号（名称）					
		115	116	117	118	119	120
		XIN12465	XIN12467	XIN12469	XIN12533	XIN12535	XIN12545
178	XIN15452	0.815	0.879	0.804	0.893	0.681	0.966
179	XIN15530	0.550	0.702	0.742	0.892	0.852	0.621
180	XIN15532	0.531	0.735	0.672	0.875	0.803	0.576
181	XIN15533	0.677	0.609	0.629	0.903	0.820	0.625
182	XIN15535	0.694	0.539	0.758	0.806	0.689	0.578
183	XIN15537	0.734	0.688	0.758	0.935	0.813	0.563
184	XIN15584	0.703	0.720	0.617	0.789	0.735	0.720
185	XIN15586	0.696	0.750	0.661	0.857	0.700	0.759
186	XIN15627	0.733	0.710	0.708	0.742	0.708	0.766
187	XIN15636	0.960	0.711	0.766	0.766	0.555	0.867
188	XIN15738	0.841	0.721	0.826	0.902	0.853	0.728
189	XIN15739	0.927	0.648	0.782	0.702	0.523	0.930
190	XIN15741	0.932	0.728	0.841	0.659	0.618	0.904
191	XIN15743	0.886	0.581	0.727	0.561	0.471	0.824
192	XIN15811	0.833	0.710	0.817	0.967	0.805	0.645
193	XIN15879	0.650	0.875	0.638	0.868	0.888	0.600
194	XIN15895	0.750	0.759	0.676	0.898	0.819	0.688
195	XIN16008	0.813	0.690	0.643	0.723	0.543	0.716
196	XIN16010	0.833	0.605	0.700	0.733	0.581	0.790
197	XIN16016	0.938	0.598	0.742	0.711	0.508	0.856
198	XIN16018	0.887	0.633	0.774	0.594	0.492	0.844
199	Xindali1	0.882	0.829	0.833	0.824	0.900	0.829
200	Yang02 – 1	0.600	0.719	0.833	0.903	0.839	0.750
201	Yudou18	0.882	0.700	0.682	0.853	0.543	0.857
202	Zhechun2	0.794	0.771	0.727	0.824	0.686	0.800
203	Zhongdou27	0.809	0.786	0.818	0.838	0.729	0.771
204	Zhongdou34	0.890	0.850	0.886	0.669	0.664	0.907
205	Zhongdou8	0.941	0.729	0.803	0.706	0.629	0.943
206	Zhonghuang10	0.833	0.779	0.781	0.697	0.765	0.809
207	Zhongpin661	0.903	0.703	0.850	0.871	0.766	0.844

表 21 遗传距离（二十一）

序号	资源编号（名称）	序号/资源编号（名称）					
		121	122	123	124	125	126
		XIN12678	XIN12680	XIN12690	XIN12764	XIN12799	XIN12829
1	Dongnong50089	0.757	0.773	0.629	0.829	0.645	0.667
2	Dongnong92070	0.861	0.721	0.653	0.694	0.703	0.694
3	Dongxin2	0.450	0.720	0.807	0.907	1.000	0.645
4	Gandou5	0.708	0.765	0.833	0.917	0.938	0.790
5	Gongdou5	0.793	0.720	0.800	0.829	0.903	0.825
6	Guichundou1	0.743	0.801	0.840	0.882	0.867	0.750
7	Guixia3	0.715	0.743	0.757	0.882	0.930	0.669
8	Hedou12	0.515	0.766	0.816	0.728	0.903	0.759
9	Heinong37	0.736	0.676	0.500	0.806	0.875	0.532
10	Huachun4	0.707	0.795	0.736	0.879	0.831	0.808
11	Huangbaozhuhao	0.836	0.765	0.679	0.736	0.766	0.642
12	Huaxia101	0.688	0.743	0.826	0.757	0.883	0.734
13	Huaxia102	0.757	0.742	0.743	0.943	0.935	0.817
14	Jidou7	0.847	0.706	0.736	0.625	0.586	0.661
15	Jikedou1	0.893	0.780	0.736	0.764	0.419	0.750
16	Jindou21	0.743	0.816	0.785	0.896	0.852	0.685
17	Jindou31	0.736	0.765	0.778	0.861	0.906	0.710
18	Jinong11	0.799	0.654	0.576	0.785	0.742	0.669
19	Jinyi50	0.667	0.544	0.667	0.806	0.938	0.661
20	Jiufeng10	0.809	0.844	0.721	0.721	0.708	0.784
21	Jiwuxing1	0.829	0.591	0.807	0.650	0.605	0.833
22	Kefeng5	0.542	0.662	0.833	0.736	0.875	0.661
23	Ludou4	0.813	0.713	0.785	0.854	0.813	0.863
24	Lvling9804	0.848	0.781	0.788	0.909	0.767	0.879
25	Nannong99－6	0.750	0.809	0.778	0.611	0.844	0.516
26	Puhai10	0.671	0.818	0.836	0.821	0.839	0.783
27	Qihuang1	0.819	0.868	0.861	0.750	0.813	0.661

（续）

序号	资源编号（名称）	序号/资源编号（名称）					
		121	122	123	124	125	126
		XIN12678	XIN12680	XIN12690	XIN12764	XIN12799	XIN12829
28	Qihuang28	0.792	0.750	0.861	0.792	0.836	0.734
29	Ribenqing3	0.778	0.750	0.806	0.917	0.781	0.887
30	Shang951099	0.593	0.826	0.800	0.771	0.839	0.758
31	Suchun10-8	0.903	0.824	0.778	0.833	0.781	0.855
32	Sudou5	0.771	0.742	0.800	0.800	0.903	0.917
33	Suhan1	0.806	0.765	0.750	0.917	0.844	0.839
34	suinong14	0.831	0.773	0.728	0.816	0.833	0.828
35	Suixiaolidou2	0.871	0.727	0.705	0.902	0.742	0.725
36	Suza1	0.500	0.721	0.806	0.917	0.969	0.661
37	Tongdou4	0.667	0.779	0.861	0.861	0.906	0.661
38	Tongdou7	0.778	0.824	0.889	0.750	0.875	0.742
39	Wandou9	0.694	0.853	0.889	0.778	0.813	0.629
40	Xiadou1	0.829	0.886	0.871	0.786	0.831	0.692
41	Xiangchundou17	0.597	0.647	0.771	0.813	0.758	0.653
42	XIN06640	0.772	0.750	0.640	0.743	0.625	0.724
43	XIN06666	0.800	0.788	0.600	0.771	0.677	0.700
44	XIN06830	0.843	0.591	0.743	0.571	0.774	0.683
45	XIN06832	0.771	0.614	0.600	0.643	0.718	0.725
46	XIN06846	0.735	0.573	0.780	0.705	0.784	0.733
47	XIN06890	0.593	0.765	0.850	0.707	0.847	0.692
48	XIN06908	0.871	0.758	0.771	0.886	0.710	0.817
49	XIN07094	0.672	0.767	0.688	0.813	0.793	0.672
50	XIN07095	0.614	0.773	0.757	0.786	0.806	0.633
51	XIN07203	0.449	0.711	0.713	0.699	0.800	0.621
52	XIN07397	0.702	0.683	0.847	0.556	0.759	0.648
53	XIN07483	0.794	0.641	0.618	0.706	0.658	0.560
54	XIN07486	0.821	0.674	0.807	0.793	0.685	0.708
55	XIN07543	0.618	0.648	0.721	0.603	0.692	0.629
56	XIN07544	0.707	0.629	0.764	0.521	0.879	0.675
57	XIN07545	0.839	0.690	0.839	0.806	0.750	0.732

（续）

序号	资源编号（名称）	序号/资源编号（名称）					
		121	122	123	124	125	126
		XIN12678	XIN12680	XIN12690	XIN12764	XIN12799	XIN12829
58	XIN07704	0.757	0.682	0.471	0.829	0.669	0.683
59	XIN07707	0.807	0.674	0.593	0.864	0.750	0.842
60	XIN07896	0.657	0.674	0.600	0.643	0.629	0.608
61	XIN07898	0.809	0.828	0.676	0.853	0.733	0.810
62	XIN10695	0.764	0.735	0.507	0.836	0.727	0.733
63	XIN10697	0.757	0.610	0.563	0.854	0.742	0.685
64	XIN10799	0.799	0.743	0.743	0.882	0.758	0.766
65	XIN10801	0.660	0.772	0.743	0.854	0.773	0.653
66	XIN10935	0.653	0.603	0.681	0.625	0.656	0.492
67	XIN10961	0.785	0.713	0.813	0.743	0.852	0.766
68	XIN10963	0.875	0.794	0.583	0.889	0.656	0.758
69	XIN10964	0.840	0.728	0.604	0.826	0.750	0.790
70	XIN10966	0.819	0.706	0.694	0.778	0.734	0.702
71	XIN10967	0.576	0.750	0.826	0.688	0.875	0.710
72	XIN10981	0.694	0.735	0.722	0.792	0.805	0.710
73	XIN10983	0.840	0.669	0.729	0.743	0.711	0.718
74	XIN11115	0.778	0.706	0.708	0.375	0.672	0.621
75	XIN11117	0.472	0.779	0.792	0.681	0.914	0.589
76	XIN11196	0.556	0.676	0.722	0.847	0.844	0.645
77	XIN11198	0.688	0.721	0.681	0.806	0.813	0.677
78	XIN11235	0.694	0.809	0.778	0.806	0.719	0.710
79	XIN11237	0.443	0.742	0.829	0.686	0.823	0.683
80	XIN11239	0.583	0.824	0.722	0.861	0.781	0.597
81	XIN11277	0.611	0.684	0.861	0.639	0.820	0.750
82	XIN11315	0.792	0.610	0.611	0.611	0.758	0.718
83	XIN11317	0.779	0.727	0.736	0.593	0.742	0.692
84	XIN11319	0.757	0.787	0.590	0.757	0.781	0.613
85	XIN11324	0.569	0.824	0.819	0.750	0.766	0.677
86	XIN11326	0.903	0.765	0.583	0.750	0.719	0.790
87	XIN11328	0.903	0.750	0.694	0.750	0.563	0.855

（续）

序号	资源编号（名称）	序号/资源编号（名称）					
		121	122	123	124	125	126
		XIN12678	XIN12680	XIN12690	XIN12764	XIN12799	XIN12829
88	XIN11330	0.521	0.713	0.632	0.715	0.867	0.573
89	XIN11332	0.833	0.772	0.847	0.264	0.609	0.661
90	XIN11359	0.507	0.787	0.793	0.764	0.914	0.653
91	XIN11447	0.819	0.632	0.667	0.736	0.664	0.879
92	XIN11475	0.764	0.669	0.847	0.556	0.742	0.669
93	XIN11478	0.654	0.705	0.757	0.801	0.782	0.325
94	XIN11480	0.701	0.757	0.785	0.840	0.766	0.315
95	XIN11481	0.618	0.522	0.729	0.743	0.773	0.653
96	XIN11532	0.813	0.713	0.646	0.771	0.727	0.637
97	XIN11534	0.653	0.456	0.778	0.556	0.836	0.702
98	XIN11556	0.707	0.667	0.679	0.807	0.677	0.567
99	XIN11846	0.743	0.614	0.571	0.400	0.540	0.583
100	XIN11847	0.667	0.654	0.569	0.389	0.563	0.613
101	XIN11848	0.681	0.544	0.486	0.528	0.586	0.621
102	XIN11953	0.819	0.735	0.750	0.806	0.813	0.629
103	XIN11955	0.702	0.792	0.742	0.790	0.784	0.777
104	XIN11956	0.708	0.618	0.639	0.736	0.750	0.605
105	XIN12175	0.500	0.676	0.833	0.833	0.969	0.774
106	XIN12219	0.576	0.743	0.799	0.715	0.852	0.702
107	XIN12221	0.569	0.765	0.819	0.694	0.828	0.710
108	XIN12249	0.462	0.766	0.795	0.750	0.774	0.717
109	XIN12251	0.801	0.735	0.669	0.728	0.617	0.655
110	XIN12283	0.826	0.610	0.826	0.465	0.664	0.669
111	XIN12374	0.813	0.699	0.701	0.632	0.664	0.702
112	XIN12380	0.833	0.648	0.788	0.636	0.806	0.683
113	XIN12461	0.765	0.688	0.644	0.689	0.694	0.790
114	XIN12463	0.854	0.743	0.701	0.896	0.617	0.782
115	XIN12465	0.897	0.789	0.735	0.824	0.645	0.817
116	XIN12467	0.743	0.551	0.671	0.657	0.789	0.831
117	XIN12469	0.742	0.703	0.682	0.864	0.718	0.608

（续）

序号	资源编号（名称）	序号/资源编号（名称）					
		121	122	123	124	125	126
		XIN12678	XIN12680	XIN12690	XIN12764	XIN12799	XIN12829
118	XIN12533	0.676	0.779	0.912	0.941	0.871	0.750
119	XIN12535	0.571	0.750	0.800	0.743	0.831	0.708
120	XIN12545	0.814	0.706	0.629	0.857	0.625	0.887
121	XIN12678	0.000	0.706	0.792	0.875	0.938	0.613
122	XIN12680	0.706	0.000	0.691	0.721	0.831	0.825
123	XIN12690	0.792	0.691	0.000	0.917	0.813	0.726
124	XIN12764	0.875	0.721	0.917	0.000	0.656	0.758
125	XIN12799	0.938	0.831	0.813	0.656	0.000	0.708
126	XIN12829	0.613	0.825	0.726	0.758	0.708	0.000
127	XIN12831	0.457	0.779	0.786	0.600	0.871	0.633
128	XIN13095	0.597	0.603	0.694	0.847	0.875	0.742
129	XIN13395	0.750	0.688	0.515	0.824	0.823	0.650
130	XIN13397	0.771	0.566	0.646	0.632	0.727	0.685
131	XIN13398	0.779	0.735	0.588	0.706	0.839	0.617
132	XIN13400	0.728	0.689	0.522	0.757	0.820	0.669
133	XIN13761	0.875	0.794	0.667	0.722	0.750	0.790
134	XIN13795	0.824	0.773	0.735	0.824	0.710	0.733
135	XIN13798	0.847	0.662	0.708	0.653	0.578	0.669
136	XIN13822	0.769	0.760	0.620	0.750	0.712	0.673
137	XIN13824	0.775	0.776	0.575	0.825	0.777	0.589
138	XIN13833	0.847	0.721	0.556	0.778	0.594	0.758
139	XIN13835	0.708	0.824	0.528	0.861	0.688	0.758
140	XIN13925	0.700	0.697	0.857	0.614	0.727	0.790
141	XIN13927	0.456	0.682	0.772	0.699	0.773	0.637
142	XIN13929	0.521	0.705	0.750	0.721	0.718	0.683
143	XIN13941	0.576	0.831	0.826	0.688	0.727	0.653
144	XIN13943	0.757	0.669	0.618	0.715	0.836	0.734
145	XIN13982	0.833	0.734	0.788	0.848	0.806	0.853
146	XIN13984	0.560	0.705	0.750	0.750	0.853	0.690
147	XIN13986	0.590	0.684	0.799	0.771	0.891	0.782

（续）

序号	资源编号（名称）	序号/资源编号（名称）					
		121	122	123	124	125	126
		XIN12678	XIN12680	XIN12690	XIN12764	XIN12799	XIN12829
148	XIN13995	0.759	0.670	0.862	0.379	0.793	0.688
149	XIN13997	0.682	0.806	0.909	0.697	0.776	0.696
150	XIN14025	0.708	0.662	0.889	0.694	0.789	0.782
151	XIN14027	0.831	0.780	0.654	0.904	0.602	0.825
152	XIN14029	0.766	0.758	0.703	0.781	0.677	0.698
153	XIN14031	0.792	0.838	0.639	0.861	0.719	0.758
154	XIN14033	0.900	0.758	0.743	0.829	0.719	0.726
155	XIN14035	0.850	0.644	0.636	0.707	0.621	0.775
156	XIN14036	0.847	0.713	0.639	0.750	0.609	0.839
157	XIN14044	0.764	0.794	0.833	0.639	0.938	0.758
158	XIN14138	0.686	0.712	0.743	0.829	0.875	0.758
159	XIN14140	0.713	0.820	0.735	0.897	0.958	0.675
160	XIN14141	0.672	0.828	0.716	0.888	0.884	0.639
161	XIN14142	0.693	0.780	0.736	0.864	0.895	0.675
162	XIN14143	0.787	0.711	0.787	0.787	0.833	0.810
163	XIN14144	0.784	0.698	0.707	0.845	0.833	0.795
164	XIN14146	0.821	0.705	0.821	0.879	0.766	0.842
165	XIN14147	0.750	0.734	0.780	0.841	0.888	0.767
166	XIN14149	0.571	0.712	0.750	0.721	0.750	0.592
167	XIN14151	0.914	0.667	0.736	0.636	0.766	0.733
168	XIN14176	0.788	0.653	0.742	0.621	0.690	0.707
169	XIN14204	0.750	0.662	0.824	0.765	0.800	0.797
170	XIN14206	0.893	0.750	0.693	0.721	0.653	0.858
171	XIN14262	0.558	0.733	0.800	0.817	0.875	0.661
172	XIN14288	0.864	0.672	0.667	0.788	0.700	0.850
173	XIN14305	0.566	0.773	0.816	0.743	0.808	0.675
174	XIN15286	0.856	0.734	0.780	0.523	0.647	0.692
175	XIN15416	0.779	0.477	0.793	0.650	0.734	0.742
176	XIN15418	0.714	0.530	0.800	0.686	0.774	0.700
177	XIN15450	0.821	0.848	0.736	0.879	0.839	0.767

（续）

序号	资源编号（名称）	序号/资源编号（名称）					
		121	122	123	124	125	126
		XIN12678	XIN12680	XIN12690	XIN12764	XIN12799	XIN12829
178	XIN15452	0.888	0.884	0.759	0.897	0.808	0.713
179	XIN15530	0.813	0.858	0.594	0.828	0.652	0.733
180	XIN15532	0.816	0.766	0.596	0.743	0.783	0.700
181	XIN15533	0.864	0.758	0.606	0.788	0.828	0.776
182	XIN15535	0.811	0.718	0.667	0.773	0.638	0.776
183	XIN15537	0.826	0.742	0.659	0.780	0.862	0.817
184	XIN15584	0.757	0.695	0.654	0.713	0.685	0.595
185	XIN15586	0.742	0.866	0.633	0.683	0.704	0.722
186	XIN15627	0.806	0.775	0.621	0.815	0.750	0.723
187	XIN15636	0.583	0.766	0.780	0.826	0.858	0.655
188	XIN15738	0.764	0.833	0.821	0.764	0.782	0.808
189	XIN15739	0.583	0.734	0.780	0.750	0.892	0.598
190	XIN15741	0.564	0.826	0.793	0.793	0.831	0.608
191	XIN15743	0.500	0.697	0.714	0.700	0.774	0.525
192	XIN15811	0.758	0.758	0.750	0.750	0.750	0.848
193	XIN15879	0.798	0.776	0.595	0.833	0.750	0.750
194	XIN15895	0.759	0.667	0.647	0.698	0.779	0.683
195	XIN16008	0.600	0.759	0.775	0.658	0.694	0.625
196	XIN16010	0.602	0.683	0.766	0.766	0.879	0.652
197	XIN16016	0.669	0.711	0.875	0.684	0.815	0.776
198	XIN16018	0.515	0.711	0.742	0.742	0.850	0.616
199	Xindali1	0.819	0.824	0.833	0.917	0.813	0.871
200	Yang02-1	0.859	0.661	0.813	0.625	0.724	0.750
201	Yudou18	0.694	0.735	0.806	0.806	0.844	0.629
202	Zhechun2	0.667	0.750	0.833	0.778	0.750	0.677
203	Zhongdou27	0.722	0.662	0.917	0.667	0.797	0.694
204	Zhongdou34	0.674	0.787	0.840	0.882	0.898	0.766
205	Zhongdou8	0.694	0.809	0.806	0.806	0.844	0.629
206	Zhonghuang10	0.829	0.742	0.829	0.900	0.782	0.825
207	Zhongpin661	0.811	0.750	0.939	0.303	0.759	0.670

表 22　遗传距离（二十二）

序号	资源编号（名称）	序号/资源编号（名称）					
		127	128	129	130	131	132
		XIN12831	XIN13095	XIN13395	XIN13397	XIN13398	XIN13400
1	Dongnong50089	0.750	0.714	0.697	0.721	0.606	0.659
2	Dongnong92070	0.800	0.722	0.618	0.660	0.603	0.713
3	Dongxin2	0.610	0.679	0.773	0.714	0.780	0.720
4	Gandou5	0.757	0.819	0.779	0.826	0.765	0.816
5	Gongdou5	0.816	0.707	0.803	0.643	0.727	0.818
6	Guichundou1	0.764	0.799	0.860	0.819	0.860	0.824
7	Guixia3	0.779	0.785	0.713	0.778	0.757	0.691
8	Hedou12	0.530	0.632	0.734	0.875	0.836	0.813
9	Heinong37	0.786	0.778	0.515	0.563	0.353	0.375
10	Huachun4	0.801	0.793	0.644	0.771	0.750	0.652
11	Huangbaozhuhao	0.831	0.836	0.780	0.643	0.659	0.803
12	Huaxia101	0.807	0.840	0.831	0.764	0.816	0.779
13	Huaxia102	0.868	0.814	0.758	0.821	0.788	0.750
14	Jidou7	0.771	0.819	0.809	0.660	0.779	0.787
15	Jikedou1	0.860	0.836	0.750	0.657	0.811	0.818
16	Jindou21	0.821	0.813	0.787	0.792	0.801	0.794
17	Jindou31	0.814	0.833	0.794	0.757	0.765	0.743
18	Jinong11	0.850	0.771	0.743	0.583	0.640	0.765
19	Jinyi50	0.729	0.667	0.721	0.660	0.706	0.757
20	Jiufeng10	0.742	0.809	0.629	0.522	0.703	0.656
21	Jiwuxing1	0.868	0.671	0.758	0.671	0.780	0.735
22	Kefeng5	0.629	0.597	0.787	0.736	0.809	0.743
23	Ludou4	0.821	0.576	0.934	0.722	0.890	0.926
24	Lvling9804	0.859	0.833	0.790	0.826	0.813	0.805
25	Nannong99－6	0.629	0.861	0.882	0.771	0.765	0.772
26	Puhai10	0.794	0.643	0.765	0.793	0.856	0.795
27	Qihuang1	0.843	0.792	0.838	0.715	0.853	0.846

（续）

序号	资源编号（名称）	127 XIN12831	128 XIN13095	129 XIN13395	130 XIN13397	131 XIN13398	132 XIN13400
28	Qihuang28	0.800	0.708	0.860	0.813	0.824	0.882
29	Ribenqing3	0.871	0.806	0.838	0.757	0.853	0.875
30	Shang951099	0.640	0.750	0.712	0.771	0.758	0.758
31	Suchun10 - 8	0.814	0.847	0.779	0.813	0.794	0.728
32	Sudou5	0.765	0.857	0.742	0.679	0.848	0.750
33	Suhan1	0.814	0.806	0.779	0.785	0.794	0.757
34	suinong14	0.795	0.846	0.606	0.603	0.680	0.680
35	Suixiaolidou2	0.898	0.795	0.637	0.652	0.648	0.719
36	Suza1	0.614	0.681	0.809	0.715	0.853	0.757
37	Tongdou4	0.757	0.764	0.882	0.771	0.853	0.846
38	Tongdou7	0.671	0.778	0.838	0.757	0.853	0.831
39	Wandou9	0.571	0.806	0.882	0.854	0.912	0.831
40	Xiadou1	0.809	0.714	0.871	0.729	0.788	0.833
41	Xiangchundou17	0.686	0.722	0.743	0.764	0.757	0.750
42	XIN06640	0.780	0.772	0.445	0.500	0.555	0.563
43	XIN06666	0.824	0.857	0.515	0.564	0.636	0.523
44	XIN06830	0.735	0.800	0.758	0.636	0.606	0.720
45	XIN06832	0.868	0.729	0.470	0.579	0.485	0.583
46	XIN06846	0.633	0.614	0.718	0.682	0.750	0.823
47	XIN06890	0.478	0.650	0.826	0.757	0.780	0.788
48	XIN06908	0.882	0.829	0.576	0.779	0.848	0.689
49	XIN07094	0.597	0.734	0.742	0.789	0.733	0.669
50	XIN07095	0.574	0.643	0.742	0.779	0.833	0.720
51	XIN07203	0.568	0.610	0.734	0.706	0.711	0.711
52	XIN07397	0.621	0.589	0.775	0.726	0.800	0.819
53	XIN07483	0.742	0.809	0.461	0.603	0.609	0.617
54	XIN07486	0.875	0.821	0.742	0.543	0.765	0.697
55	XIN07543	0.545	0.603	0.750	0.588	0.680	0.750
56	XIN07544	0.610	0.764	0.780	0.657	0.689	0.742
57	XIN07545	0.817	0.726	0.850	0.734	0.828	0.825

（续）

序号	资源编号（名称）	序号/资源编号（名称）					
		127	128	129	130	131	132
		XIN12831	XIN13095	XIN13395	XIN13397	XIN13398	XIN13400
58	XIN07704	0.794	0.714	0.485	0.607	0.636	0.447
59	XIN07707	0.816	0.764	0.492	0.586	0.598	0.591
60	XIN07896	0.625	0.671	0.409	0.471	0.508	0.591
61	XIN07898	0.924	0.824	0.531	0.596	0.594	0.617
62	XIN10695	0.816	0.757	0.523	0.629	0.508	0.667
63	XIN10697	0.821	0.729	0.610	0.542	0.493	0.618
64	XIN10799	0.850	0.785	0.757	0.792	0.787	0.794
65	XIN10801	0.679	0.757	0.728	0.792	0.787	0.618
66	XIN10935	0.671	0.625	0.574	0.625	0.478	0.669
67	XIN10961	0.850	0.799	0.654	0.667	0.537	0.721
68	XIN10963	0.871	0.806	0.588	0.632	0.765	0.669
69	XIN10964	0.864	0.771	0.449	0.556	0.669	0.588
70	XIN10966	0.843	0.792	0.544	0.625	0.618	0.684
71	XIN10967	0.579	0.604	0.846	0.764	0.765	0.772
72	XIN10981	0.643	0.694	0.765	0.785	0.765	0.728
73	XIN10983	0.793	0.701	0.816	0.639	0.743	0.779
74	XIN11115	0.514	0.681	0.750	0.569	0.603	0.625
75	XIN11117	0.186	0.667	0.801	0.771	0.779	0.794
76	XIN11196	0.657	0.667	0.735	0.674	0.721	0.640
77	XIN11198	0.629	0.667	0.735	0.757	0.721	0.684
78	XIN11235	0.743	0.736	0.750	0.646	0.706	0.713
79	XIN11237	0.426	0.586	0.773	0.864	0.818	0.795
80	XIN11239	0.686	0.653	0.647	0.743	0.735	0.684
81	XIN11277	0.557	0.625	0.846	0.785	0.860	0.838
82	XIN11315	0.757	0.750	0.544	0.542	0.551	0.500
83	XIN11317	0.669	0.807	0.659	0.600	0.705	0.682
84	XIN11319	0.664	0.813	0.610	0.583	0.434	0.574
85	XIN11324	0.571	0.694	0.750	0.785	0.794	0.772
86	XIN11326	0.871	0.833	0.574	0.604	0.647	0.581
87	XIN11328	0.900	0.889	0.765	0.632	0.735	0.787

（续）

序号	资源编号（名称）	序号/资源编号（名称）					
		127	128	129	130	131	132
		XIN12831	XIN13095	XIN13395	XIN13397	XIN13398	XIN13400
88	XIN11330	0.564	0.618	0.684	0.569	0.728	0.647
89	XIN11332	0.600	0.819	0.824	0.604	0.676	0.713
90	XIN11359	0.551	0.521	0.780	0.757	0.787	0.706
91	XIN11447	0.914	0.833	0.456	0.618	0.728	0.500
92	XIN11475	0.686	0.667	0.809	0.743	0.838	0.772
93	XIN11478	0.705	0.772	0.742	0.794	0.720	0.712
94	XIN11480	0.750	0.840	0.772	0.819	0.772	0.735
95	XIN11481	0.693	0.660	0.618	0.597	0.654	0.632
96	XIN11532	0.807	0.813	0.537	0.514	0.537	0.632
97	XIN11534	0.557	0.597	0.765	0.590	0.735	0.772
98	XIN11556	0.787	0.807	0.720	0.700	0.629	0.621
99	XIN11846	0.566	0.714	0.659	0.550	0.500	0.591
100	XIN11847	0.557	0.674	0.581	0.479	0.507	0.537
101	XIN11848	0.621	0.625	0.426	0.403	0.493	0.500
102	XIN11953	0.814	0.819	0.809	0.729	0.676	0.787
103	XIN11955	0.783	0.565	0.725	0.669	0.750	0.750
104	XIN11956	0.700	0.750	0.691	0.667	0.640	0.691
105	XIN12175	0.543	0.542	0.853	0.799	0.853	0.816
106	XIN12219	0.464	0.660	0.772	0.736	0.757	0.765
107	XIN12221	0.457	0.653	0.794	0.757	0.779	0.787
108	XIN12249	0.430	0.659	0.719	0.742	0.836	0.602
109	XIN12251	0.713	0.757	0.688	0.676	0.583	0.656
110	XIN12283	0.679	0.743	0.728	0.597	0.846	0.676
111	XIN12374	0.779	0.826	0.559	0.625	0.669	0.574
112	XIN12380	0.781	0.818	0.750	0.644	0.594	0.720
113	XIN12461	0.820	0.727	0.613	0.742	0.727	0.695
114	XIN12463	0.879	0.854	0.654	0.667	0.713	0.735
115	XIN12465	0.955	0.838	0.688	0.640	0.719	0.805
116	XIN12467	0.676	0.714	0.735	0.693	0.676	0.632
117	XIN12469	0.734	0.818	0.556	0.735	0.625	0.672

（续）

序号	资源编号 （名称）	序号/资源编号（名称）					
		127	128	129	130	131	132
		XIN12831	XIN13095	XIN13395	XIN13397	XIN13398	XIN13400
118	XIN12533	0.735	0.765	0.875	0.890	0.912	0.856
119	XIN12535	0.581	0.671	0.809	0.721	0.780	0.765
120	XIN12545	0.853	0.743	0.606	0.593	0.676	0.669
121	XIN12678	0.457	0.597	0.750	0.771	0.779	0.728
122	XIN12680	0.779	0.603	0.688	0.566	0.735	0.689
123	XIN12690	0.786	0.694	0.515	0.646	0.588	0.522
124	XIN12764	0.600	0.847	0.824	0.632	0.706	0.757
125	XIN12799	0.871	0.875	0.823	0.727	0.839	0.820
126	XIN12829	0.633	0.742	0.650	0.685	0.617	0.669
127	XIN12831	0.000	0.643	0.803	0.764	0.779	0.750
128	XIN13095	0.643	0.000	0.765	0.674	0.794	0.743
129	XIN13395	0.803	0.765	0.000	0.632	0.547	0.371
130	XIN13397	0.764	0.674	0.632	0.000	0.522	0.544
131	XIN13398	0.779	0.794	0.547	0.522	0.000	0.508
132	XIN13400	0.750	0.743	0.371	0.544	0.508	0.000
133	XIN13761	0.871	0.833	0.618	0.410	0.618	0.699
134	XIN13795	0.853	0.838	0.636	0.507	0.758	0.553
135	XIN13798	0.786	0.847	0.544	0.514	0.676	0.581
136	XIN13822	0.731	0.833	0.640	0.565	0.490	0.673
137	XIN13824	0.742	0.775	0.625	0.550	0.474	0.643
138	XIN13833	0.957	0.778	0.559	0.521	0.559	0.610
139	XIN13835	0.786	0.778	0.544	0.729	0.706	0.610
140	XIN13925	0.632	0.586	0.853	0.693	0.879	0.801
141	XIN13927	0.470	0.544	0.674	0.684	0.720	0.654
142	XIN13929	0.507	0.607	0.772	0.714	0.765	0.727
143	XIN13941	0.536	0.701	0.743	0.750	0.757	0.735
144	XIN13943	0.821	0.771	0.640	0.569	0.566	0.676
145	XIN13982	0.859	0.818	0.694	0.689	0.719	0.680
146	XIN13984	0.527	0.578	0.777	0.759	0.777	0.759
147	XIN13986	0.571	0.632	0.772	0.792	0.809	0.765

（续）

序号	资源编号（名称）	序号/资源编号（名称）					
		127	128	129	130	131	132
		XIN12831	XIN13095	XIN13395	XIN13397	XIN13398	XIN13400
148	XIN13995	0.661	0.759	0.759	0.664	0.643	0.664
149	XIN13997	0.656	0.788	0.887	0.750	0.871	0.815
150	XIN14025	0.671	0.542	0.860	0.743	0.809	0.868
151	XIN14027	0.902	0.772	0.602	0.662	0.720	0.712
152	XIN14029	0.855	0.813	0.573	0.617	0.597	0.680
153	XIN14031	0.843	0.833	0.412	0.604	0.588	0.610
154	XIN14033	0.838	0.843	0.662	0.807	0.818	0.728
155	XIN14035	0.875	0.707	0.682	0.507	0.674	0.712
156	XIN14036	0.843	0.861	0.632	0.660	0.691	0.713
157	XIN14044	0.657	0.653	0.824	0.701	0.824	0.846
158	XIN14138	0.809	0.843	0.773	0.779	0.818	0.780
159	XIN14140	0.742	0.809	0.703	0.816	0.836	0.734
160	XIN14141	0.741	0.776	0.723	0.802	0.853	0.802
161	XIN14142	0.757	0.793	0.735	0.814	0.826	0.758
162	XIN14143	0.765	0.743	0.820	0.765	0.773	0.750
163	XIN14144	0.802	0.750	0.839	0.724	0.845	0.845
164	XIN14146	0.831	0.764	0.886	0.743	0.871	0.833
165	XIN14147	0.789	0.841	0.867	0.727	0.863	0.823
166	XIN14149	0.537	0.607	0.705	0.671	0.765	0.682
167	XIN14151	0.882	0.829	0.689	0.750	0.614	0.735
168	XIN14176	0.828	0.697	0.805	0.606	0.565	0.742
169	XIN14204	0.750	0.765	1.000	0.750	0.706	1.000
170	XIN14206	0.860	0.850	0.598	0.679	0.644	0.697
171	XIN14262	0.491	0.608	0.786	0.800	0.862	0.793
172	XIN14288	0.891	0.818	0.629	0.492	0.563	0.680
173	XIN14305	0.614	0.743	0.742	0.721	0.789	0.734
174	XIN15286	0.773	0.826	0.782	0.682	0.621	0.758
175	XIN15416	0.743	0.707	0.765	0.657	0.765	0.742
176	XIN15418	0.676	0.600	0.712	0.593	0.788	0.705
177	XIN15450	0.787	0.793	0.826	0.829	0.818	0.795

序号	资源编号（名称）	序号/资源编号（名称）					
		127	128	129	130	131	132
		XIN12831	XIN13095	XIN13395	XIN13397	XIN13398	XIN13400
178	XIN15452	0.813	0.793	0.804	0.862	0.821	0.893
179	XIN15530	0.823	0.859	0.613	0.742	0.642	0.667
180	XIN15532	0.795	0.699	0.492	0.551	0.656	0.633
181	XIN15533	0.766	0.841	0.468	0.674	0.677	0.540
182	XIN15535	0.750	0.803	0.766	0.598	0.645	0.718
183	XIN15537	0.820	0.765	0.476	0.667	0.710	0.444
184	XIN15584	0.674	0.757	0.633	0.676	0.555	0.750
185	XIN15586	0.750	0.825	0.595	0.667	0.607	0.643
186	XIN15627	0.700	0.758	0.690	0.653	0.675	0.708
187	XIN15636	0.602	0.523	0.766	0.712	0.766	0.710
188	XIN15738	0.801	0.850	0.750	0.714	0.780	0.742
189	XIN15739	0.633	0.674	0.798	0.727	0.798	0.790
190	XIN15741	0.610	0.750	0.780	0.757	0.811	0.788
191	XIN15743	0.500	0.607	0.720	0.679	0.682	0.689
192	XIN15811	0.750	0.852	0.742	0.656	0.800	0.800
193	XIN15879	0.713	0.619	0.553	0.667	0.737	0.816
194	XIN15895	0.875	0.828	0.545	0.698	0.417	0.472
195	XIN16008	0.517	0.642	0.732	0.725	0.723	0.714
196	XIN16010	0.621	0.516	0.683	0.695	0.733	0.742
197	XIN16016	0.568	0.713	0.883	0.794	0.789	0.781
198	XIN16018	0.674	0.606	0.774	0.735	0.719	0.734
199	Xindali1	0.857	0.819	0.735	0.826	0.853	0.743
200	Yang02-1	0.790	0.813	0.633	0.617	0.710	0.702
201	Yudou18	0.700	0.736	0.824	0.729	0.765	0.728
202	Zhechun2	0.714	0.806	0.779	0.729	0.765	0.801
203	Zhongdou27	0.743	0.722	0.809	0.688	0.794	0.801
204	Zhongdou34	0.793	0.757	0.831	0.847	0.904	0.794
205	Zhongdou8	0.729	0.792	0.853	0.813	0.824	0.757
206	Zhonghuang10	0.838	0.657	0.917	0.736	0.803	0.879
207	Zhongpin661	0.570	0.841	0.855	0.629	0.742	0.742

表23 遗传距离（二十三）

序号	资源编号（名称）	序号/资源编号（名称）					
		133	134	135	136	137	138
		XIN13761	XIN13795	XIN13798	XIN13822	XIN13824	XIN13833
1	Dongnong50089	0.800	0.818	0.800	0.481	0.543	0.714
2	Dongnong92070	0.611	0.735	0.715	0.565	0.642	0.708
3	Dongxin2	0.864	0.788	0.850	0.843	0.750	0.864
4	Gandou5	0.861	0.912	0.792	0.861	0.758	0.917
5	Gongdou5	0.800	0.848	0.743	0.769	0.819	0.743
6	Guichundou1	0.882	0.904	0.826	0.852	0.917	0.868
7	Guixia3	0.868	0.846	0.750	0.833	0.783	0.854
8	Hedou12	0.846	0.906	0.801	0.750	0.810	0.846
9	Heinong37	0.722	0.706	0.653	0.509	0.475	0.694
10	Huachun4	0.793	0.750	0.793	0.769	0.810	0.764
11	Huangbaozhuhao	0.679	0.811	0.664	0.577	0.621	0.736
12	Huaxia101	0.882	0.846	0.771	0.815	0.850	0.882
13	Huaxia102	0.914	0.879	0.786	0.827	0.819	0.857
14	Jidou7	0.764	0.632	0.653	0.787	0.767	0.819
15	Jikedou1	0.650	0.598	0.607	0.635	0.733	0.536
16	Jindou21	0.813	0.801	0.785	0.796	0.783	0.868
17	Jindou31	0.750	0.765	0.861	0.657	0.708	0.722
18	Jinong11	0.660	0.772	0.653	0.528	0.567	0.729
19	Jinyi50	0.778	0.824	0.750	0.731	0.708	0.833
20	Jiufeng10	0.294	0.758	0.596	0.480	0.652	0.529
21	Jiwuxing1	0.821	0.720	0.679	0.778	0.759	0.793
22	Kefeng5	0.792	0.824	0.736	0.815	0.758	0.764
23	Ludou4	0.701	0.875	0.854	0.694	0.792	0.757
24	Lvling9804	0.818	0.903	0.848	0.680	0.741	0.818
25	Nannong99－6	0.806	0.912	0.806	0.787	0.792	0.861
26	Puhai10	0.836	0.871	0.779	0.824	0.819	0.779
27	Qihuang1	0.778	0.647	0.806	0.769	0.792	0.750

（续）

序号	资源编号（名称）	序号/资源编号（名称）					
		133	134	135	136	137	138
		XIN13761	XIN13795	XIN13798	XIN13822	XIN13824	XIN13833
28	Qihuang28	0.847	0.846	0.785	0.824	0.758	0.847
29	Ribenqing3	0.722	0.882	0.847	0.657	0.792	0.778
30	Shang951099	0.857	0.818	0.800	0.750	0.819	0.771
31	Suchun10 - 8	0.833	0.853	0.806	0.694	0.792	0.833
32	Sudou5	0.800	0.758	0.771	0.788	0.922	0.800
33	Suhan1	0.833	0.853	0.875	0.639	0.725	0.861
34	suinong14	0.551	0.781	0.596	0.630	0.732	0.640
35	Suixiaolidou2	0.674	0.766	0.583	0.663	0.714	0.583
36	Suza1	0.861	0.824	0.861	0.843	0.742	0.889
37	Tongdou4	0.889	0.824	0.833	0.843	0.758	0.889
38	Tongdou7	0.806	0.882	0.778	0.824	0.825	0.889
39	Wandou9	0.917	0.882	0.819	0.898	0.792	0.917
40	Xiadou1	0.871	0.780	0.793	0.798	0.733	0.871
41	Xiangchundou17	0.771	0.809	0.778	0.722	0.733	0.785
42	XIN06640	0.375	0.586	0.522	0.560	0.629	0.390
43	XIN06666	0.600	0.500	0.443	0.692	0.708	0.457
44	XIN06830	0.829	0.848	0.614	0.644	0.642	0.743
45	XIN06832	0.586	0.758	0.593	0.548	0.725	0.471
46	XIN06846	0.750	0.831	0.652	0.790	0.741	0.735
47	XIN06890	0.850	0.795	0.779	0.740	0.783	0.850
48	XIN06908	0.800	0.697	0.600	0.760	0.808	0.686
49	XIN07094	0.906	0.806	0.664	0.833	0.813	0.781
50	XIN07095	0.814	0.909	0.843	0.750	0.708	0.843
51	XIN07203	0.801	0.859	0.721	0.810	0.724	0.713
52	XIN07397	0.831	0.842	0.734	0.837	0.857	0.815
53	XIN07483	0.559	0.625	0.493	0.500	0.483	0.662
54	XIN07486	0.564	0.614	0.664	0.606	0.683	0.721
55	XIN07543	0.750	0.641	0.676	0.600	0.664	0.765
56	XIN07544	0.793	0.750	0.679	0.808	0.750	0.879
57	XIN07545	0.839	0.833	0.734	0.804	0.694	0.839

（续）

序号	资源编号（名称）	序号/资源编号（名称）					
		133	134	135	136	137	138
		XIN13761	XIN13795	XIN13798	XIN13822	XIN13824	XIN13833
58	XIN07704	0.571	0.606	0.443	0.712	0.700	0.529
59	XIN07707	0.564	0.765	0.529	0.538	0.650	0.550
60	XIN07896	0.429	0.530	0.479	0.471	0.500	0.400
61	XIN07898	0.441	0.719	0.662	0.710	0.681	0.500
62	XIN10695	0.564	0.765	0.664	0.481	0.533	0.536
63	XIN10697	0.660	0.743	0.757	0.593	0.517	0.646
64	XIN10799	0.799	0.772	0.813	0.657	0.750	0.799
65	XIN10801	0.882	0.816	0.771	0.704	0.717	0.826
66	XIN10935	0.681	0.713	0.667	0.481	0.442	0.736
67	XIN10961	0.646	0.846	0.701	0.667	0.700	0.646
68	XIN10963	0.472	0.706	0.653	0.639	0.658	0.556
69	XIN10964	0.479	0.566	0.535	0.750	0.725	0.396
70	XIN10966	0.625	0.603	0.514	0.667	0.667	0.653
71	XIN10967	0.854	0.875	0.826	0.769	0.783	0.854
72	XIN10981	0.889	0.868	0.750	0.806	0.783	0.778
73	XIN10983	0.674	0.831	0.701	0.676	0.617	0.757
74	XIN11115	0.625	0.765	0.660	0.602	0.617	0.708
75	XIN11117	0.847	0.860	0.778	0.787	0.742	0.875
76	XIN11196	0.806	0.794	0.715	0.759	0.775	0.764
77	XIN11198	0.861	0.853	0.722	0.806	0.758	0.750
78	XIN11235	0.722	0.735	0.736	0.694	0.692	0.722
79	XIN11237	0.857	0.924	0.814	0.721	0.819	0.829
80	XIN11239	0.806	0.794	0.833	0.750	0.692	0.722
81	XIN11277	0.792	0.838	0.799	0.815	0.842	0.792
82	XIN11315	0.583	0.647	0.535	0.639	0.642	0.514
83	XIN11317	0.564	0.735	0.629	0.663	0.664	0.679
84	XIN11319	0.646	0.801	0.681	0.287	0.225	0.757
85	XIN11324	0.861	0.838	0.806	0.769	0.775	0.806
86	XIN11326	0.556	0.676	0.528	0.731	0.808	0.472
87	XIN11328	0.583	0.676	0.556	0.657	0.758	0.500

（续）

序号	资源编号（名称）	序号/资源编号（名称）					
		133	134	135	136	137	138
		XIN13761	XIN13795	XIN13798	XIN13822	XIN13824	XIN13833
88	XIN11330	0.688	0.713	0.771	0.694	0.617	0.729
89	XIN11332	0.639	0.779	0.694	0.611	0.658	0.792
90	XIN11359	0.850	0.886	0.807	0.806	0.776	0.879
91	XIN11447	0.625	0.632	0.403	0.741	0.792	0.500
92	XIN11475	0.792	0.838	0.736	0.833	0.850	0.792
93	XIN11478	0.816	0.867	0.787	0.750	0.732	0.816
94	XIN11480	0.840	0.846	0.813	0.796	0.725	0.840
95	XIN11481	0.771	0.684	0.653	0.639	0.708	0.743
96	XIN11532	0.507	0.610	0.493	0.519	0.567	0.507
97	XIN11534	0.722	0.794	0.722	0.861	0.783	0.778
98	XIN11556	0.779	0.689	0.693	0.577	0.625	0.707
99	XIN11846	0.529	0.629	0.493	0.481	0.578	0.629
100	XIN11847	0.431	0.596	0.563	0.463	0.483	0.611
101	XIN11848	0.458	0.515	0.382	0.500	0.492	0.444
102	XIN11953	0.806	0.824	0.736	0.620	0.625	0.806
103	XIN11955	0.839	0.716	0.855	0.875	0.837	0.774
104	XIN11956	0.722	0.765	0.674	0.630	0.608	0.722
105	XIN12175	0.889	0.912	0.847	0.861	0.792	0.889
106	XIN12219	0.826	0.801	0.785	0.731	0.783	0.799
107	XIN12221	0.847	0.794	0.806	0.722	0.775	0.819
108	XIN12249	0.826	0.871	0.856	0.788	0.714	0.826
109	XIN12251	0.640	0.750	0.603	0.644	0.664	0.654
110	XIN12283	0.688	0.831	0.576	0.731	0.783	0.743
111	XIN12374	0.632	0.669	0.528	0.602	0.717	0.632
112	XIN12380	0.818	0.844	0.598	0.680	0.676	0.758
113	XIN12461	0.705	0.823	0.705	0.722	0.759	0.614
114	XIN12463	0.701	0.713	0.563	0.509	0.600	0.701
115	XIN12465	0.588	0.625	0.515	0.519	0.647	0.412
116	XIN12467	0.814	0.765	0.593	0.731	0.750	0.786
117	XIN12469	0.833	0.734	0.576	0.654	0.647	0.727

（续）

序号	资源编号（名称）	序号/资源编号（名称）					
		133	134	135	136	137	138
		XIN13761	XIN13795	XIN13798	XIN13822	XIN13824	XIN13833
118	XIN12533	0.912	0.909	0.897	0.798	0.819	0.882
119	XIN12535	0.771	0.902	0.786	0.731	0.724	0.857
120	XIN12545	0.571	0.636	0.557	0.657	0.784	0.543
121	XIN12678	0.875	0.824	0.847	0.769	0.775	0.847
122	XIN12680	0.794	0.773	0.662	0.760	0.776	0.721
123	XIN12690	0.667	0.735	0.708	0.620	0.575	0.556
124	XIN12764	0.722	0.824	0.653	0.750	0.825	0.778
125	XIN12799	0.750	0.710	0.578	0.712	0.777	0.594
126	XIN12829	0.790	0.733	0.669	0.673	0.589	0.758
127	XIN12831	0.871	0.853	0.786	0.731	0.742	0.957
128	XIN13095	0.833	0.838	0.847	0.833	0.775	0.778
129	XIN13395	0.618	0.636	0.544	0.640	0.625	0.559
130	XIN13397	0.410	0.507	0.514	0.565	0.550	0.521
131	XIN13398	0.618	0.758	0.676	0.490	0.474	0.559
132	XIN13400	0.699	0.553	0.581	0.673	0.643	0.610
133	XIN13761	0.000	0.794	0.611	0.491	0.592	0.444
134	XIN13795	0.794	0.000	0.529	0.720	0.767	0.618
135	XIN13798	0.611	0.529	0.000	0.611	0.700	0.542
136	XIN13822	0.491	0.720	0.611	0.000	0.300	0.602
137	XIN13824	0.592	0.767	0.700	0.300	0.000	0.725
138	XIN13833	0.444	0.618	0.542	0.602	0.725	0.000
139	XIN13835	0.583	0.765	0.639	0.694	0.692	0.500
140	XIN13925	0.771	0.912	0.743	0.827	0.810	0.857
141	XIN13927	0.787	0.765	0.757	0.740	0.679	0.757
142	XIN13929	0.793	0.750	0.743	0.712	0.784	0.721
143	XIN13941	0.854	0.831	0.799	0.750	0.717	0.799
144	XIN13943	0.646	0.846	0.667	0.556	0.550	0.576
145	XIN13982	0.727	0.742	0.621	0.654	0.759	0.758
146	XIN13984	0.853	0.848	0.741	0.860	0.786	0.853
147	XIN13986	0.854	0.912	0.840	0.815	0.833	0.840

（续）

序号	资源编号（名称）	序号/资源编号（名称）					
		133	134	135	136	137	138
		XIN13761	XIN13795	XIN13798	XIN13822	XIN13824	XIN13833
148	XIN13995	0.759	0.893	0.716	0.740	0.692	0.828
149	XIN13997	0.773	0.871	0.735	0.719	0.731	0.864
150	XIN14025	0.708	0.846	0.778	0.833	0.858	0.792
151	XIN14027	0.581	0.648	0.588	0.657	0.716	0.566
152	XIN14029	0.516	0.661	0.602	0.620	0.528	0.531
153	XIN14031	0.417	0.706	0.611	0.602	0.592	0.528
154	XIN14033	0.686	0.706	0.500	0.673	0.750	0.686
155	XIN14035	0.607	0.629	0.643	0.596	0.586	0.521
156	XIN14036	0.667	0.794	0.556	0.546	0.658	0.514
157	XIN14044	0.722	0.912	0.722	0.861	0.892	0.806
158	XIN14138	0.771	0.818	0.743	0.713	0.792	0.857
159	XIN14140	0.868	0.781	0.735	0.798	0.758	0.868
160	XIN14141	0.888	0.871	0.836	0.823	0.704	0.922
161	XIN14142	0.793	0.826	0.757	0.817	0.800	0.921
162	XIN14143	0.772	0.883	0.743	0.710	0.750	0.831
163	XIN14144	0.845	0.845	0.784	0.802	0.713	0.879
164	XIN14146	0.907	0.750	0.764	0.788	0.767	0.907
165	XIN14147	0.841	0.831	0.811	0.790	0.707	0.902
166	XIN14149	0.793	0.705	0.693	0.654	0.650	0.764
167	XIN14151	0.593	0.886	0.679	0.548	0.717	0.579
168	XIN14176	0.667	0.782	0.659	0.660	0.741	0.621
169	XIN14204	0.765	0.938	0.838	0.817	0.875	0.765
170	XIN14206	0.607	0.811	0.657	0.673	0.733	0.521
171	XIN14262	0.867	0.875	0.850	0.837	0.741	0.950
172	XIN14288	0.545	0.742	0.591	0.490	0.578	0.485
173	XIN14305	0.743	0.852	0.721	0.750	0.767	0.801
174	XIN15286	0.659	0.766	0.652	0.779	0.817	0.614
175	XIN15416	0.807	0.826	0.679	0.740	0.717	0.779
176	XIN15418	0.771	0.818	0.657	0.760	0.642	0.743
177	XIN15450	0.850	0.871	0.736	0.875	0.850	0.793

（续）

序号	资源编号（名称）	序号/资源编号（名称）					
		133	134	135	136	137	138
		XIN13761	XIN13795	XIN13798	XIN13822	XIN13824	XIN13833
178	XIN15452	0.793	0.889	0.767	0.823	0.760	0.759
179	XIN15530	0.469	0.800	0.633	0.540	0.629	0.469
180	XIN15532	0.537	0.602	0.596	0.635	0.692	0.493
181	XIN15533	0.636	0.774	0.583	0.550	0.595	0.636
182	XIN15535	0.621	0.742	0.636	0.540	0.612	0.606
183	XIN15537	0.720	0.669	0.591	0.683	0.767	0.598
184	XIN15584	0.640	0.789	0.632	0.433	0.475	0.757
185	XIN15586	0.583	0.768	0.683	0.620	0.634	0.700
186	XIN15627	0.621	0.784	0.718	0.635	0.571	0.702
187	XIN15636	0.811	0.895	0.864	0.808	0.750	0.841
188	XIN15738	0.736	0.750	0.679	0.769	0.883	0.736
189	XIN15739	0.780	0.863	0.811	0.790	0.716	0.841
190	XIN15741	0.850	0.826	0.821	0.808	0.733	0.850
191	XIN15743	0.771	0.788	0.700	0.692	0.667	0.814
192	XIN15811	0.719	0.867	0.781	0.710	0.813	0.750
193	XIN15879	0.571	0.737	0.762	0.574	0.632	0.690
194	XIN15895	0.595	0.769	0.672	0.630	0.593	0.578
195	XIN16008	0.758	0.750	0.717	0.656	0.731	0.708
196	XIN16010	0.781	0.850	0.797	0.700	0.612	0.813
197	XIN16016	0.919	0.852	0.713	0.798	0.783	0.949
198	XIN16018	0.803	0.875	0.773	0.680	0.675	0.803
199	Xindali1	0.750	0.794	0.889	0.843	0.875	0.833
200	Yang02-1	0.656	0.767	0.625	0.729	0.760	0.531
201	Yudou18	0.833	0.853	0.708	0.750	0.725	0.806
202	Zhechun2	0.833	0.765	0.722	0.620	0.758	0.806
203	Zhongdou27	0.806	0.853	0.722	0.806	0.875	0.750
204	Zhongdou34	0.910	0.846	0.854	0.833	0.867	0.854
205	Zhongdou8	0.861	0.882	0.819	0.769	0.792	0.833
206	Zhonghuang10	0.743	0.886	0.857	0.808	0.853	0.771
207	Zhongpin661	0.758	0.839	0.735	0.780	0.806	0.848

表 24 遗传距离（二十四）

序号	资源编号（名称）	序号/资源编号（名称）					
		139	140	141	142	143	144
		XIN13835	XIN13925	XIN13927	XIN13929	XIN13941	XIN13943
1	Dongnong50089	0.714	0.809	0.758	0.787	0.736	0.636
2	Dongnong92070	0.681	0.814	0.699	0.779	0.785	0.799
3	Dongxin2	0.807	0.721	0.561	0.721	0.757	0.800
4	Gandou5	0.806	0.743	0.640	0.707	0.743	0.826
5	Gongdou5	0.857	0.801	0.758	0.779	0.829	0.793
6	Guichundou1	0.813	0.807	0.779	0.714	0.750	0.903
7	Guixia3	0.785	0.679	0.632	0.743	0.764	0.757
8	Hedou12	0.757	0.576	0.547	0.629	0.669	0.838
9	Heinong37	0.722	0.800	0.625	0.779	0.771	0.646
10	Huachun4	0.736	0.787	0.720	0.735	0.786	0.757
11	Huangbaozhuhao	0.764	0.860	0.750	0.691	0.729	0.543
12	Huaxia101	0.813	0.736	0.662	0.743	0.750	0.792
13	Huaxia102	0.771	0.794	0.727	0.801	0.850	0.764
14	Jidou7	0.792	0.814	0.831	0.836	0.854	0.840
15	Jikedou1	0.707	0.728	0.795	0.794	0.871	0.814
16	Jindou21	0.813	0.821	0.618	0.757	0.833	0.764
17	Jindou31	0.806	0.871	0.669	0.721	0.785	0.576
18	Jinong11	0.646	0.764	0.765	0.807	0.819	0.653
19	Jinyi50	0.833	0.686	0.654	0.736	0.854	0.729
20	Jiufeng10	0.544	0.780	0.695	0.699	0.743	0.699
21	Jiwuxing1	0.693	0.779	0.735	0.801	0.821	0.786
22	Kefeng5	0.722	0.486	0.529	0.579	0.604	0.785
23	Ludou4	0.729	0.757	0.779	0.614	0.750	0.778
24	Lvling9804	0.788	0.813	0.758	0.773	0.841	0.735
25	Nannong99－6	0.806	0.786	0.743	0.707	0.729	0.826
26	Puhai10	0.779	0.684	0.508	0.566	0.679	0.743
27	Qihuang1	0.889	0.843	0.743	0.707	0.771	0.799

（续）

序号	资源编号（名称）	序号/资源编号（名称）					
		139	140	141	142	143	144
		XIN13835	XIN13925	XIN13927	XIN13929	XIN13941	XIN13943
28	Qihuang28	0.819	0.721	0.757	0.729	0.785	0.826
29	Ribenqing3	0.750	0.729	0.743	0.721	0.854	0.799
30	Shang951099	0.686	0.816	0.576	0.250	0.229	0.621
31	Suchun10 – 8	0.806	0.800	0.654	0.693	0.771	0.799
32	Sudou5	0.800	0.838	0.773	0.713	0.764	0.821
33	Suhan1	0.750	0.929	0.743	0.764	0.799	0.743
34	suinong14	0.610	0.864	0.781	0.765	0.779	0.765
35	Suixiaolidou2	0.735	0.852	0.781	0.688	0.848	0.818
36	Suza1	0.778	0.700	0.493	0.636	0.715	0.799
37	Tongdou4	0.833	0.786	0.610	0.693	0.743	0.826
38	Tongdou7	0.833	0.714	0.625	0.707	0.729	0.826
39	Wandou9	0.778	0.714	0.581	0.650	0.674	0.854
40	Xiadou1	0.900	0.757	0.697	0.831	0.836	0.807
41	Xiangchundou17	0.715	0.629	0.566	0.650	0.757	0.764
42	XIN06640	0.537	0.826	0.727	0.720	0.750	0.676
43	XIN06666	0.500	0.824	0.765	0.794	0.793	0.736
44	XIN06830	0.800	0.824	0.803	0.743	0.707	0.436
45	XIN06832	0.529	0.735	0.705	0.669	0.736	0.293
46	XIN06846	0.780	0.711	0.677	0.719	0.833	0.818
47	XIN06890	0.821	0.610	0.515	0.603	0.657	0.843
48	XIN06908	0.686	0.853	0.758	0.728	0.821	0.521
49	XIN07094	0.719	0.688	0.581	0.653	0.680	0.773
50	XIN07095	0.757	0.632	0.492	0.610	0.650	0.807
51	XIN07203	0.654	0.576	0.445	0.568	0.574	0.662
52	XIN07397	0.863	0.642	0.603	0.589	0.613	0.710
53	XIN07483	0.647	0.803	0.688	0.720	0.713	0.625
54	XIN07486	0.736	0.757	0.758	0.787	0.829	0.757
55	XIN07543	0.735	0.652	0.555	0.636	0.654	0.684
56	XIN07544	0.850	0.757	0.674	0.654	0.686	0.700
57	XIN07545	0.806	0.645	0.742	0.692	0.766	0.798

（续）

序号	资源编号（名称）	序号/资源编号（名称）					
		139	140	141	142	143	144
		XIN13835	XIN13925	XIN13927	XIN13929	XIN13941	XIN13943
58	XIN07704	0.571	0.654	0.727	0.743	0.836	0.693
59	XIN07707	0.679	0.875	0.750	0.765	0.871	0.614
60	XIN07896	0.514	0.743	0.606	0.625	0.679	0.564
61	XIN07898	0.618	0.818	0.781	0.788	0.816	0.610
62	XIN10695	0.593	0.779	0.682	0.750	0.771	0.629
63	XIN10697	0.660	0.821	0.691	0.800	0.847	0.667
64	XIN10799	0.771	0.821	0.757	0.700	0.806	0.708
65	XIN10801	0.743	0.793	0.706	0.771	0.750	0.903
66	XIN10935	0.708	0.693	0.537	0.686	0.688	0.618
67	XIN10961	0.688	0.850	0.691	0.643	0.708	0.347
68	XIN10963	0.639	0.800	0.846	0.750	0.826	0.729
69	XIN10964	0.521	0.850	0.794	0.829	0.903	0.708
70	XIN10966	0.736	0.786	0.743	0.757	0.813	0.590
71	XIN10967	0.799	0.593	0.463	0.571	0.667	0.792
72	XIN10981	0.750	0.650	0.537	0.664	0.715	0.771
73	XIN10983	0.701	0.707	0.735	0.657	0.722	0.708
74	XIN11115	0.736	0.650	0.500	0.586	0.576	0.618
75	XIN11117	0.764	0.679	0.551	0.579	0.604	0.785
76	XIN11196	0.722	0.629	0.574	0.636	0.688	0.778
77	XIN11198	0.722	0.657	0.522	0.607	0.674	0.729
78	XIN11235	0.639	0.771	0.566	0.564	0.590	0.688
79	XIN11237	0.800	0.529	0.477	0.588	0.607	0.836
80	XIN11239	0.694	0.771	0.493	0.550	0.479	0.688
81	XIN11277	0.792	0.500	0.537	0.586	0.715	0.785
82	XIN11315	0.708	0.757	0.699	0.693	0.729	0.493
83	XIN11317	0.707	0.816	0.742	0.640	0.643	0.657
84	XIN11319	0.688	0.843	0.647	0.757	0.708	0.569
85	XIN11324	0.694	0.743	0.551	0.150	0.063	0.646
86	XIN11326	0.694	0.829	0.846	0.793	0.910	0.688
87	XIN11328	0.611	0.871	0.816	0.736	0.854	0.799

（续）

序号	资源编号（名称）	序号/资源编号（名称）					
		139	140	141	142	143	144
		XIN13835	XIN13925	XIN13927	XIN13929	XIN13941	XIN13943
88	XIN11330	0.688	0.707	0.507	0.536	0.583	0.597
89	XIN11332	0.764	0.643	0.662	0.664	0.646	0.729
90	XIN11359	0.764	0.610	0.434	0.471	0.543	0.786
91	XIN11447	0.583	0.786	0.794	0.786	0.840	0.618
92	XIN11475	0.792	0.614	0.684	0.721	0.715	0.785
93	XIN11478	0.743	0.689	0.667	0.720	0.706	0.750
94	XIN11480	0.771	0.714	0.669	0.714	0.708	0.819
95	XIN11481	0.743	0.664	0.581	0.643	0.681	0.653
96	XIN11532	0.660	0.850	0.721	0.757	0.764	0.611
97	XIN11534	0.778	0.457	0.581	0.621	0.701	0.771
98	XIN11556	0.793	0.801	0.674	0.706	0.800	0.786
99	XIN11846	0.629	0.618	0.629	0.625	0.650	0.657
100	XIN11847	0.500	0.593	0.581	0.550	0.576	0.653
101	XIN11848	0.528	0.679	0.588	0.593	0.576	0.444
102	XIN11953	0.861	0.814	0.713	0.750	0.799	0.604
103	XIN11955	0.774	0.842	0.758	0.718	0.734	0.734
104	XIN11956	0.736	0.671	0.544	0.600	0.688	0.563
105	XIN12175	0.778	0.586	0.434	0.621	0.743	0.826
106	XIN12219	0.799	0.607	0.522	0.586	0.667	0.819
107	XIN12221	0.819	0.600	0.500	0.579	0.660	0.840
108	XIN12249	0.705	0.656	0.461	0.561	0.576	0.848
109	XIN12251	0.654	0.735	0.695	0.667	0.765	0.691
110	XIN12283	0.771	0.521	0.684	0.700	0.722	0.736
111	XIN12374	0.618	0.736	0.735	0.743	0.722	0.722
112	XIN12380	0.758	0.879	0.742	0.688	0.720	0.402
113	XIN12461	0.674	0.859	0.703	0.828	0.864	0.788
114	XIN12463	0.785	0.907	0.765	0.786	0.847	0.667
115	XIN12465	0.588	0.879	0.781	0.818	0.875	0.610
116	XIN12467	0.729	0.757	0.662	0.691	0.764	0.679
117	XIN12469	0.606	0.836	0.672	0.641	0.689	0.568

序号	资源编号 （名称）	序号/资源编号（名称）					
		139	140	141	142	143	144
		XIN13835	XIN13925	XIN13927	XIN13929	XIN13941	XIN13943
118	XIN12533	0.824	0.727	0.705	0.720	0.801	0.846
119	XIN12535	0.729	0.603	0.470	0.579	0.679	0.793
120	XIN12545	0.657	0.794	0.757	0.713	0.821	0.707
121	XIN12678	0.708	0.700	0.456	0.521	0.576	0.757
122	XIN12680	0.824	0.697	0.682	0.705	0.831	0.669
123	XIN12690	0.528	0.857	0.772	0.750	0.826	0.618
124	XIN12764	0.861	0.614	0.699	0.721	0.688	0.715
125	XIN12799	0.688	0.727	0.773	0.718	0.727	0.836
126	XIN12829	0.758	0.790	0.637	0.683	0.653	0.734
127	XIN12831	0.786	0.632	0.470	0.507	0.536	0.821
128	XIN13095	0.778	0.586	0.544	0.607	0.701	0.771
129	XIN13395	0.544	0.853	0.674	0.772	0.743	0.640
130	XIN13397	0.729	0.693	0.684	0.714	0.750	0.569
131	XIN13398	0.706	0.879	0.720	0.765	0.757	0.566
132	XIN13400	0.610	0.801	0.654	0.727	0.735	0.676
133	XIN13761	0.583	0.771	0.787	0.793	0.854	0.646
134	XIN13795	0.765	0.912	0.765	0.750	0.831	0.846
135	XIN13798	0.639	0.743	0.757	0.743	0.799	0.667
136	XIN13822	0.694	0.827	0.740	0.712	0.750	0.556
137	XIN13824	0.692	0.810	0.679	0.784	0.717	0.550
138	XIN13833	0.500	0.857	0.757	0.721	0.799	0.576
139	XIN13835	0.000	0.771	0.640	0.679	0.688	0.701
140	XIN13925	0.771	0.000	0.529	0.640	0.736	0.850
141	XIN13927	0.640	0.529	0.000	0.417	0.537	0.676
142	XIN13929	0.679	0.640	0.417	0.000	0.186	0.643
143	XIN13941	0.688	0.736	0.537	0.186	0.000	0.681
144	XIN13943	0.701	0.850	0.676	0.643	0.681	0.000
145	XIN13982	0.848	0.898	0.781	0.719	0.811	0.720
146	XIN13984	0.716	0.638	0.388	0.491	0.603	0.793
147	XIN13986	0.799	0.471	0.426	0.600	0.722	0.764

（续）

序号	资源编号（名称）	序号/资源编号（名称）					
		139	140	141	142	143	144
		XIN13835	XIN13925	XIN13927	XIN13929	XIN13941	XIN13943
148	XIN13995	0.828	0.595	0.664	0.696	0.698	0.612
149	XIN13997	0.818	0.563	0.677	0.734	0.735	0.871
150	XIN14025	0.833	0.479	0.662	0.664	0.757	0.757
151	XIN14027	0.713	0.818	0.758	0.758	0.838	0.735
152	XIN14029	0.672	0.883	0.734	0.726	0.711	0.555
153	XIN14031	0.556	0.886	0.772	0.764	0.743	0.660
154	XIN14033	0.743	0.800	0.801	0.801	0.879	0.750
155	XIN14035	0.621	0.699	0.697	0.816	0.871	0.600
156	XIN14036	0.667	0.800	0.772	0.764	0.785	0.618
157	XIN14044	0.778	0.600	0.566	0.621	0.743	0.826
158	XIN14138	0.714	0.757	0.674	0.757	0.850	0.864
159	XIN14140	0.838	0.788	0.703	0.735	0.831	0.890
160	XIN14141	0.750	0.784	0.664	0.670	0.681	0.845
161	XIN14142	0.721	0.743	0.689	0.750	0.814	0.879
162	XIN14143	0.787	0.674	0.758	0.742	0.809	0.809
163	XIN14144	0.759	0.698	0.690	0.741	0.845	0.836
164	XIN14146	0.821	0.743	0.795	0.794	0.843	0.814
165	XIN14147	0.841	0.695	0.694	0.742	0.864	0.833
166	XIN14149	0.736	0.654	0.447	0.603	0.629	0.729
167	XIN14151	0.650	0.750	0.765	0.772	0.864	0.529
168	XIN14176	0.773	0.789	0.766	0.765	0.856	0.712
169	XIN14204	0.882	0.734	0.719	0.766	0.941	0.868
170	XIN14206	0.693	0.801	0.841	0.765	0.829	0.600
171	XIN14262	0.733	0.534	0.422	0.517	0.617	0.758
172	XIN14288	0.727	0.813	0.742	0.773	0.871	0.568
173	XIN14305	0.669	0.750	0.477	0.606	0.662	0.794
174	XIN15286	0.750	0.758	0.750	0.789	0.803	0.818
175	XIN15416	0.893	0.684	0.758	0.757	0.786	0.729
176	XIN15418	0.800	0.632	0.621	0.699	0.693	0.736
177	XIN15450	0.679	0.831	0.682	0.691	0.800	0.786

序号	资源编号（名称）	序号/资源编号（名称）					
		139	140	141	142	143	144
		XIN13835	XIN13925	XIN13927	XIN13929	XIN13941	XIN13943
178	XIN15452	0.690	0.920	0.714	0.733	0.828	0.784
179	XIN15530	0.328	0.887	0.767	0.766	0.727	0.695
180	XIN15532	0.522	0.780	0.695	0.735	0.794	0.676
181	XIN15533	0.667	0.797	0.710	0.766	0.841	0.705
182	XIN15535	0.652	0.719	0.718	0.712	0.765	0.742
183	XIN15537	0.720	0.820	0.669	0.742	0.833	0.758
184	XIN15584	0.699	0.848	0.641	0.712	0.691	0.706
185	XIN15586	0.433	0.810	0.670	0.708	0.733	0.792
186	XIN15627	0.637	0.808	0.658	0.758	0.798	0.677
187	XIN15636	0.871	0.641	0.444	0.555	0.652	0.742
188	XIN15738	0.764	0.801	0.735	0.706	0.786	0.814
189	XIN15739	0.750	0.672	0.379	0.602	0.712	0.652
190	XIN15741	0.736	0.654	0.515	0.632	0.629	0.814
191	XIN15743	0.671	0.529	0.432	0.529	0.521	0.721
192	XIN15811	0.719	0.718	0.750	0.641	0.688	0.680
193	XIN15879	0.595	0.838	0.776	0.775	0.833	0.607
194	XIN15895	0.612	0.830	0.769	0.802	0.784	0.569
195	XIN16008	0.708	0.655	0.429	0.112	0.192	0.617
196	XIN16010	0.766	0.621	0.367	0.605	0.633	0.602
197	XIN16016	0.743	0.576	0.547	0.606	0.647	0.838
198	XIN16018	0.697	0.602	0.331	0.492	0.598	0.614
199	Xindali1	0.806	0.800	0.787	0.736	0.813	0.826
200	Yang02-1	0.781	0.790	0.774	0.734	0.711	0.805
201	Yudou18	0.722	0.571	0.551	0.607	0.660	0.743
202	Zhechun2	0.778	0.757	0.669	0.550	0.590	0.743
203	Zhongdou27	0.847	0.643	0.669	0.714	0.771	0.854
204	Zhongdou34	0.771	0.764	0.632	0.729	0.722	0.833
205	Zhongdou8	0.722	0.743	0.625	0.750	0.771	0.826
206	Zhonghuang10	0.771	0.801	0.727	0.610	0.721	0.736
207	Zhongpin661	0.879	0.680	0.669	0.703	0.667	0.841

表 25 遗传距离（二十五）

序号	资源编号（名称）	序号/资源编号（名称）					
		145	146	147	148	149	150
		XIN13982	XIN13984	XIN13986	XIN13995	XIN13997	XIN14025
1	Dongnong50089	0.719	0.795	0.779	0.857	0.813	0.879
2	Dongnong92070	0.833	0.750	0.771	0.741	0.811	0.806
3	Dongxin2	0.805	0.664	0.671	0.862	0.680	0.743
4	Gandou5	0.909	0.784	0.646	0.828	0.758	0.847
5	Gongdou5	0.844	0.759	0.800	0.821	0.898	0.786
6	Guichundou1	0.841	0.707	0.778	0.888	0.773	0.799
7	Guixia3	0.902	0.672	0.639	0.784	0.629	0.799
8	Hedou12	0.836	0.527	0.485	0.679	0.581	0.640
9	Heinong37	0.818	0.698	0.771	0.724	0.879	0.819
10	Huachun4	0.711	0.857	0.786	0.920	0.930	0.864
11	Huangbaozhuhao	0.898	0.768	0.800	0.741	0.867	0.793
12	Huaxia101	0.902	0.759	0.694	0.698	0.705	0.785
13	Huaxia102	0.938	0.688	0.707	0.821	0.781	0.879
14	Jidou7	0.811	0.845	0.896	0.750	0.818	0.833
15	Jikedou1	0.844	0.830	0.829	0.679	0.727	0.757
16	Jindou21	0.826	0.672	0.764	0.888	0.841	0.840
17	Jindou31	0.939	0.836	0.813	0.793	0.833	0.792
18	Jinong11	0.811	0.810	0.750	0.750	0.765	0.826
19	Jinyi50	0.909	0.716	0.701	0.724	0.818	0.708
20	Jiufeng10	0.677	0.759	0.846	0.769	0.758	0.846
21	Jiwuxing1	0.836	0.804	0.864	0.705	0.813	0.750
22	Kefeng5	0.803	0.474	0.535	0.655	0.515	0.625
23	Ludou4	0.848	0.784	0.771	0.862	0.902	0.688
24	Lvling9804	0.839	0.813	0.720	0.852	0.900	0.826
25	Nannong99－6	1.000	0.733	0.701	0.690	0.773	0.819
26	Puhai10	0.875	0.598	0.700	0.857	0.844	0.807
27	Qihuang1	0.818	0.750	0.896	0.828	0.803	0.861

（续）

序号	资源编号（名称）	序号/资源编号（名称）					
		145	146	147	148	149	150
		XIN13982	XIN13984	XIN13986	XIN13995	XIN13997	XIN14025
28	Qihuang28	0.848	0.819	0.833	0.905	0.735	0.743
29	Ribenqing3	0.818	0.836	0.771	0.862	0.864	0.750
30	Shang951099	0.813	0.580	0.729	0.750	0.789	0.814
31	Suchun10 – 8	0.758	0.784	0.757	0.862	0.939	0.875
32	Sudou5	0.813	0.759	0.836	0.857	0.859	0.850
33	Suhan1	0.788	0.819	0.771	0.897	0.909	0.889
34	suinong14	0.637	0.769	0.882	0.815	0.782	0.926
35	Suixiaolidou2	0.734	0.839	0.864	0.813	0.875	0.833
36	Suza1	0.848	0.629	0.590	0.828	0.697	0.722
37	Tongdou4	0.970	0.664	0.674	0.828	0.818	0.778
38	Tongdou7	0.758	0.716	0.799	0.828	0.742	0.639
39	Wandou9	0.879	0.543	0.701	0.828	0.652	0.819
40	Xiadou1	0.891	0.821	0.850	0.920	0.828	0.729
41	Xiangchundou17	0.818	0.707	0.646	0.759	0.735	0.715
42	XIN06640	0.653	0.813	0.787	0.769	0.773	0.801
43	XIN06666	0.828	0.819	0.850	0.804	0.813	0.914
44	XIN06830	0.813	0.871	0.821	0.643	0.906	0.714
45	XIN06832	0.727	0.853	0.707	0.652	0.844	0.743
46	XIN06846	0.742	0.696	0.705	0.760	0.792	0.659
47	XIN06890	0.805	0.741	0.543	0.723	0.727	0.750
48	XIN06908	0.781	0.836	0.807	0.893	0.938	0.814
49	XIN07094	0.931	0.527	0.336	0.808	0.793	0.836
50	XIN07095	0.859	0.612	0.621	0.750	0.719	0.807
51	XIN07203	0.867	0.482	0.471	0.630	0.664	0.706
52	XIN07397	0.828	0.519	0.637	0.521	0.681	0.669
53	XIN07483	0.672	0.723	0.772	0.685	0.797	0.838
54	XIN07486	0.773	0.853	0.843	0.705	0.820	0.807
55	XIN07543	0.815	0.643	0.669	0.639	0.734	0.603
56	XIN07544	0.688	0.707	0.786	0.527	0.688	0.736
57	XIN07545	0.786	0.824	0.798	0.840	0.759	0.766

（续）

序号	资源编号（名称）	序号/资源编号（名称）					
		145	146	147	148	149	150
		XIN13982	XIN13984	XIN13986	XIN13995	XIN13997	XIN14025
58	XIN07704	0.617	0.759	0.750	0.741	0.805	0.714
59	XIN07707	0.477	0.845	0.829	0.848	0.883	0.864
60	XIN07896	0.570	0.647	0.721	0.679	0.719	0.693
61	XIN07898	0.742	0.920	0.801	0.815	0.871	0.853
62	XIN10695	0.750	0.810	0.764	0.698	0.781	0.821
63	XIN10697	0.583	0.793	0.764	0.681	0.811	0.799
64	XIN10799	0.750	0.879	0.806	0.836	0.932	0.854
65	XIN10801	0.841	0.724	0.792	0.819	0.705	0.917
66	XIN10935	0.720	0.655	0.688	0.500	0.742	0.729
67	XIN10961	0.750	0.810	0.778	0.716	0.902	0.813
68	XIN10963	0.697	0.905	0.854	0.862	0.894	0.806
69	XIN10964	0.689	0.888	0.792	0.828	0.886	0.840
70	XIN10966	0.682	0.828	0.757	0.741	0.811	0.750
71	XIN10967	0.818	0.716	0.556	0.655	0.795	0.771
72	XIN10981	0.962	0.500	0.236	0.784	0.773	0.792
73	XIN10983	0.826	0.741	0.833	0.733	0.780	0.743
74	XIN11115	0.780	0.534	0.639	0.457	0.614	0.729
75	XIN11117	0.864	0.552	0.576	0.664	0.727	0.694
76	XIN11196	0.864	0.491	0.438	0.793	0.727	0.792
77	XIN11198	0.924	0.474	0.271	0.802	0.773	0.792
78	XIN11235	0.848	0.716	0.688	0.793	0.864	0.764
79	XIN11237	0.848	0.482	0.407	0.571	0.591	0.600
80	XIN11239	0.848	0.664	0.715	0.793	0.773	0.778
81	XIN11277	0.902	0.569	0.375	0.595	0.636	0.438
82	XIN11315	0.689	0.741	0.785	0.500	0.712	0.722
83	XIN11317	0.656	0.741	0.843	0.643	0.720	0.779
84	XIN11319	0.788	0.750	0.799	0.759	0.758	0.882
85	XIN11324	0.811	0.552	0.701	0.724	0.735	0.764
86	XIN11326	0.727	0.871	0.882	0.793	0.894	0.792
87	XIN11328	0.667	0.888	0.910	0.897	0.833	0.847

序号	资源编号 （名称）	序号/资源编号（名称）					
		145	146	147	148	149	150
		XIN13982	XIN13984	XIN13986	XIN13995	XIN13997	XIN14025
88	XIN11330	0.780	0.638	0.694	0.698	0.659	0.771
89	XIN11332	0.818	0.698	0.757	0.414	0.636	0.701
90	XIN11359	0.841	0.448	0.657	0.698	0.727	0.736
91	XIN11447	0.689	0.871	0.833	0.819	0.886	0.833
92	XIN11475	0.841	0.690	0.674	0.664	0.682	0.556
93	XIN11478	0.883	0.732	0.647	0.670	0.766	0.772
94	XIN11480	0.894	0.750	0.688	0.724	0.811	0.799
95	XIN11481	0.886	0.724	0.694	0.707	0.735	0.590
96	XIN11532	0.811	0.672	0.792	0.750	0.811	0.826
97	XIN11534	0.818	0.586	0.590	0.647	0.652	0.535
98	XIN11556	0.789	0.750	0.786	0.732	0.781	0.893
99	XIN11846	0.680	0.652	0.693	0.509	0.563	0.600
100	XIN11847	0.621	0.629	0.674	0.483	0.561	0.646
101	XIN11848	0.523	0.612	0.701	0.612	0.705	0.632
102	XIN11953	0.788	0.836	0.799	0.759	0.788	0.847
103	XIN11955	0.897	0.769	0.879	0.798	0.786	0.661
104	XIN11956	0.765	0.690	0.583	0.681	0.659	0.750
105	XIN12175	0.909	0.509	0.424	0.793	0.697	0.653
106	XIN12219	0.811	0.741	0.514	0.733	0.735	0.757
107	XIN12221	0.803	0.733	0.507	0.707	0.727	0.750
108	XIN12249	0.798	0.670	0.606	0.750	0.708	0.758
109	XIN12251	0.605	0.620	0.809	0.705	0.726	0.772
110	XIN12283	0.841	0.741	0.736	0.629	0.674	0.674
111	XIN12374	0.659	0.776	0.847	0.664	0.750	0.826
112	XIN12380	0.806	0.821	0.788	0.714	0.903	0.811
113	XIN12461	0.637	0.767	0.833	0.793	0.825	0.811
114	XIN12463	0.583	0.828	0.861	0.836	0.856	0.882
115	XIN12465	0.719	0.946	0.875	0.893	0.859	0.882
116	XIN12467	0.576	0.655	0.750	0.612	0.766	0.757
117	XIN12469	0.855	0.810	0.795	0.848	0.925	0.848

（续）

序号	资源编号（名称）	序号/资源编号（名称）					
		145	146	147	148	149	150
		XIN13982	XIN13984	XIN13986	XIN13995	XIN13997	XIN14025
118	XIN12533	1.000	0.848	0.721	0.893	0.790	0.735
119	XIN12535	0.773	0.455	0.500	0.634	0.578	0.714
120	XIN12545	0.545	0.853	0.836	0.828	0.891	0.771
121	XIN12678	0.833	0.560	0.590	0.759	0.682	0.708
122	XIN12680	0.734	0.705	0.684	0.670	0.806	0.662
123	XIN12690	0.788	0.750	0.799	0.862	0.909	0.889
124	XIN12764	0.848	0.750	0.771	0.379	0.697	0.694
125	XIN12799	0.806	0.853	0.891	0.793	0.776	0.789
126	XIN12829	0.853	0.690	0.782	0.688	0.696	0.782
127	XIN12831	0.859	0.527	0.571	0.661	0.656	0.671
128	XIN13095	0.818	0.578	0.632	0.759	0.788	0.542
129	XIN13395	0.694	0.777	0.772	0.759	0.887	0.860
130	XIN13397	0.689	0.759	0.792	0.664	0.750	0.743
131	XIN13398	0.719	0.777	0.809	0.643	0.871	0.809
132	XIN13400	0.680	0.759	0.765	0.664	0.815	0.868
133	XIN13761	0.727	0.853	0.854	0.759	0.773	0.708
134	XIN13795	0.742	0.848	0.912	0.893	0.871	0.846
135	XIN13798	0.621	0.741	0.840	0.716	0.735	0.778
136	XIN13822	0.654	0.860	0.815	0.740	0.719	0.833
137	XIN13824	0.759	0.786	0.833	0.692	0.731	0.858
138	XIN13833	0.758	0.853	0.840	0.828	0.864	0.792
139	XIN13835	0.848	0.716	0.799	0.828	0.818	0.833
140	XIN13925	0.898	0.638	0.471	0.595	0.563	0.479
141	XIN13927	0.781	0.388	0.426	0.664	0.677	0.662
142	XIN13929	0.719	0.491	0.600	0.696	0.734	0.664
143	XIN13941	0.811	0.603	0.722	0.698	0.735	0.757
144	XIN13943	0.720	0.793	0.764	0.612	0.871	0.757
145	XIN13982	0.000	0.857	0.909	0.857	0.855	0.894
146	XIN13984	0.857	0.000	0.560	0.694	0.625	0.672
147	XIN13986	0.909	0.560	0.000	0.707	0.742	0.632

（续）

序号	资源编号（名称）	序号/资源编号（名称）					
		145	146	147	148	149	150
		XIN13982	XIN13984	XIN13986	XIN13995	XIN13997	XIN14025
148	XIN13995	0.857	0.694	0.707	0.000	0.519	0.664
149	XIN13997	0.855	0.625	0.742	0.519	0.000	0.712
150	XIN14025	0.894	0.672	0.632	0.664	0.712	0.000
151	XIN14027	0.629	0.922	0.787	0.819	0.911	0.801
152	XIN14029	0.672	0.804	0.844	0.714	0.733	0.773
153	XIN14031	0.727	0.853	0.840	0.793	0.788	0.847
154	XIN14033	0.656	0.836	0.864	0.759	0.891	0.793
155	XIN14035	0.705	0.813	0.786	0.705	0.826	0.743
156	XIN14036	0.621	0.922	0.799	0.724	0.833	0.875
157	XIN14044	0.909	0.578	0.632	0.759	0.773	0.708
158	XIN14138	0.939	0.767	0.714	0.793	0.781	0.829
159	XIN14140	0.798	0.672	0.772	0.848	0.871	0.838
160	XIN14141	0.884	0.630	0.767	0.837	0.769	0.845
161	XIN14142	0.820	0.638	0.700	0.804	0.789	0.743
162	XIN14143	0.895	0.652	0.662	0.593	0.680	0.669
163	XIN14144	0.870	0.713	0.716	0.780	0.856	0.784
164	XIN14146	0.930	0.793	0.771	0.920	0.805	0.771
165	XIN14147	0.892	0.768	0.636	0.769	0.842	0.720
166	XIN14149	0.813	0.466	0.400	0.777	0.688	0.750
167	XIN14151	0.820	0.810	0.771	0.580	0.797	0.793
168	XIN14176	0.717	0.705	0.750	0.750	0.742	0.727
169	XIN14204	0.867	0.800	0.618	0.733	0.867	0.765
170	XIN14206	0.617	0.845	0.929	0.688	0.820	0.821
171	XIN14262	0.897	0.473	0.525	0.740	0.769	0.567
172	XIN14288	0.548	0.819	0.795	0.750	0.883	0.848
173	XIN14305	0.798	0.552	0.676	0.676	0.685	0.757
174	XIN15286	0.808	0.776	0.871	0.546	0.675	0.689
175	XIN15416	0.883	0.759	0.771	0.652	0.602	0.707
176	XIN15418	0.813	0.681	0.764	0.607	0.547	0.671
177	XIN15450	0.906	0.647	0.829	0.893	0.758	0.879

（续）

序号	资源编号（名称）	序号/资源编号（名称）					
		145	146	147	148	149	150
		XIN13982	XIN13984	XIN13986	XIN13995	XIN13997	XIN14025
178	XIN15452	0.963	0.644	0.828	0.875	0.856	0.897
179	XIN15530	0.733	0.821	0.883	0.779	0.828	0.844
180	XIN15532	0.815	0.724	0.853	0.750	0.871	0.728
181	XIN15533	0.700	0.741	0.795	0.654	0.800	0.848
182	XIN15535	0.600	0.741	0.811	0.731	0.717	0.788
183	XIN15537	0.600	0.767	0.773	0.778	0.942	0.856
184	XIN15584	0.859	0.621	0.757	0.670	0.831	0.728
185	XIN15586	0.750	0.769	0.808	0.780	0.806	0.933
186	XIN15627	0.808	0.688	0.637	0.846	0.813	0.798
187	XIN15636	0.895	0.500	0.583	0.667	0.708	0.674
188	XIN15738	0.727	0.897	0.857	0.884	0.883	0.821
189	XIN15739	0.798	0.473	0.614	0.694	0.798	0.720
190	XIN15741	0.898	0.621	0.629	0.813	0.727	0.779
191	XIN15743	0.742	0.397	0.479	0.661	0.602	0.636
192	XIN15811	0.759	0.713	0.828	0.731	0.784	0.797
193	XIN15879	0.806	0.750	0.869	0.794	0.895	0.667
194	XIN15895	0.806	0.808	0.733	0.570	0.788	0.819
195	XIN16008	0.714	0.481	0.650	0.667	0.657	0.667
196	XIN16010	0.733	0.491	0.492	0.721	0.724	0.734
197	XIN16016	0.844	0.560	0.478	0.670	0.710	0.728
198	XIN16018	0.806	0.438	0.538	0.648	0.733	0.727
199	Xindali1	0.727	0.940	0.826	0.931	0.924	0.819
200	Yang02 - 1	0.733	0.798	0.898	0.769	0.810	0.867
201	Yudou18	0.879	0.457	0.438	0.724	0.697	0.778
202	Zhechun2	0.879	0.698	0.729	0.724	0.818	0.792
203	Zhongdou27	0.833	0.698	0.701	0.621	0.636	0.792
204	Zhongdou34	0.886	0.741	0.681	0.853	0.765	0.840
205	Zhongdou8	0.970	0.664	0.604	0.759	0.727	0.806
206	Zhonghuang10	0.859	0.804	0.721	0.830	0.875	0.714
207	Zhongpin661	0.933	0.760	0.742	0.500	0.742	0.720

表 26 遗传距离（二十六）

序号	资源编号（名称）	序号/资源编号（名称）					
		151	152	153	154	155	156
		XIN14027	XIN14029	XIN14031	XIN14033	XIN14035	XIN14036
1	Dongnong50089	0.553	0.742	0.743	0.676	0.676	0.629
2	Dongnong92070	0.596	0.719	0.736	0.671	0.650	0.819
3	Dongxin2	0.833	0.774	0.879	0.824	0.794	0.879
4	Gandou5	0.816	0.828	0.833	0.857	0.821	0.819
5	Gongdou5	0.871	0.790	0.829	0.882	0.669	0.843
6	Guichundou1	0.853	0.852	0.826	0.821	0.857	0.868
7	Guixia3	0.824	0.773	0.799	0.779	0.757	0.840
8	Hedou12	0.788	0.871	0.816	0.848	0.848	0.831
9	Heinong37	0.801	0.703	0.667	0.800	0.736	0.764
10	Huachun4	0.758	0.806	0.736	0.699	0.779	0.764
11	Huangbaozhuhao	0.742	0.645	0.679	0.816	0.765	0.750
12	Huaxia101	0.779	0.758	0.799	0.879	0.714	0.771
13	Huaxia102	0.811	0.758	0.800	0.882	0.809	0.743
14	Jidou7	0.750	0.789	0.819	0.814	0.664	0.861
15	Jikedou1	0.553	0.581	0.679	0.581	0.463	0.636
16	Jindou21	0.912	0.852	0.896	0.807	0.757	0.882
17	Jindou31	0.846	0.813	0.833	0.886	0.821	0.875
18	Jinong11	0.647	0.680	0.729	0.664	0.643	0.639
19	Jinyi50	0.875	0.797	0.861	0.743	0.793	0.847
20	Jiufeng10	0.539	0.642	0.500	0.705	0.591	0.603
21	Jiwuxing1	0.803	0.782	0.821	0.846	0.676	0.850
22	Kefeng5	0.860	0.766	0.847	0.871	0.807	0.931
23	Ludou4	0.846	0.813	0.840	0.807	0.714	0.799
24	Lvling9804	0.805	0.800	0.818	0.750	0.734	0.697
25	Nannong99－6	0.934	0.797	0.833	0.857	0.850	0.861
26	Puhai10	0.841	0.871	0.893	0.890	0.779	0.879
27	Qihuang1	0.816	0.766	0.861	0.771	0.707	0.861

（续）

序号	资源编号（名称）	序号/资源编号（名称）					
		151	152	153	154	155	156
		XIN14027	XIN14029	XIN14031	XIN14033	XIN14035	XIN14036
28	Qihuang28	0.816	0.773	0.833	0.921	0.736	0.861
29	Ribenqing3	0.846	0.875	0.861	0.800	0.721	0.833
30	Shang951099	0.780	0.710	0.714	0.912	0.860	0.814
31	Suchun10－8	0.787	0.781	0.778	0.743	0.693	0.694
32	Sudou5	0.871	0.871	0.857	0.735	0.750	0.814
33	Suhan1	0.875	0.813	0.806	0.829	0.807	0.764
34	suinong14	0.688	0.733	0.640	0.545	0.598	0.684
35	Suixiaolidou2	0.609	0.625	0.674	0.742	0.664	0.629
36	Suza1	0.846	0.813	0.861	0.857	0.821	0.903
37	Tongdou4	0.875	0.813	0.889	0.914	0.850	0.931
38	Tongdou7	0.875	0.813	0.806	0.914	0.807	0.903
39	Wandou9	0.934	0.813	0.917	0.886	0.907	0.958
40	Xiadou1	0.826	0.815	0.829	0.875	0.772	0.914
41	Xiangchundou17	0.757	0.734	0.785	0.743	0.686	0.729
42	XIN06640	0.367	0.283	0.110	0.598	0.576	0.463
43	XIN06666	0.689	0.645	0.529	0.647	0.551	0.614
44	XIN06830	0.871	0.694	0.800	0.794	0.787	0.671
45	XIN06832	0.667	0.548	0.571	0.691	0.588	0.600
46	XIN06846	0.734	0.681	0.720	0.758	0.688	0.712
47	XIN06890	0.773	0.831	0.850	0.816	0.809	0.764
48	XIN06908	0.735	0.645	0.686	0.676	0.757	0.729
49	XIN07094	0.833	0.759	0.781	0.875	0.847	0.773
50	XIN07095	0.902	0.855	0.843	0.926	0.757	0.886
51	XIN07203	0.797	0.694	0.743	0.848	0.735	0.743
52	XIN07397	0.828	0.705	0.815	0.792	0.758	0.823
53	XIN07483	0.586	0.605	0.588	0.470	0.632	0.596
54	XIN07486	0.606	0.669	0.664	0.757	0.676	0.736
55	XIN07543	0.734	0.775	0.853	0.788	0.545	0.794
56	XIN07544	0.773	0.710	0.821	0.713	0.713	0.750
57	XIN07545	0.724	0.679	0.742	0.839	0.642	0.790

（续）

序号	资源编号 （名称）	序号/资源编号（名称）					
		151	152	153	154	155	156
		XIN14027	XIN14029	XIN14031	XIN14033	XIN14035	XIN14036
58	XIN07704	0.439	0.653	0.557	0.559	0.610	0.557
59	XIN07707	0.409	0.653	0.536	0.610	0.647	0.436
60	XIN07896	0.462	0.435	0.400	0.551	0.434	0.471
61	XIN07898	0.445	0.367	0.235	0.697	0.598	0.610
62	XIN10695	0.529	0.617	0.507	0.699	0.603	0.579
63	XIN10697	0.574	0.656	0.604	0.779	0.657	0.549
64	XIN10799	0.794	0.867	0.854	0.679	0.643	0.813
65	XIN10801	0.838	0.836	0.799	0.850	0.800	0.813
66	XIN10935	0.603	0.578	0.639	0.650	0.550	0.674
67	XIN10961	0.735	0.555	0.618	0.750	0.729	0.715
68	XIN10963	0.551	0.688	0.556	0.571	0.621	0.625
69	XIN10964	0.471	0.648	0.479	0.464	0.514	0.576
70	XIN10966	0.493	0.438	0.444	0.514	0.607	0.528
71	XIN10967	0.816	0.906	0.882	0.907	0.786	0.868
72	XIN10981	0.809	0.805	0.833	0.914	0.821	0.792
73	XIN10983	0.750	0.680	0.701	0.821	0.593	0.757
74	XIN11115	0.794	0.625	0.722	0.686	0.657	0.674
75	XIN11117	0.860	0.836	0.819	0.850	0.850	0.819
76	XIN11196	0.860	0.750	0.819	0.914	0.821	0.861
77	XIN11198	0.816	0.781	0.806	0.886	0.836	0.792
78	XIN11235	0.787	0.563	0.667	0.800	0.721	0.722
79	XIN11237	0.780	0.844	0.857	0.824	0.836	0.800
80	XIN11239	0.757	0.625	0.694	0.743	0.779	0.750
81	XIN11277	0.779	0.813	0.861	0.829	0.736	0.840
82	XIN11315	0.647	0.453	0.569	0.557	0.593	0.625
83	XIN11317	0.659	0.597	0.550	0.699	0.676	0.564
84	XIN11319	0.772	0.656	0.604	0.850	0.714	0.660
85	XIN11324	0.816	0.742	0.750	0.886	0.886	0.819
86	XIN11326	0.566	0.797	0.639	0.686	0.736	0.569
87	XIN11328	0.566	0.703	0.611	0.743	0.564	0.556

（续）

序号	资源编号（名称）	序号/资源编号（名称）					
		151	152	153	154	155	156
		XIN14027	XIN14029	XIN14031	XIN14033	XIN14035	XIN14036
88	XIN11330	0.853	0.602	0.660	0.807	0.707	0.826
89	XIN11332	0.801	0.664	0.708	0.757	0.636	0.722
90	XIN11359	0.926	0.836	0.879	0.904	0.824	0.950
91	XIN11447	0.559	0.586	0.486	0.557	0.550	0.597
92	XIN11475	0.838	0.695	0.819	0.843	0.807	0.771
93	XIN11478	0.833	0.831	0.816	0.780	0.742	0.801
94	XIN11480	0.816	0.813	0.840	0.779	0.743	0.826
95	XIN11481	0.765	0.750	0.799	0.807	0.671	0.868
96	XIN11532	0.647	0.477	0.451	0.664	0.600	0.674
97	XIN11534	0.831	0.797	0.806	0.786	0.771	0.764
98	XIN11556	0.742	0.742	0.807	0.743	0.676	0.714
99	XIN11846	0.652	0.637	0.629	0.537	0.537	0.629
100	XIN11847	0.596	0.570	0.500	0.679	0.514	0.646
101	XIN11848	0.544	0.469	0.500	0.543	0.350	0.528
102	XIN11953	0.669	0.625	0.750	0.771	0.621	0.792
103	XIN11955	0.808	0.795	0.790	0.858	0.767	0.903
104	XIN11956	0.632	0.633	0.667	0.700	0.657	0.681
105	XIN12175	0.875	0.906	0.917	0.943	0.807	0.903
106	XIN12219	0.750	0.836	0.826	0.793	0.814	0.743
107	XIN12221	0.728	0.828	0.847	0.814	0.793	0.750
108	XIN12249	0.828	0.800	0.780	0.875	0.813	0.780
109	XIN12251	0.703	0.650	0.713	0.598	0.576	0.794
110	XIN12283	0.868	0.820	0.799	0.793	0.700	0.799
111	XIN12374	0.706	0.586	0.604	0.550	0.671	0.618
112	XIN12380	0.867	0.726	0.788	0.818	0.773	0.712
113	XIN12461	0.656	0.650	0.644	0.719	0.609	0.583
114	XIN12463	0.426	0.680	0.618	0.636	0.686	0.549
115	XIN12465	0.570	0.452	0.529	0.545	0.449	0.412
116	XIN12467	0.743	0.758	0.800	0.669	0.728	0.664
117	XIN12469	0.664	0.658	0.697	0.680	0.711	0.667

序号	资源编号（名称）	序号/资源编号（名称）					
		151	152	153	154	155	156
		XIN14027	XIN14029	XIN14031	XIN14033	XIN14035	XIN14036
118	XIN12533	0.962	0.855	0.941	0.879	0.826	0.926
119	XIN12535	0.803	0.831	0.829	0.897	0.772	0.886
120	XIN12545	0.243	0.656	0.514	0.618	0.507	0.543
121	XIN12678	0.831	0.766	0.792	0.900	0.850	0.847
122	XIN12680	0.780	0.758	0.838	0.758	0.644	0.713
123	XIN12690	0.654	0.703	0.639	0.743	0.636	0.639
124	XIN12764	0.904	0.781	0.861	0.829	0.707	0.750
125	XIN12799	0.602	0.677	0.719	0.719	0.621	0.609
126	XIN12829	0.825	0.698	0.758	0.726	0.775	0.839
127	XIN12831	0.902	0.855	0.843	0.838	0.875	0.843
128	XIN13095	0.772	0.813	0.833	0.843	0.707	0.861
129	XIN13395	0.602	0.573	0.412	0.662	0.682	0.632
130	XIN13397	0.662	0.617	0.604	0.807	0.507	0.660
131	XIN13398	0.720	0.597	0.588	0.818	0.674	0.691
132	XIN13400	0.712	0.680	0.610	0.728	0.712	0.713
133	XIN13761	0.581	0.516	0.417	0.686	0.607	0.667
134	XIN13795	0.648	0.661	0.706	0.706	0.629	0.794
135	XIN13798	0.588	0.602	0.611	0.500	0.643	0.556
136	XIN13822	0.657	0.620	0.602	0.673	0.596	0.546
137	XIN13824	0.716	0.528	0.592	0.750	0.586	0.658
138	XIN13833	0.566	0.531	0.528	0.686	0.521	0.514
139	XIN13835	0.713	0.672	0.556	0.743	0.621	0.667
140	XIN13925	0.818	0.883	0.886	0.800	0.699	0.800
141	XIN13927	0.758	0.734	0.772	0.801	0.697	0.772
142	XIN13929	0.758	0.726	0.764	0.801	0.816	0.764
143	XIN13941	0.838	0.711	0.743	0.879	0.871	0.785
144	XIN13943	0.735	0.555	0.660	0.750	0.600	0.618
145	XIN13982	0.629	0.672	0.727	0.656	0.705	0.621
146	XIN13984	0.922	0.804	0.853	0.836	0.813	0.922
147	XIN13986	0.787	0.844	0.840	0.864	0.786	0.799

（续）

序号	资源编号（名称）	序号/资源编号（名称）					
		151	152	153	154	155	156
		XIN14027	XIN14029	XIN14031	XIN14033	XIN14035	XIN14036
148	XIN13995	0.819	0.714	0.793	0.759	0.705	0.724
149	XIN13997	0.911	0.733	0.788	0.891	0.826	0.833
150	XIN14025	0.801	0.773	0.847	0.793	0.743	0.875
151	XIN14027	0.000	0.523	0.419	0.583	0.500	0.507
152	XIN14029	0.523	0.000	0.219	0.625	0.586	0.484
153	XIN14031	0.419	0.219	0.000	0.714	0.707	0.528
154	XIN14033	0.583	0.625	0.714	0.000	0.537	0.571
155	XIN14035	0.500	0.586	0.707	0.537	0.000	0.579
156	XIN14036	0.507	0.484	0.528	0.571	0.579	0.000
157	XIN14044	0.934	0.922	0.889	0.800	0.807	0.875
158	XIN14138	0.816	0.781	0.800	0.824	0.713	0.814
159	XIN14140	0.797	0.825	0.868	0.742	0.856	0.853
160	XIN14141	0.879	0.777	0.819	0.888	0.839	0.871
161	XIN14142	0.742	0.823	0.807	0.816	0.765	0.821
162	XIN14143	0.828	0.758	0.831	0.795	0.652	0.816
163	XIN14144	0.768	0.759	0.879	0.793	0.616	0.793
164	XIN14146	0.864	0.798	0.879	0.934	0.824	0.864
165	XIN14147	0.790	0.767	0.871	0.773	0.641	0.826
166	XIN14149	0.742	0.669	0.764	0.816	0.691	0.793
167	XIN14151	0.773	0.718	0.736	0.640	0.706	0.707
168	XIN14176	0.750	0.733	0.758	0.820	0.563	0.765
169	XIN14204	0.875	0.982	0.882	0.938	0.750	0.824
170	XIN14206	0.561	0.540	0.607	0.625	0.618	0.536
171	XIN14262	0.833	0.777	0.867	0.793	0.784	0.883
172	XIN14288	0.570	0.617	0.636	0.656	0.539	0.439
173	XIN14305	0.836	0.792	0.787	0.871	0.788	0.904
174	XIN15286	0.669	0.629	0.720	0.758	0.609	0.674
175	XIN15416	0.773	0.750	0.793	0.787	0.735	0.750
176	XIN15418	0.811	0.710	0.771	0.794	0.757	0.786
177	XIN15450	0.932	0.839	0.850	0.846	0.824	0.893

（续）

序号	资源编号（名称）	序号/资源编号（名称）					
		151	152	153	154	155	156
		XIN14027	XIN14029	XIN14031	XIN14033	XIN14035	XIN14036
178	XIN15452	0.893	0.769	0.828	0.821	0.830	0.879
179	XIN15530	0.608	0.500	0.406	0.629	0.734	0.563
180	XIN15532	0.625	0.667	0.581	0.568	0.629	0.654
181	XIN15533	0.645	0.603	0.576	0.594	0.742	0.636
182	XIN15535	0.677	0.759	0.727	0.594	0.633	0.674
183	XIN15537	0.613	0.759	0.750	0.648	0.641	0.598
184	XIN15584	0.667	0.581	0.596	0.689	0.720	0.713
185	XIN15586	0.759	0.639	0.533	0.862	0.681	0.717
186	XIN15627	0.718	0.603	0.573	0.942	0.675	0.734
187	XIN15636	0.805	0.725	0.780	0.867	0.766	0.917
188	XIN15738	0.833	0.927	0.850	0.757	0.765	0.743
189	XIN15739	0.859	0.792	0.871	0.836	0.766	0.917
190	XIN15741	0.955	0.782	0.821	0.949	0.816	0.893
191	XIN15743	0.856	0.710	0.800	0.809	0.750	0.786
192	XIN15811	0.842	0.857	0.813	0.742	0.718	0.750
193	XIN15879	0.684	0.588	0.595	0.750	0.575	0.714
194	XIN15895	0.634	0.481	0.509	0.688	0.643	0.612
195	XIN16008	0.767	0.694	0.725	0.810	0.793	0.725
196	XIN16010	0.790	0.690	0.797	0.790	0.637	0.859
197	XIN16016	0.818	0.855	0.890	0.856	0.826	0.787
198	XIN16018	0.805	0.758	0.818	0.828	0.711	0.818
199	Xindali1	0.846	0.781	0.750	0.800	0.893	0.889
200	Yang02－1	0.798	0.690	0.750	0.710	0.581	0.734
201	Yudou18	0.787	0.719	0.778	0.829	0.821	0.833
202	Zhechun2	0.787	0.844	0.833	0.857	0.750	0.792
203	Zhongdou27	0.743	0.719	0.792	0.857	0.779	0.736
204	Zhongdou34	0.838	0.797	0.854	0.879	0.800	0.868
205	Zhongdou8	0.846	0.797	0.861	0.886	0.821	0.889
206	Zhonghuang10	0.856	0.815	0.843	0.846	0.809	0.871
207	Zhongpin661	0.863	0.793	0.818	0.844	0.813	0.818

表 27　遗传距离（二十七）

序号	资源编号（名称）	序号/资源编号（名称）					
		157	158	159	160	161	162
		XIN14044	XIN14138	XIN14140	XIN14141	XIN14142	XIN14143
1	Dongnong50089	0.886	0.853	0.773	0.830	0.824	0.811
2	Dongnong92070	0.778	0.800	0.809	0.819	0.864	0.831
3	Dongxin2	0.793	0.669	0.654	0.595	0.618	0.742
4	Gandou5	0.778	0.743	0.676	0.647	0.621	0.699
5	Gongdou5	0.686	0.941	0.864	0.819	0.919	0.841
6	Guichundou1	0.799	0.893	0.757	0.707	0.714	0.757
7	Guixia3	0.771	0.693	0.728	0.707	0.736	0.662
8	Hedou12	0.610	0.772	0.758	0.716	0.712	0.750
9	Heinong37	0.806	0.686	0.750	0.802	0.807	0.787
10	Huachun4	0.821	0.875	0.750	0.768	0.794	0.864
11	Huangbaozhuhao	0.850	0.669	0.811	0.875	0.838	0.833
12	Huaxia101	0.757	0.736	0.831	0.793	0.771	0.721
13	Huaxia102	0.829	0.794	0.697	0.813	0.735	0.689
14	Jidou7	0.736	0.779	0.809	0.759	0.807	0.831
15	Jikedou1	0.821	0.882	0.917	0.884	0.846	0.758
16	Jindou21	0.674	0.850	0.801	0.741	0.829	0.868
17	Jindou31	0.806	0.800	0.706	0.733	0.779	0.846
18	Jinong11	0.729	0.693	0.831	0.828	0.829	0.735
19	Jinyi50	0.778	0.600	0.735	0.750	0.821	0.728
20	Jiufeng10	0.750	0.803	0.813	0.796	0.773	0.805
21	Jiwuxing1	0.750	0.772	0.932	0.897	0.926	0.788
22	Kefeng5	0.694	0.829	0.735	0.724	0.779	0.728
23	Ludou4	0.701	0.857	0.875	0.819	0.857	0.809
24	Lvling9804	0.939	0.844	0.914	0.884	0.894	0.836
25	Nannong99 – 6	0.639	0.800	0.735	0.647	0.736	0.757
26	Puhai10	0.550	0.824	0.795	0.733	0.838	0.773
27	Qihuang1	0.722	0.886	0.809	0.836	0.864	0.904

（续）

序号	资源编号（名称）	序号/资源编号（名称）					
		157	158	159	160	161	162
		XIN14044	XIN14138	XIN14140	XIN14141	XIN14142	XIN14143
28	Qihuang28	0.764	0.843	0.838	0.741	0.850	0.860
29	Ribenqing3	0.861	0.886	0.956	0.853	0.921	0.904
30	Shang951099	0.743	0.824	0.833	0.681	0.816	0.811
31	Suchun10-8	0.806	0.857	0.838	0.888	0.879	0.846
32	Sudou5	0.800	0.853	0.742	0.777	0.779	0.841
33	Suhan1	0.889	0.857	0.853	0.853	0.879	0.816
34	suinong14	0.787	0.780	0.789	0.843	0.841	0.859
35	Suixiaolidou2	0.871	0.727	0.797	0.929	0.789	0.790
36	Suza1	0.806	0.686	0.721	0.595	0.636	0.699
37	Tongdou4	0.778	0.657	0.676	0.595	0.679	0.787
38	Tongdou7	0.722	0.914	0.838	0.784	0.807	0.875
39	Wandou9	0.694	0.886	0.721	0.681	0.693	0.816
40	Xiadou1	0.786	0.926	0.848	0.839	0.875	0.841
41	Xiangchundou17	0.715	0.643	0.574	0.534	0.557	0.625
42	XIN06640	0.787	0.689	0.750	0.777	0.721	0.779
43	XIN06666	0.800	0.706	0.779	0.802	0.793	0.801
44	XIN06830	0.829	0.824	0.912	0.853	0.950	0.875
45	XIN06832	0.743	0.794	0.831	0.862	0.821	0.765
46	XIN06846	0.705	0.758	0.773	0.843	0.803	0.703
47	XIN06890	0.679	0.875	0.743	0.750	0.800	0.897
48	XIN06908	0.857	0.882	0.838	0.922	0.864	0.890
49	XIN07094	0.656	0.742	0.710	0.731	0.758	0.734
50	XIN07095	0.586	0.735	0.794	0.655	0.721	0.772
51	XIN07203	0.640	0.689	0.780	0.723	0.779	0.773
52	XIN07397	0.685	0.825	0.858	0.817	0.839	0.817
53	XIN07483	0.779	0.788	0.682	0.732	0.735	0.758
54	XIN07486	0.836	0.772	0.801	0.905	0.757	0.750
55	XIN07543	0.588	0.803	0.833	0.741	0.772	0.713
56	XIN07544	0.721	0.728	0.787	0.793	0.814	0.750
57	XIN07545	0.806	0.800	0.867	0.760	0.847	0.831

（续）

序号	资源编号（名称）	序号/资源编号（名称）					
		157	158	159	160	161	162
		XIN14044	XIN14138	XIN14140	XIN14141	XIN14142	XIN14143
58	XIN07704	0.814	0.743	0.691	0.828	0.679	0.699
59	XIN07707	0.793	0.846	0.801	0.879	0.743	0.809
60	XIN07896	0.643	0.765	0.662	0.690	0.707	0.699
61	XIN07898	0.882	0.758	0.833	0.884	0.801	0.826
62	XIN10695	0.907	0.764	0.795	0.810	0.765	0.795
63	XIN10697	0.854	0.750	0.816	0.879	0.757	0.735
64	XIN10799	0.910	0.879	0.949	0.957	0.943	0.897
65	XIN10801	0.826	0.779	0.772	0.690	0.786	0.809
66	XIN10935	0.764	0.700	0.743	0.741	0.750	0.684
67	XIN10961	0.826	0.879	0.934	0.879	0.914	0.853
68	XIN10963	0.833	0.800	0.779	0.853	0.736	0.831
69	XIN10964	0.799	0.764	0.801	0.914	0.771	0.794
70	XIN10966	0.750	0.886	0.809	0.784	0.793	0.816
71	XIN10967	0.660	0.850	0.772	0.784	0.800	0.897
72	XIN10981	0.694	0.736	0.779	0.741	0.764	0.743
73	XIN10983	0.729	0.779	0.919	0.819	0.900	0.765
74	XIN11115	0.639	0.664	0.765	0.776	0.793	0.684
75	XIN11117	0.653	0.800	0.735	0.716	0.707	0.757
76	XIN11196	0.764	0.743	0.779	0.724	0.729	0.743
77	XIN11198	0.667	0.757	0.772	0.733	0.764	0.743
78	XIN11235	0.778	0.886	0.838	0.750	0.879	0.757
79	XIN11237	0.600	0.779	0.727	0.732	0.757	0.735
80	XIN11239	0.778	0.800	0.691	0.595	0.736	0.757
81	XIN11277	0.667	0.700	0.853	0.759	0.786	0.728
82	XIN11315	0.778	0.814	0.809	0.879	0.793	0.684
83	XIN11317	0.750	0.897	0.886	0.848	0.838	0.779
84	XIN11319	0.826	0.786	0.772	0.716	0.757	0.765
85	XIN11324	0.708	0.829	0.824	0.672	0.807	0.801
86	XIN11326	0.806	0.857	0.779	0.957	0.836	0.846
87	XIN11328	0.833	0.743	0.956	0.957	0.836	0.787

（续）

序号	资源编号（名称）	序号/资源编号（名称）					
		157	158	159	160	161	162
		XIN14044	XIN14138	XIN14140	XIN14141	XIN14142	XIN14143
88	XIN11330	0.688	0.764	0.743	0.612	0.757	0.735
89	XIN11332	0.653	0.786	0.868	0.793	0.807	0.713
90	XIN11359	0.536	0.757	0.652	0.629	0.676	0.712
91	XIN11447	0.792	0.800	0.787	0.879	0.836	0.890
92	XIN11475	0.708	0.707	0.794	0.862	0.793	0.757
93	XIN11478	0.684	0.705	0.734	0.705	0.682	0.781
94	XIN11480	0.743	0.786	0.713	0.690	0.714	0.765
95	XIN11481	0.826	0.721	0.787	0.802	0.757	0.838
96	XIN11532	0.854	0.764	0.816	0.810	0.757	0.676
97	XIN11534	0.597	0.729	0.750	0.707	0.714	0.699
98	XIN11556	0.850	0.713	0.772	0.802	0.829	0.794
99	XIN11846	0.614	0.654	0.803	0.795	0.735	0.629
100	XIN11847	0.639	0.600	0.735	0.681	0.621	0.596
101	XIN11848	0.681	0.679	0.669	0.672	0.657	0.625
102	XIN11953	0.917	0.771	0.750	0.750	0.764	0.669
103	XIN11955	0.774	0.967	0.828	0.760	0.850	0.828
104	XIN11956	0.750	0.743	0.691	0.655	0.693	0.669
105	XIN12175	0.528	0.743	0.765	0.681	0.707	0.787
106	XIN12219	0.660	0.850	0.713	0.750	0.800	0.868
107	XIN12221	0.694	0.829	0.721	0.759	0.807	0.860
108	XIN12249	0.720	0.789	0.774	0.750	0.719	0.815
109	XIN12251	0.684	0.795	0.711	0.750	0.720	0.672
110	XIN12283	0.576	0.736	0.772	0.802	0.771	0.721
111	XIN12374	0.813	0.807	0.772	0.802	0.771	0.750
112	XIN12380	0.818	0.813	0.927	0.813	0.914	0.863
113	XIN12461	0.811	0.773	0.781	0.866	0.797	0.750
114	XIN12463	0.951	0.850	0.728	0.862	0.729	0.824
115	XIN12465	0.882	0.788	0.844	0.954	0.856	0.844
116	XIN12467	0.729	0.691	0.780	0.828	0.787	0.705
117	XIN12469	0.924	0.781	0.742	0.768	0.780	0.859

（续）

序号	资源编号（名称）	序号/资源编号（名称） 157 XIN14044	158 XIN14138	159 XIN14140	160 XIN14141	161 XIN14142	162 XIN14143
118	XIN12533	0.794	0.727	0.742	0.698	0.750	0.680
119	XIN12535	0.671	0.684	0.705	0.679	0.676	0.667
120	XIN12545	0.857	0.882	0.871	0.922	0.728	0.780
121	XIN12678	0.764	0.686	0.713	0.672	0.693	0.787
122	XIN12680	0.794	0.712	0.820	0.828	0.780	0.711
123	XIN12690	0.833	0.743	0.735	0.716	0.736	0.787
124	XIN12764	0.639	0.829	0.897	0.888	0.864	0.787
125	XIN12799	0.938	0.875	0.958	0.884	0.895	0.833
126	XIN12829	0.758	0.758	0.675	0.639	0.675	0.810
127	XIN12831	0.657	0.809	0.742	0.741	0.757	0.765
128	XIN13095	0.653	0.843	0.809	0.776	0.793	0.743
129	XIN13395	0.824	0.773	0.703	0.723	0.735	0.820
130	XIN13397	0.701	0.779	0.816	0.802	0.814	0.765
131	XIN13398	0.824	0.818	0.836	0.853	0.826	0.773
132	XIN13400	0.846	0.780	0.734	0.802	0.758	0.750
133	XIN13761	0.722	0.771	0.868	0.888	0.793	0.772
134	XIN13795	0.912	0.818	0.781	0.871	0.826	0.883
135	XIN13798	0.722	0.743	0.735	0.836	0.757	0.743
136	XIN13822	0.861	0.713	0.798	0.823	0.817	0.710
137	XIN13824	0.892	0.792	0.758	0.704	0.800	0.750
138	XIN13833	0.806	0.857	0.868	0.922	0.921	0.831
139	XIN13835	0.778	0.714	0.838	0.750	0.721	0.787
140	XIN13925	0.600	0.757	0.788	0.784	0.743	0.674
141	XIN13927	0.566	0.674	0.703	0.664	0.689	0.758
142	XIN13929	0.621	0.757	0.735	0.670	0.750	0.742
143	XIN13941	0.743	0.850	0.831	0.681	0.814	0.809
144	XIN13943	0.826	0.864	0.890	0.845	0.879	0.809
145	XIN13982	0.909	0.939	0.798	0.884	0.820	0.895
146	XIN13984	0.578	0.767	0.672	0.630	0.638	0.652
147	XIN13986	0.632	0.714	0.772	0.767	0.700	0.662

（续）

序号	资源编号 （名称）	序号/资源编号（名称）					
		157	158	159	160	161	162
		XIN14044	XIN14138	XIN14140	XIN14141	XIN14142	XIN14143
148	XIN13995	0.759	0.793	0.848	0.837	0.804	0.593
149	XIN13997	0.773	0.781	0.871	0.769	0.789	0.680
150	XIN14025	0.708	0.829	0.838	0.845	0.743	0.669
151	XIN14027	0.934	0.816	0.797	0.879	0.742	0.828
152	XIN14029	0.922	0.781	0.825	0.777	0.823	0.758
153	XIN14031	0.889	0.800	0.868	0.819	0.807	0.831
154	XIN14033	0.800	0.824	0.742	0.888	0.816	0.795
155	XIN14035	0.807	0.713	0.856	0.839	0.765	0.652
156	XIN14036	0.875	0.814	0.853	0.871	0.821	0.816
157	XIN14044	0.000	0.829	0.691	0.681	0.736	0.787
158	XIN14138	0.829	0.000	0.561	0.560	0.463	0.568
159	XIN14140	0.691	0.561	0.000	0.362	0.316	0.674
160	XIN14141	0.681	0.560	0.362	0.000	0.276	0.589
161	XIN14142	0.736	0.463	0.316	0.276	0.000	0.500
162	XIN14143	0.787	0.568	0.674	0.589	0.500	0.000
163	XIN14144	0.707	0.393	0.517	0.402	0.457	0.473
164	XIN14146	0.793	0.507	0.654	0.534	0.621	0.515
165	XIN14147	0.750	0.414	0.561	0.500	0.515	0.438
166	XIN14149	0.579	0.713	0.721	0.647	0.743	0.750
167	XIN14151	0.736	0.816	0.860	0.957	0.871	0.735
168	XIN14176	0.758	0.750	0.803	0.839	0.818	0.711
169	XIN14204	0.765	0.813	0.868	0.917	0.853	0.750
170	XIN14206	0.893	0.904	0.772	0.862	0.800	0.765
171	XIN14262	0.650	0.767	0.658	0.616	0.608	0.681
172	XIN14288	0.818	0.750	0.811	0.888	0.826	0.773
173	XIN14305	0.684	0.795	0.674	0.679	0.721	0.727
174	XIN15286	0.765	0.727	0.841	0.884	0.788	0.797
175	XIN15416	0.764	0.787	0.860	0.871	0.857	0.779
176	XIN15418	0.743	0.794	0.809	0.784	0.793	0.728
177	XIN15450	0.764	0.846	0.743	0.819	0.800	0.868

（续）

序号	资源编号（名称）	序号/资源编号（名称）					
		157	158	159	160	161	162
		XIN14044	XIN14138	XIN14140	XIN14141	XIN14142	XIN14143
178	XIN15452	0.793	0.857	0.716	0.837	0.802	0.848
179	XIN15530	0.844	0.758	0.813	0.833	0.820	0.815
180	XIN15532	0.654	0.735	0.629	0.777	0.721	0.773
181	XIN15533	0.818	0.719	0.672	0.806	0.750	0.758
182	XIN15535	0.742	0.859	0.836	0.806	0.841	0.758
183	XIN15537	0.811	0.773	0.705	0.848	0.773	0.828
184	XIN15584	0.757	0.787	0.705	0.733	0.706	0.735
185	XIN15586	0.850	0.617	0.783	0.750	0.808	0.802
186	XIN15627	0.750	0.685	0.783	0.696	0.790	0.767
187	XIN15636	0.674	0.780	0.758	0.661	0.758	0.703
188	XIN15738	0.821	0.934	0.831	0.879	0.857	0.868
189	XIN15739	0.523	0.780	0.602	0.571	0.667	0.773
190	XIN15741	0.593	0.728	0.787	0.638	0.771	0.809
191	XIN15743	0.486	0.618	0.596	0.534	0.600	0.654
192	XIN15811	0.781	0.968	0.891	0.813	0.852	0.831
193	XIN15879	0.857	0.900	0.810	0.809	0.750	0.725
194	XIN15895	0.888	0.664	0.784	0.856	0.784	0.679
195	XIN16008	0.525	0.758	0.733	0.635	0.742	0.724
196	XIN16010	0.531	0.672	0.685	0.630	0.711	0.685
197	XIN16016	0.669	0.684	0.689	0.741	0.691	0.652
198	XIN16018	0.485	0.606	0.656	0.578	0.659	0.711
199	Xindali1	0.861	0.857	0.838	0.819	0.864	0.963
200	Yang02-1	0.813	0.839	0.825	0.875	0.887	0.858
201	Yudou18	0.639	0.743	0.706	0.647	0.707	0.669
202	Zhechun2	0.694	0.800	0.853	0.750	0.850	0.816
203	Zhongdou27	0.806	0.829	0.838	0.828	0.793	0.787
204	Zhongdou34	0.771	0.836	0.699	0.586	0.686	0.824
205	Zhongdou8	0.750	0.686	0.676	0.560	0.621	0.757
206	Zhonghuang10	0.743	0.897	0.864	0.848	0.853	0.795
207	Zhongpin661	0.576	0.750	0.855	0.806	0.828	0.831

表 28　遗传距离（二十八）

序号	资源编号（名称）	序号/资源编号（名称）					
		163	164	165	166	167	168
		XIN14144	XIN14146	XIN14147	XIN14149	XIN14151	XIN14176
1	Dongnong50089	0.821	0.824	0.867	0.647	0.669	0.688
2	Dongnong92070	0.707	0.821	0.811	0.664	0.693	0.697
3	Dongxin2	0.690	0.721	0.667	0.588	0.926	0.750
4	Gandou5	0.672	0.736	0.689	0.707	0.936	0.818
5	Gongdou5	0.828	0.846	0.867	0.669	0.853	0.656
6	Guichundou1	0.733	0.757	0.788	0.743	0.843	0.765
7	Guixia3	0.681	0.757	0.667	0.657	0.857	0.735
8	Hedou12	0.857	0.864	0.855	0.545	0.811	0.790
9	Heinong37	0.810	0.793	0.811	0.707	0.764	0.712
10	Huachun4	0.759	0.897	0.719	0.750	0.838	0.820
11	Huangbaozhuhao	0.866	0.750	0.859	0.721	0.603	0.742
12	Huaxia101	0.733	0.857	0.712	0.664	0.843	0.720
13	Huaxia102	0.732	0.794	0.805	0.779	0.846	0.766
14	Jidou7	0.707	0.721	0.780	0.764	0.764	0.621
15	Jikedou1	0.795	0.816	0.828	0.772	0.676	0.727
16	Jindou21	0.871	0.814	0.833	0.657	0.857	0.712
17	Jindou31	0.828	0.821	0.826	0.793	0.721	0.773
18	Jinong11	0.750	0.686	0.773	0.671	0.714	0.636
19	Jinyi50	0.690	0.650	0.674	0.736	0.764	0.727
20	Jiufeng10	0.750	0.924	0.820	0.773	0.644	0.688
21	Jiwuxing1	0.802	0.750	0.844	0.721	0.787	0.648
22	Kefeng5	0.802	0.850	0.795	0.536	0.771	0.758
23	Ludou4	0.698	0.786	0.758	0.814	0.814	0.720
24	Lvling9804	0.768	0.909	0.750	0.742	0.750	0.758
25	Nannong99 – 6	0.707	0.850	0.750	0.664	0.793	0.742
26	Puhai10	0.767	0.838	0.766	0.603	0.801	0.742
27	Qihuang1	0.914	0.879	0.902	0.664	0.879	0.712

（续）

序号	资源编号（名称）	序号/资源编号（名称）					
		163	164	165	166	167	168
		XIN14144	XIN14146	XIN14147	XIN14149	XIN14151	XIN14176
28	Qihuang28	0.750	0.750	0.811	0.743	0.893	0.667
29	Ribenqing3	0.810	0.907	0.795	0.764	0.821	0.803
30	Shang951099	0.845	0.875	0.867	0.654	0.824	0.828
31	Suchun10-8	0.776	0.879	0.811	0.736	0.793	0.788
32	Sudou5	0.732	0.912	0.727	0.735	0.846	0.750
33	Suhan1	0.776	0.793	0.765	0.679	0.793	0.788
34	suinong14	0.815	0.932	0.828	0.720	0.742	0.648
35	Suixiaolidou2	0.705	0.852	0.742	0.789	0.766	0.734
36	Suza1	0.724	0.736	0.644	0.593	0.936	0.788
37	Tongdou4	0.621	0.679	0.644	0.636	0.879	0.788
38	Tongdou7	0.914	0.850	0.932	0.664	0.836	0.803
39	Wandou9	0.759	0.821	0.811	0.607	0.879	0.879
40	Xiadou1	0.866	0.757	0.867	0.706	0.875	0.758
41	Xiangchundou17	0.517	0.579	0.568	0.693	0.750	0.742
42	XIN06640	0.759	0.809	0.750	0.750	0.713	0.625
43	XIN06666	0.819	0.836	0.841	0.757	0.757	0.652
44	XIN06830	0.845	0.764	0.841	0.750	0.636	0.682
45	XIN06832	0.828	0.779	0.833	0.729	0.393	0.606
46	XIN06846	0.768	0.742	0.726	0.667	0.795	0.750
47	XIN06890	0.845	0.929	0.864	0.614	0.864	0.720
48	XIN06908	0.845	0.736	0.871	0.764	0.736	0.818
49	XIN07094	0.804	0.742	0.758	0.320	0.836	0.742
50	XIN07095	0.698	0.829	0.735	0.550	0.857	0.818
51	XIN07203	0.768	0.779	0.766	0.500	0.809	0.758
52	XIN07397	0.833	0.855	0.833	0.532	0.726	0.750
53	XIN07483	0.714	0.801	0.758	0.706	0.596	0.656
54	XIN07486	0.793	0.729	0.826	0.786	0.721	0.750
55	XIN07543	0.759	0.816	0.758	0.544	0.787	0.672
56	XIN07544	0.716	0.814	0.727	0.693	0.814	0.750
57	XIN07545	0.704	0.766	0.733	0.766	0.847	0.733

（续）

序号	资源编号（名称）	序号/资源编号（名称）					
		163	164	165	166	167	168
		XIN14144	XIN14146	XIN14147	XIN14149	XIN14151	XIN14176
58	XIN07704	0.724	0.779	0.765	0.786	0.693	0.720
59	XIN07707	0.802	0.871	0.833	0.743	0.671	0.742
60	XIN07896	0.724	0.764	0.735	0.600	0.614	0.591
61	XIN07898	0.839	0.875	0.836	0.801	0.684	0.734
62	XIN10695	0.741	0.897	0.813	0.794	0.632	0.680
63	XIN10697	0.716	0.800	0.758	0.750	0.700	0.659
64	XIN10799	0.862	0.929	0.833	0.757	0.693	0.780
65	XIN10801	0.698	0.750	0.742	0.629	0.900	0.826
66	XIN10935	0.690	0.736	0.750	0.614	0.600	0.621
67	XIN10961	0.888	0.871	0.879	0.771	0.471	0.697
68	XIN10963	0.776	0.850	0.780	0.821	0.679	0.833
69	XIN10964	0.784	0.871	0.773	0.771	0.629	0.720
70	XIN10966	0.784	0.836	0.811	0.729	0.664	0.742
71	XIN10967	0.810	0.957	0.803	0.629	0.771	0.765
72	XIN10981	0.776	0.750	0.720	0.229	0.821	0.742
73	XIN10983	0.707	0.771	0.742	0.750	0.707	0.674
74	XIN11115	0.698	0.764	0.705	0.507	0.636	0.621
75	XIN11117	0.776	0.850	0.780	0.579	0.857	0.826
76	XIN11196	0.819	0.836	0.811	0.350	0.814	0.742
77	XIN11198	0.802	0.750	0.742	0.250	0.821	0.742
78	XIN11235	0.759	0.793	0.720	0.664	0.793	0.697
79	XIN11237	0.813	0.890	0.773	0.544	0.750	0.758
80	XIN11239	0.690	0.821	0.720	0.664	0.764	0.803
81	XIN11277	0.733	0.786	0.674	0.579	0.750	0.773
82	XIN11315	0.802	0.836	0.795	0.693	0.593	0.705
83	XIN11317	0.848	0.882	0.844	0.743	0.750	0.695
84	XIN11319	0.750	0.743	0.788	0.671	0.757	0.735
85	XIN11324	0.836	0.864	0.856	0.643	0.814	0.848
86	XIN11326	0.879	0.907	0.902	0.836	0.679	0.682
87	XIN11328	0.759	0.807	0.750	0.821	0.736	0.636

（续）

序号	资源编号（名称）	序号/资源编号（名称）					
		163	164	165	166	167	168
		XIN14144	XIN14146	XIN14147	XIN14149	XIN14151	XIN14176
88	XIN11330	0.724	0.757	0.758	0.607	0.807	0.750
89	XIN11332	0.750	0.807	0.720	0.700	0.629	0.644
90	XIN11359	0.707	0.794	0.734	0.574	0.831	0.742
91	XIN11447	0.871	0.850	0.871	0.721	0.693	0.606
92	XIN11475	0.828	0.793	0.826	0.579	0.850	0.720
93	XIN11478	0.714	0.894	0.694	0.712	0.735	0.726
94	XIN11480	0.690	0.886	0.667	0.700	0.793	0.765
95	XIN11481	0.828	0.786	0.818	0.650	0.664	0.758
96	XIN11532	0.802	0.871	0.803	0.700	0.700	0.720
97	XIN11534	0.716	0.700	0.689	0.629	0.757	0.705
98	XIN11556	0.810	0.857	0.773	0.671	0.779	0.720
99	XIN11846	0.768	0.772	0.742	0.625	0.588	0.523
100	XIN11847	0.698	0.700	0.644	0.571	0.657	0.515
101	XIN11848	0.647	0.714	0.682	0.536	0.629	0.515
102	XIN11953	0.690	0.764	0.689	0.764	0.779	0.667
103	XIN11955	0.740	0.833	0.793	0.675	0.792	0.690
104	XIN11956	0.724	0.721	0.636	0.629	0.686	0.629
105	XIN12175	0.724	0.807	0.765	0.493	0.879	0.788
106	XIN12219	0.845	0.900	0.833	0.614	0.836	0.705
107	XIN12221	0.819	0.907	0.811	0.614	0.843	0.697
108	XIN12249	0.833	0.906	0.806	0.531	0.938	0.879
109	XIN12251	0.696	0.758	0.718	0.667	0.591	0.556
110	XIN12283	0.845	0.786	0.833	0.614	0.693	0.674
111	XIN12374	0.845	0.829	0.864	0.736	0.579	0.750
112	XIN12380	0.839	0.742	0.825	0.750	0.633	0.692
113	XIN12461	0.857	0.828	0.855	0.703	0.766	0.653
114	XIN12463	0.836	0.843	0.864	0.800	0.771	0.735
115	XIN12465	0.796	0.811	0.831	0.788	0.705	0.734
116	XIN12467	0.716	0.743	0.742	0.721	0.772	0.703
117	XIN12469	0.830	0.780	0.863	0.758	0.750	0.718

（续）

序号	资源编号（名称）	序号/资源编号（名称）					
		163	164	165	166	167	168
		XIN14144	XIN14146	XIN14147	XIN14149	XIN14151	XIN14176
118	XIN12533	0.621	0.583	0.637	0.780	0.841	0.839
119	XIN12535	0.714	0.824	0.682	0.559	0.824	0.705
120	XIN12545	0.810	0.875	0.867	0.757	0.728	0.750
121	XIN12678	0.784	0.821	0.750	0.571	0.914	0.788
122	XIN12680	0.698	0.705	0.734	0.712	0.667	0.653
123	XIN12690	0.707	0.821	0.780	0.750	0.736	0.742
124	XIN12764	0.845	0.879	0.841	0.721	0.636	0.621
125	XIN12799	0.833	0.766	0.888	0.750	0.766	0.690
126	XIN12829	0.795	0.842	0.767	0.592	0.733	0.707
127	XIN12831	0.802	0.831	0.789	0.537	0.882	0.828
128	XIN13095	0.750	0.764	0.841	0.607	0.829	0.697
129	XIN13395	0.839	0.886	0.867	0.705	0.689	0.805
130	XIN13397	0.724	0.743	0.727	0.671	0.750	0.606
131	XIN13398	0.845	0.871	0.863	0.765	0.614	0.565
132	XIN13400	0.845	0.833	0.823	0.682	0.735	0.742
133	XIN13761	0.845	0.907	0.841	0.793	0.593	0.667
134	XIN13795	0.845	0.750	0.831	0.705	0.886	0.782
135	XIN13798	0.784	0.764	0.811	0.693	0.679	0.659
136	XIN13822	0.802	0.788	0.790	0.654	0.548	0.660
137	XIN13824	0.713	0.767	0.707	0.650	0.717	0.741
138	XIN13833	0.879	0.907	0.902	0.764	0.579	0.621
139	XIN13835	0.759	0.821	0.841	0.736	0.650	0.773
140	XIN13925	0.698	0.743	0.695	0.654	0.750	0.789
141	XIN13927	0.690	0.795	0.694	0.447	0.765	0.766
142	XIN13929	0.741	0.794	0.742	0.603	0.772	0.765
143	XIN13941	0.845	0.843	0.864	0.629	0.864	0.856
144	XIN13943	0.836	0.814	0.833	0.729	0.529	0.712
145	XIN13982	0.870	0.930	0.892	0.813	0.820	0.717
146	XIN13984	0.713	0.793	0.768	0.466	0.810	0.705
147	XIN13986	0.716	0.771	0.636	0.400	0.771	0.750

（续）

序号	资源编号（名称）	序号/资源编号（名称）					
		163	164	165	166	167	168
		XIN14144	XIN14146	XIN14147	XIN14149	XIN14151	XIN14176
148	XIN13995	0.780	0.920	0.769	0.777	0.580	0.750
149	XIN13997	0.856	0.805	0.842	0.688	0.797	0.742
150	XIN14025	0.784	0.771	0.720	0.750	0.793	0.727
151	XIN14027	0.768	0.864	0.790	0.742	0.773	0.750
152	XIN14029	0.759	0.798	0.767	0.669	0.718	0.733
153	XIN14031	0.879	0.879	0.871	0.764	0.736	0.758
154	XIN14033	0.793	0.934	0.773	0.816	0.640	0.820
155	XIN14035	0.616	0.824	0.641	0.691	0.706	0.563
156	XIN14036	0.793	0.864	0.826	0.793	0.707	0.765
157	XIN14044	0.707	0.793	0.750	0.579	0.736	0.758
158	XIN14138	0.393	0.507	0.414	0.713	0.816	0.750
159	XIN14140	0.517	0.654	0.561	0.721	0.860	0.803
160	XIN14141	0.402	0.534	0.500	0.647	0.957	0.839
161	XIN14142	0.457	0.621	0.515	0.743	0.871	0.818
162	XIN14143	0.473	0.515	0.438	0.750	0.735	0.711
163	XIN14144	0.000	0.422	0.152	0.724	0.828	0.777
164	XIN14146	0.422	0.000	0.485	0.686	0.843	0.811
165	XIN14147	0.152	0.485	0.000	0.720	0.833	0.765
166	XIN14149	0.724	0.686	0.720	0.000	0.814	0.682
167	XIN14151	0.828	0.843	0.833	0.814	0.000	0.720
168	XIN14176	0.777	0.811	0.765	0.682	0.720	0.000
169	XIN14204	0.781	0.926	0.797	0.721	0.824	0.672
170	XIN14206	0.836	0.843	0.864	0.857	0.586	0.780
171	XIN14262	0.661	0.792	0.681	0.592	0.900	0.810
172	XIN14288	0.707	0.811	0.773	0.735	0.689	0.703
173	XIN14305	0.750	0.882	0.750	0.647	0.853	0.758
174	XIN15286	0.845	0.909	0.828	0.727	0.735	0.648
175	XIN15416	0.879	0.800	0.864	0.643	0.736	0.735
176	XIN15418	0.845	0.779	0.841	0.693	0.779	0.818
177	XIN15450	0.828	0.900	0.864	0.714	0.814	0.795

序号	资源编号（名称）	序号/资源编号（名称）					
		163	164	165	166	167	168
		XIN14144	XIN14146	XIN14147	XIN14149	XIN14151	XIN14176
178	XIN15452	0.815	0.922	0.819	0.707	0.793	0.759
179	XIN15530	0.848	0.820	0.852	0.773	0.586	0.781
180	XIN15532	0.724	0.779	0.813	0.706	0.618	0.719
181	XIN15533	0.696	0.811	0.734	0.788	0.568	0.790
182	XIN15535	0.723	0.886	0.719	0.780	0.720	0.609
183	XIN15537	0.741	0.864	0.766	0.697	0.682	0.680
184	XIN15584	0.750	0.779	0.844	0.691	0.750	0.727
185	XIN15586	0.741	0.808	0.725	0.717	0.767	0.683
186	XIN15627	0.688	0.710	0.672	0.581	0.831	0.681
187	XIN15636	0.723	0.803	0.694	0.606	0.894	0.685
188	XIN15738	0.871	0.957	0.818	0.829	0.843	0.750
189	XIN15739	0.685	0.803	0.742	0.561	0.803	0.766
190	XIN15741	0.716	0.814	0.758	0.564	0.900	0.765
191	XIN15743	0.612	0.700	0.689	0.450	0.793	0.697
192	XIN15811	0.839	0.961	0.852	0.633	0.750	0.797
193	XIN15879	0.750	0.798	0.888	0.774	0.690	0.775
194	XIN15895	0.837	0.897	0.810	0.707	0.405	0.655
195	XIN16008	0.769	0.792	0.768	0.575	0.758	0.705
196	XIN16010	0.639	0.711	0.683	0.391	0.773	0.683
197	XIN16016	0.670	0.676	0.750	0.522	0.824	0.758
198	XIN16018	0.589	0.735	0.621	0.485	0.705	0.750
199	Xindali1	0.810	0.879	0.795	0.836	0.893	0.803
200	Yang02－1	0.827	0.935	0.853	0.677	0.815	0.629
201	Yudou18	0.759	0.736	0.705	0.364	0.793	0.803
202	Zhechun2	0.776	0.793	0.750	0.721	0.779	0.773
203	Zhongdou27	0.845	0.864	0.856	0.700	0.779	0.765
204	Zhongdou34	0.716	0.829	0.773	0.664	0.814	0.765
205	Zhongdou8	0.655	0.736	0.705	0.579	0.821	0.758
206	Zhonghuang10	0.768	0.838	0.773	0.838	0.779	0.688
207	Zhongpin661	0.796	0.844	0.792	0.672	0.813	0.700

表 29　遗传距离（二十九）

序号	资源编号（名称）	序号/资源编号（名称）					
		169	170	171	172	173	174
		XIN14204	XIN14206	XIN14262	XIN14288	XIN14305	XIN15286
1	Dongnong50089	0.813	0.654	0.793	0.563	0.811	0.820
2	Dongnong92070	0.765	0.764	0.783	0.591	0.640	0.765
3	Dongxin2	0.750	0.824	0.542	0.902	0.682	0.879
4	Gandou5	0.824	0.936	0.667	0.818	0.743	0.932
5	Gongdou5	0.765	0.949	0.817	0.844	0.856	0.813
6	Guichundou1	0.779	0.900	0.792	0.962	0.838	0.909
7	Guixia3	0.809	0.914	0.692	0.871	0.735	0.864
8	Hedou12	0.922	0.864	0.608	0.927	0.594	0.863
9	Heinong37	0.824	0.864	0.733	0.667	0.713	0.674
10	Huachun4	0.859	0.779	0.819	0.773	0.773	0.859
11	Huangbaozhuhao	0.813	0.794	0.819	0.742	0.848	0.750
12	Huaxia101	0.765	0.886	0.775	0.871	0.779	0.818
13	Huaxia102	0.813	0.875	0.655	0.844	0.826	0.898
14	Jidou7	0.603	0.836	0.892	0.833	0.787	0.644
15	Jikedou1	0.828	0.647	0.879	0.711	0.773	0.594
16	Jindou21	0.765	0.929	0.792	0.856	0.632	0.818
17	Jindou31	0.882	0.864	0.833	0.879	0.684	0.811
18	Jinong11	0.794	0.871	0.775	0.674	0.809	0.667
19	Jinyi50	0.706	0.850	0.700	0.758	0.801	0.795
20	Jiufeng10	0.850	0.553	0.875	0.516	0.695	0.653
21	Jiwuxing1	0.824	0.882	0.825	0.820	0.773	0.742
22	Kefeng5	0.941	0.879	0.542	0.879	0.478	0.795
23	Ludou4	0.662	0.929	0.700	0.811	0.794	0.864
24	Lvling9804	0.813	0.871	0.759	0.844	0.852	0.863
25	Nannong99 - 6	0.706	0.921	0.600	0.879	0.713	0.780
26	Puhai10	0.779	0.824	0.617	0.867	0.667	0.930
27	Qihuang1	0.941	0.893	0.767	0.848	0.801	0.765

（续）

序号	资源编号（名称）	序号/资源编号（名称）					
		169	170	171	172	173	174
		XIN14204	XIN14206	XIN14262	XIN14288	XIN14305	XIN15286
28	Qihuang28	0.691	0.807	0.767	0.879	0.846	0.826
29	Ribenqing3	0.765	0.821	0.800	0.727	0.801	0.871
30	Shang951099	0.941	0.831	0.683	0.844	0.689	0.906
31	Suchun10 - 8	0.824	0.850	0.817	0.788	0.801	0.795
32	Sudou5	0.875	0.801	0.862	0.813	0.841	0.805
33	Suhan1	0.824	0.836	0.800	0.788	0.801	0.856
34	suinong14	0.917	0.621	0.920	0.427	0.734	0.774
35	Suixiaolidou2	0.859	0.656	0.905	0.570	0.871	0.661
36	Suza1	0.765	0.936	0.467	0.909	0.610	0.902
37	Tongdou4	0.706	0.993	0.467	0.909	0.713	0.856
38	Tongdou7	0.882	0.864	0.717	0.939	0.743	0.780
39	Wandou9	0.882	0.950	0.600	0.970	0.625	0.811
40	Xiadou1	0.828	0.868	0.776	0.859	0.811	0.867
41	Xiangchundou17	0.765	0.736	0.550	0.758	0.676	0.773
42	XIN06640	0.781	0.551	0.836	0.555	0.750	0.594
43	XIN06666	0.779	0.664	0.908	0.606	0.757	0.720
44	XIN06830	0.882	0.750	0.800	0.758	0.890	0.735
45	XIN06832	0.882	0.479	0.833	0.598	0.809	0.705
46	XIN06846	0.688	0.697	0.672	0.718	0.606	0.625
47	XIN06890	0.765	0.929	0.617	0.871	0.721	0.803
48	XIN06908	1.000	0.679	0.850	0.667	0.919	0.826
49	XIN07094	0.733	0.914	0.643	0.833	0.727	0.815
50	XIN07095	0.750	0.879	0.608	0.833	0.640	0.856
51	XIN07203	0.828	0.912	0.595	0.805	0.561	0.734
52	XIN07397	0.833	0.758	0.648	0.810	0.613	0.667
53	XIN07483	0.813	0.699	0.724	0.578	0.705	0.758
54	XIN07486	0.618	0.857	0.817	0.720	0.735	0.742
55	XIN07543	0.656	0.801	0.595	0.727	0.644	0.758
56	XIN07544	0.721	0.757	0.675	0.720	0.706	0.591
57	XIN07545	0.786	0.798	0.750	0.862	0.903	0.842

（续）

序号	资源编号（名称）	序号/资源编号（名称）					
		169	170	171	172	173	174
		XIN14204	XIN14206	XIN14262	XIN14288	XIN14305	XIN15286
58	XIN07704	0.721	0.579	0.742	0.545	0.757	0.674
59	XIN07707	0.926	0.486	0.892	0.280	0.868	0.818
60	XIN07896	0.794	0.364	0.742	0.470	0.640	0.553
61	XIN07898	0.813	0.581	0.897	0.563	0.811	0.758
62	XIN10695	0.625	0.669	0.842	0.492	0.742	0.734
63	XIN10697	0.706	0.743	0.758	0.492	0.765	0.742
64	XIN10799	0.824	0.814	0.800	0.750	0.853	0.803
65	XIN10801	0.809	0.771	0.725	0.841	0.691	0.803
66	XIN10935	0.691	0.707	0.642	0.652	0.596	0.636
67	XIN10961	0.941	0.586	0.842	0.614	0.794	0.848
68	XIN10963	0.824	0.536	0.867	0.606	0.875	0.780
69	XIN10964	0.824	0.586	0.858	0.447	0.809	0.742
70	XIN10966	0.868	0.614	0.775	0.606	0.824	0.818
71	XIN10967	0.706	0.900	0.583	0.970	0.691	0.742
72	XIN10981	0.676	0.936	0.625	0.833	0.757	0.811
73	XIN10983	0.750	0.786	0.750	0.795	0.838	0.727
74	XIN11115	0.662	0.721	0.642	0.667	0.676	0.485
75	XIN11117	0.691	0.807	0.525	0.818	0.699	0.735
76	XIN11196	0.721	0.907	0.625	0.864	0.669	0.856
77	XIN11198	0.691	0.921	0.600	0.818	0.728	0.811
78	XIN11235	0.882	0.807	0.717	0.788	0.654	0.841
79	XIN11237	0.938	0.860	0.560	0.938	0.598	0.758
80	XIN11239	1.000	0.779	0.583	0.727	0.640	0.780
81	XIN11277	0.750	0.864	0.550	0.886	0.654	0.735
82	XIN11315	0.824	0.536	0.800	0.644	0.772	0.598
83	XIN11317	0.797	0.603	0.845	0.680	0.803	0.594
84	XIN11319	0.809	0.786	0.783	0.583	0.706	0.773
85	XIN11324	0.926	0.821	0.625	0.879	0.669	0.841
86	XIN11326	0.765	0.507	0.933	0.606	0.904	0.629
87	XIN11328	0.765	0.621	0.967	0.485	0.860	0.720

（续）

序号	资源编号（名称）	序号/资源编号（名称）					
		169	170	171	172	173	174
		XIN14204	XIN14206	XIN14262	XIN14288	XIN14305	XIN15286
88	XIN11330	0.882	0.800	0.600	0.780	0.610	0.879
89	XIN11332	0.721	0.707	0.758	0.712	0.684	0.614
90	XIN11359	0.824	0.912	0.483	0.902	0.455	0.766
91	XIN11447	0.941	0.593	0.958	0.629	0.801	0.705
92	XIN11475	0.853	0.821	0.592	0.803	0.713	0.508
93	XIN11478	0.809	0.909	0.638	0.898	0.656	0.742
94	XIN11480	0.809	0.914	0.675	0.902	0.676	0.788
95	XIN11481	0.882	0.771	0.600	0.780	0.647	0.712
96	XIN11532	0.706	0.643	0.808	0.614	0.765	0.697
97	XIN11534	0.691	0.764	0.492	0.788	0.728	0.614
98	XIN11556	0.750	0.843	0.750	0.795	0.706	0.682
99	XIN11846	0.563	0.662	0.664	0.672	0.629	0.406
100	XIN11847	0.618	0.600	0.692	0.583	0.588	0.500
101	XIN11848	0.765	0.514	0.650	0.439	0.618	0.553
102	XIN11953	0.824	0.836	0.767	0.818	0.743	0.795
103	XIN11955	0.733	0.758	0.769	0.879	0.767	0.795
104	XIN11956	0.691	0.757	0.642	0.773	0.625	0.720
105	XIN12175	0.824	0.964	0.483	0.848	0.566	0.902
106	XIN12219	0.765	0.929	0.617	0.902	0.691	0.803
107	XIN12221	0.765	0.921	0.608	0.894	0.684	0.780
108	XIN12249	0.797	0.859	0.563	0.798	0.645	0.783
109	XIN12251	0.779	0.530	0.768	0.766	0.672	0.694
110	XIN12283	0.824	0.800	0.650	0.780	0.706	0.742
111	XIN12374	0.985	0.571	0.800	0.674	0.676	0.773
112	XIN12380	0.875	0.758	0.821	0.710	0.815	0.808
113	XIN12461	0.868	0.609	0.853	0.539	0.806	0.645
114	XIN12463	0.882	0.543	0.842	0.462	0.765	0.818
115	XIN12465	0.875	0.598	0.982	0.484	0.883	0.718
116	XIN12467	0.706	0.684	0.733	0.530	0.735	0.680
117	XIN12469	0.838	0.705	0.707	0.766	0.836	0.863

（续）

序号	资源编号（名称）	序号/资源编号（名称）					
		169	170	171	172	173	174
		XIN14204	XIN14206	XIN14262	XIN14288	XIN14305	XIN15286
118	XIN12533	0.824	0.902	0.586	0.906	0.727	0.960
119	XIN12535	0.750	0.897	0.517	0.789	0.303	0.766
120	XIN12545	0.824	0.463	0.900	0.515	0.841	0.711
121	XIN12678	0.750	0.893	0.558	0.864	0.566	0.856
122	XIN12680	0.662	0.750	0.733	0.672	0.773	0.734
123	XIN12690	0.824	0.693	0.800	0.667	0.816	0.780
124	XIN12764	0.765	0.721	0.817	0.788	0.743	0.523
125	XIN12799	0.800	0.653	0.875	0.700	0.808	0.647
126	XIN12829	0.797	0.858	0.661	0.850	0.675	0.692
127	XIN12831	0.750	0.860	0.491	0.891	0.614	0.773
128	XIN13095	0.765	0.850	0.608	0.818	0.743	0.826
129	XIN13395	1.000	0.598	0.786	0.629	0.742	0.782
130	XIN13397	0.750	0.679	0.800	0.492	0.721	0.682
131	XIN13398	0.706	0.644	0.862	0.563	0.789	0.621
132	XIN13400	1.000	0.697	0.793	0.680	0.734	0.758
133	XIN13761	0.765	0.607	0.867	0.545	0.743	0.659
134	XIN13795	0.938	0.811	0.875	0.742	0.852	0.766
135	XIN13798	0.838	0.657	0.850	0.591	0.721	0.652
136	XIN13822	0.817	0.673	0.837	0.490	0.750	0.779
137	XIN13824	0.875	0.733	0.741	0.578	0.767	0.817
138	XIN13833	0.765	0.521	0.950	0.485	0.801	0.614
139	XIN13835	0.882	0.693	0.733	0.727	0.669	0.750
140	XIN13925	0.734	0.801	0.534	0.813	0.750	0.758
141	XIN13927	0.719	0.841	0.422	0.742	0.477	0.750
142	XIN13929	0.766	0.765	0.517	0.773	0.606	0.789
143	XIN13941	0.941	0.829	0.617	0.871	0.662	0.803
144	XIN13943	0.868	0.600	0.758	0.568	0.794	0.818
145	XIN13982	0.867	0.617	0.897	0.548	0.798	0.808
146	XIN13984	0.800	0.845	0.473	0.819	0.552	0.776
147	XIN13986	0.618	0.929	0.525	0.795	0.676	0.871

（续）

序号	资源编号（名称）	序号/资源编号（名称）					
		169	170	171	172	173	174
		XIN14204	XIN14206	XIN14262	XIN14288	XIN14305	XIN15286
148	XIN13995	0.733	0.688	0.740	0.750	0.676	0.546
149	XIN13997	0.867	0.820	0.769	0.883	0.685	0.675
150	XIN14025	0.765	0.821	0.567	0.848	0.757	0.689
151	XIN14027	0.875	0.561	0.833	0.570	0.836	0.669
152	XIN14029	0.982	0.540	0.777	0.617	0.792	0.629
153	XIN14031	0.882	0.607	0.867	0.636	0.787	0.720
154	XIN14033	0.938	0.625	0.793	0.656	0.871	0.758
155	XIN14035	0.750	0.618	0.784	0.539	0.788	0.609
156	XIN14036	0.824	0.536	0.883	0.439	0.904	0.674
157	XIN14044	0.765	0.893	0.650	0.818	0.684	0.765
158	XIN14138	0.813	0.904	0.767	0.750	0.795	0.727
159	XIN14140	0.868	0.772	0.658	0.811	0.674	0.841
160	XIN14141	0.917	0.862	0.616	0.888	0.679	0.884
161	XIN14142	0.853	0.800	0.608	0.826	0.721	0.788
162	XIN14143	0.750	0.765	0.681	0.773	0.727	0.797
163	XIN14144	0.781	0.836	0.661	0.707	0.750	0.845
164	XIN14146	0.926	0.843	0.792	0.811	0.882	0.909
165	XIN14147	0.797	0.864	0.681	0.773	0.750	0.828
166	XIN14149	0.721	0.857	0.592	0.735	0.647	0.727
167	XIN14151	0.824	0.586	0.900	0.689	0.853	0.735
168	XIN14176	0.672	0.780	0.810	0.703	0.758	0.648
169	XIN14204	0.000	0.868	0.766	0.765	0.779	0.824
170	XIN14206	0.868	0.000	0.892	0.538	0.912	0.712
171	XIN14262	0.766	0.892	0.000	0.900	0.533	0.850
172	XIN14288	0.765	0.538	0.900	0.000	0.820	0.789
173	XIN14305	0.779	0.912	0.533	0.820	0.000	0.697
174	XIN15286	0.824	0.712	0.850	0.789	0.697	0.000
175	XIN15416	0.897	0.800	0.692	0.856	0.691	0.606
176	XIN15418	0.941	0.836	0.583	0.848	0.596	0.629
177	XIN15450	0.824	0.914	0.733	1.000	0.706	0.803

（续）

序号	资源编号（名称）	序号/资源编号（名称）					
		169	170	171	172	173	174
		XIN14204	XIN14206	XIN14262	XIN14288	XIN14305	XIN15286
178	XIN15452	0.813	0.871	0.714	0.966	0.698	0.828
179	XIN15530	0.859	0.586	0.853	0.589	0.789	0.727
180	XIN15532	0.721	0.485	0.817	0.531	0.779	0.636
181	XIN15533	0.941	0.598	0.828	0.452	0.780	0.758
182	XIN15535	0.656	0.629	0.810	0.613	0.720	0.727
183	XIN15537	0.941	0.652	0.900	0.469	0.833	0.758
184	XIN15584	0.641	0.794	0.683	0.711	0.644	0.742
185	XIN15586	0.850	0.742	0.871	0.724	0.725	0.667
186	XIN15627	0.781	0.710	0.700	0.692	0.758	0.742
187	XIN15636	0.750	0.879	0.517	0.798	0.667	0.828
188	XIN15738	0.779	0.757	0.892	0.765	0.794	0.773
189	XIN15739	0.800	0.879	0.397	0.831	0.508	0.782
190	XIN15741	0.691	0.914	0.625	0.841	0.618	0.864
191	XIN15743	0.618	0.779	0.425	0.750	0.463	0.727
192	XIN15811	0.813	0.727	0.793	0.742	0.831	0.774
193	XIN15879	0.662	0.643	0.750	0.725	0.893	0.786
194	XIN15895	0.783	0.672	0.813	0.652	0.819	0.647
195	XIN16008	0.768	0.800	0.500	0.795	0.575	0.733
196	XIN16010	0.700	0.867	0.603	0.733	0.648	0.847
197	XIN16016	0.672	0.897	0.558	0.820	0.682	0.766
198	XIN16018	0.688	0.871	0.466	0.790	0.523	0.766
199	Xindali1	0.824	0.821	0.833	0.879	0.875	0.841
200	Yang02－1	0.875	0.621	0.870	0.633	0.775	0.629
201	Yudou18	0.824	0.921	0.533	0.848	0.654	0.826
202	Zhechun2	0.765	0.893	0.733	0.879	0.684	0.811
203	Zhongdou27	0.721	0.793	0.683	0.788	0.684	0.659
204	Zhongdou34	0.824	0.943	0.692	0.947	0.691	0.924
205	Zhongdou8	0.706	0.979	0.517	0.939	0.699	0.826
206	Zhonghuang10	0.672	0.890	0.698	0.859	0.750	0.914
207	Zhongpin661	0.733	0.906	0.768	0.833	0.750	0.633

表 30 遗传距离（三十）

序号	资源编号（名称）	序号/资源编号（名称）					
		175	176	177	178	179	180
		XIN15416	XIN15418	XIN15450	XIN15452	XIN15530	XIN15532
1	Dongnong50089	0.728	0.794	0.904	0.857	0.645	0.644
2	Dongnong92070	0.764	0.786	0.893	0.845	0.625	0.610
3	Dongxin2	0.809	0.743	0.765	0.802	0.867	0.803
4	Gandou5	0.821	0.800	0.764	0.828	0.891	0.904
5	Gongdou5	0.824	0.765	0.787	0.862	0.919	0.811
6	Guichundou1	0.843	0.907	0.714	0.802	0.836	0.897
7	Guixia3	0.786	0.764	0.614	0.681	0.836	0.853
8	Hedou12	0.705	0.659	0.773	0.777	0.808	0.813
9	Heinong37	0.721	0.657	0.821	0.828	0.719	0.640
10	Huachun4	0.853	0.904	0.750	0.813	0.758	0.742
11	Huangbaozhuhao	0.735	0.728	0.838	0.777	0.694	0.727
12	Huaxia101	0.757	0.793	0.757	0.819	0.820	0.853
13	Huaxia102	0.846	0.853	0.669	0.714	0.887	0.811
14	Jidou7	0.736	0.757	0.836	0.845	0.781	0.772
15	Jikedou1	0.721	0.728	0.897	0.848	0.718	0.667
16	Jindou21	0.836	0.821	0.829	0.802	0.867	0.750
17	Jindou31	0.750	0.771	0.793	0.793	0.813	0.743
18	Jinong11	0.571	0.621	0.771	0.733	0.633	0.669
19	Jinyi50	0.693	0.629	0.936	0.931	0.828	0.654
20	Jiufeng10	0.886	0.803	0.826	0.875	0.484	0.492
21	Jiwuxing1	0.640	0.625	0.750	0.784	0.782	0.773
22	Kefeng5	0.679	0.557	0.679	0.716	0.813	0.801
23	Ludou4	0.843	0.807	0.800	0.784	0.789	0.838
24	Lvling9804	0.841	0.879	0.818	0.857	0.758	0.844
25	Nannong99 – 6	0.750	0.829	0.764	0.793	0.859	0.831
26	Puhai10	0.831	0.713	0.765	0.784	0.879	0.864
27	Qihuang1	0.764	0.800	0.679	0.690	0.813	0.772

（续）

序号	资源编号（名称）	序号/资源编号（名称）					
		175	176	177	178	179	180
		XIN15416	XIN15418	XIN15450	XIN15452	XIN15530	XIN15532
28	Qihuang28	0.864	0.871	0.836	0.845	0.828	0.875
29	Ribenqing3	0.879	0.914	0.907	0.862	0.766	0.787
30	Shang951099	0.809	0.765	0.787	0.793	0.758	0.811
31	Suchun10－8	0.879	0.914	0.821	0.897	0.766	0.787
32	Sudou5	0.801	0.853	0.787	0.750	0.806	0.689
33	Suhan1	0.907	0.943	0.850	0.862	0.672	0.772
34	suinong14	0.909	0.871	0.833	0.813	0.540	0.547
35	Suixiaolidou2	0.828	0.805	0.867	0.848	0.667	0.621
36	Suza1	0.779	0.686	0.707	0.724	0.859	0.875
37	Tongdou4	0.764	0.771	0.764	0.759	0.828	0.831
38	Tongdou7	0.721	0.686	0.764	0.793	0.844	0.846
39	Wandou9	0.779	0.743	0.493	0.552	0.859	0.860
40	Xiadou1	0.919	0.868	0.801	0.875	0.903	0.773
41	Xiangchundou17	0.764	0.800	0.779	0.828	0.766	0.757
42	XIN06640	0.721	0.713	0.794	0.777	0.435	0.515
43	XIN06666	0.864	0.886	0.764	0.819	0.547	0.507
44	XIN06830	0.650	0.657	0.850	0.862	0.719	0.801
45	XIN06832	0.671	0.729	0.779	0.776	0.578	0.581
46	XIN06846	0.576	0.447	0.773	0.821	0.766	0.697
47	XIN06890	0.786	0.807	0.829	0.862	0.852	0.809
48	XIN06908	0.850	0.829	0.850	0.862	0.734	0.669
49	XIN07094	0.742	0.750	0.742	0.741	0.783	0.820
50	XIN07095	0.750	0.786	0.707	0.750	0.813	0.904
51	XIN07203	0.691	0.566	0.647	0.688	0.734	0.818
52	XIN07397	0.613	0.605	0.758	0.759	0.842	0.815
53	XIN07483	0.728	0.706	0.787	0.750	0.613	0.598
54	XIN07486	0.750	0.736	0.871	0.922	0.688	0.603
55	XIN07543	0.684	0.691	0.801	0.813	0.806	0.705
56	XIN07544	0.600	0.607	0.814	0.853	0.789	0.794
57	XIN07545	0.790	0.774	0.863	0.923	0.845	0.879

（续）

序号	资源编号（名称）	序号/资源编号（名称）					
		175	176	177	178	179	180
		XIN15416	XIN15418	XIN15450	XIN15452	XIN15530	XIN15532
58	XIN07704	0.779	0.757	0.836	0.793	0.609	0.566
59	XIN07707	0.771	0.807	0.957	0.957	0.633	0.603
60	XIN07896	0.693	0.657	0.764	0.741	0.492	0.412
61	XIN07898	0.875	0.882	0.875	0.857	0.516	0.568
62	XIN10695	0.868	0.875	0.882	0.839	0.573	0.553
63	XIN10697	0.700	0.693	0.829	0.802	0.680	0.706
64	XIN10799	0.800	0.864	0.886	0.897	0.789	0.750
65	XIN10801	0.771	0.836	0.729	0.819	0.727	0.794
66	XIN10935	0.593	0.600	0.807	0.793	0.617	0.625
67	XIN10961	0.807	0.793	0.814	0.802	0.711	0.721
68	XIN10963	0.821	0.886	0.850	0.862	0.578	0.566
69	XIN10964	0.786	0.793	0.814	0.784	0.555	0.441
70	XIN10966	0.700	0.771	0.864	0.871	0.695	0.654
71	XIN10967	0.786	0.736	0.786	0.828	0.852	0.809
72	XIN10981	0.736	0.743	0.736	0.707	0.781	0.846
73	XIN10983	0.729	0.736	0.729	0.776	0.680	0.824
74	XIN11115	0.643	0.629	0.679	0.647	0.711	0.640
75	XIN11117	0.807	0.743	0.821	0.853	0.781	0.772
76	XIN11196	0.736	0.686	0.750	0.802	0.828	0.860
77	XIN11198	0.721	0.714	0.679	0.672	0.766	0.831
78	XIN11235	0.836	0.857	0.764	0.793	0.609	0.743
79	XIN11237	0.706	0.676	0.801	0.795	0.790	0.788
80	XIN11239	0.807	0.743	0.821	0.793	0.672	0.684
81	XIN11277	0.664	0.714	0.764	0.802	0.852	0.868
82	XIN11315	0.650	0.643	0.750	0.802	0.609	0.610
83	XIN11317	0.735	0.728	0.868	0.884	0.637	0.629
84	XIN11319	0.721	0.679	0.814	0.819	0.648	0.676
85	XIN11324	0.793	0.729	0.764	0.784	0.750	0.809
86	XIN11326	0.764	0.857	0.850	0.828	0.625	0.493
87	XIN11328	0.821	0.857	0.879	0.897	0.578	0.728

（续）

序号	资源编号（名称）	序号/资源编号（名称）					
		175	176	177	178	179	180
		XIN15416	XIN15418	XIN15450	XIN15452	XIN15530	XIN15532
88	XIN11330	0.707	0.650	0.786	0.845	0.711	0.794
89	XIN11332	0.693	0.729	0.807	0.836	0.664	0.757
90	XIN11359	0.735	0.654	0.713	0.793	0.887	0.811
91	XIN11447	0.707	0.800	0.807	0.853	0.672	0.566
92	XIN11475	0.536	0.500	0.807	0.776	0.766	0.743
93	XIN11478	0.720	0.720	0.750	0.750	0.817	0.836
94	XIN11480	0.807	0.836	0.771	0.759	0.820	0.838
95	XIN11481	0.493	0.493	0.829	0.845	0.836	0.728
96	XIN11532	0.750	0.707	0.843	0.836	0.648	0.515
97	XIN11534	0.521	0.471	0.779	0.836	0.813	0.743
98	XIN11556	0.714	0.721	0.729	0.776	0.758	0.779
99	XIN11846	0.507	0.551	0.662	0.670	0.613	0.621
100	XIN11847	0.621	0.621	0.679	0.733	0.523	0.566
101	XIN11848	0.629	0.579	0.657	0.629	0.516	0.493
102	XIN11953	0.693	0.743	0.793	0.724	0.813	0.846
103	XIN11955	0.817	0.867	0.700	0.731	0.777	0.707
104	XIN11956	0.600	0.643	0.693	0.698	0.758	0.779
105	XIN12175	0.707	0.714	0.821	0.828	0.922	0.860
106	XIN12219	0.757	0.779	0.800	0.862	0.852	0.809
107	XIN12221	0.779	0.800	0.821	0.862	0.844	0.801
108	XIN12249	0.750	0.695	0.758	0.830	0.750	0.798
109	XIN12251	0.742	0.735	0.652	0.648	0.700	0.641
110	XIN12283	0.543	0.464	0.771	0.828	0.789	0.765
111	XIN12374	0.757	0.707	0.786	0.845	0.539	0.662
112	XIN12380	0.711	0.719	0.813	0.815	0.733	0.806
113	XIN12461	0.734	0.680	0.883	0.821	0.633	0.589
114	XIN12463	0.743	0.779	0.886	0.836	0.664	0.676
115	XIN12465	0.795	0.818	0.841	0.815	0.550	0.531
116	XIN12467	0.713	0.647	0.809	0.879	0.702	0.735
117	XIN12469	0.826	0.818	0.833	0.804	0.742	0.672

序号	资源编号（名称）	序号/资源编号（名称）					
		175	176	177	178	179	180
		XIN15416	XIN15418	XIN15450	XIN15452	XIN15530	XIN15532
118	XIN12533	0.826	0.848	0.848	0.893	0.892	0.875
119	XIN12535	0.676	0.625	0.691	0.681	0.852	0.803
120	XIN12545	0.801	0.853	0.912	0.966	0.621	0.576
121	XIN12678	0.779	0.714	0.821	0.888	0.813	0.816
122	XIN12680	0.477	0.530	0.848	0.884	0.858	0.766
123	XIN12690	0.793	0.800	0.736	0.759	0.594	0.596
124	XIN12764	0.650	0.686	0.879	0.897	0.828	0.743
125	XIN12799	0.734	0.774	0.839	0.808	0.652	0.783
126	XIN12829	0.742	0.700	0.767	0.713	0.733	0.700
127	XIN12831	0.743	0.676	0.787	0.813	0.823	0.795
128	XIN13095	0.707	0.600	0.793	0.793	0.859	0.699
129	XIN13395	0.765	0.712	0.826	0.804	0.613	0.492
130	XIN13397	0.657	0.593	0.829	0.862	0.742	0.551
131	XIN13398	0.765	0.788	0.818	0.821	0.642	0.656
132	XIN13400	0.742	0.705	0.795	0.893	0.667	0.633
133	XIN13761	0.807	0.771	0.850	0.793	0.469	0.537
134	XIN13795	0.826	0.818	0.871	0.889	0.800	0.602
135	XIN13798	0.679	0.657	0.736	0.767	0.633	0.596
136	XIN13822	0.740	0.760	0.875	0.823	0.540	0.635
137	XIN13824	0.717	0.642	0.850	0.760	0.629	0.692
138	XIN13833	0.779	0.743	0.793	0.759	0.469	0.493
139	XIN13835	0.893	0.800	0.679	0.690	0.328	0.522
140	XIN13925	0.684	0.632	0.831	0.920	0.887	0.780
141	XIN13927	0.758	0.621	0.682	0.714	0.767	0.695
142	XIN13929	0.757	0.699	0.691	0.733	0.766	0.735
143	XIN13941	0.786	0.693	0.800	0.828	0.727	0.794
144	XIN13943	0.729	0.736	0.786	0.784	0.695	0.676
145	XIN13982	0.883	0.813	0.906	0.963	0.733	0.815
146	XIN13984	0.759	0.681	0.647	0.644	0.821	0.724
147	XIN13986	0.771	0.764	0.829	0.828	0.883	0.853

（续）

序号	资源编号（名称）	序号/资源编号（名称）					
		175	176	177	178	179	180
		XIN15416	XIN15418	XIN15450	XIN15452	XIN15530	XIN15532
148	XIN13995	0.652	0.607	0.893	0.875	0.779	0.750
149	XIN13997	0.602	0.547	0.758	0.856	0.828	0.871
150	XIN14025	0.707	0.671	0.879	0.897	0.844	0.728
151	XIN14027	0.773	0.811	0.932	0.893	0.608	0.625
152	XIN14029	0.750	0.710	0.839	0.769	0.500	0.667
153	XIN14031	0.793	0.771	0.850	0.828	0.406	0.581
154	XIN14033	0.787	0.794	0.846	0.821	0.629	0.568
155	XIN14035	0.735	0.757	0.824	0.830	0.734	0.629
156	XIN14036	0.750	0.786	0.893	0.879	0.563	0.654
157	XIN14044	0.764	0.743	0.764	0.793	0.844	0.654
158	XIN14138	0.787	0.794	0.846	0.857	0.758	0.735
159	XIN14140	0.860	0.809	0.743	0.716	0.813	0.629
160	XIN14141	0.871	0.784	0.819	0.837	0.833	0.777
161	XIN14142	0.857	0.793	0.800	0.802	0.820	0.721
162	XIN14143	0.779	0.728	0.868	0.848	0.815	0.773
163	XIN14144	0.879	0.845	0.828	0.815	0.848	0.724
164	XIN14146	0.800	0.779	0.900	0.922	0.820	0.779
165	XIN14147	0.864	0.841	0.864	0.819	0.852	0.813
166	XIN14149	0.643	0.693	0.714	0.707	0.773	0.706
167	XIN14151	0.736	0.779	0.814	0.793	0.586	0.618
168	XIN14176	0.735	0.818	0.795	0.759	0.781	0.719
169	XIN14204	0.897	0.941	0.824	0.813	0.859	0.721
170	XIN14206	0.800	0.836	0.914	0.871	0.586	0.485
171	XIN14262	0.692	0.583	0.733	0.714	0.853	0.817
172	XIN14288	0.856	0.848	1.000	0.966	0.589	0.531
173	XIN14305	0.691	0.596	0.706	0.698	0.789	0.779
174	XIN15286	0.606	0.629	0.803	0.828	0.727	0.636
175	XIN15416	0.000	0.279	0.771	0.776	0.852	0.868
176	XIN15418	0.279	0.000	0.821	0.828	0.828	0.801
177	XIN15450	0.771	0.821	0.000	0.138	0.727	0.809

（续）

序号	资源编号（名称）	序号/资源编号（名称）					
		175	176	177	178	179	180
		XIN15416	XIN15418	XIN15450	XIN15452	XIN15530	XIN15532
178	XIN15452	0.776	0.828	0.138	0.000	0.681	0.724
179	XIN15530	0.852	0.828	0.727	0.681	0.000	0.539
180	XIN15532	0.868	0.801	0.809	0.724	0.539	0.000
181	XIN15533	0.871	0.788	0.932	0.862	0.532	0.477
182	XIN15535	0.765	0.742	0.689	0.724	0.656	0.705
183	XIN15537	0.909	0.871	0.924	0.966	0.711	0.515
184	XIN15584	0.706	0.699	0.824	0.768	0.581	0.629
185	XIN15586	0.850	0.850	0.708	0.750	0.483	0.675
186	XIN15627	0.750	0.782	0.685	0.688	0.672	0.750
187	XIN15636	0.773	0.689	0.848	0.866	0.879	0.848
188	XIN15738	0.857	0.907	0.786	0.784	0.742	0.721
189	XIN15739	0.742	0.629	0.682	0.630	0.817	0.805
190	XIN15741	0.771	0.821	0.757	0.784	0.789	0.868
191	XIN15743	0.707	0.643	0.650	0.664	0.719	0.721
192	XIN15811	0.766	0.813	0.836	0.862	0.790	0.718
193	XIN15879	0.893	0.857	0.798	0.789	0.650	0.440
194	XIN15895	0.672	0.784	0.776	0.731	0.491	0.707
195	XIN16008	0.683	0.625	0.650	0.673	0.723	0.750
196	XIN16010	0.727	0.625	0.711	0.704	0.833	0.766
197	XIN16016	0.765	0.772	0.809	0.813	0.782	0.856
198	XIN16018	0.720	0.636	0.689	0.685	0.733	0.797
199	Xindali1	0.907	0.914	0.764	0.793	0.734	0.772
200	Yang02－1	0.806	0.710	0.871	0.808	0.741	0.617
201	Yudou18	0.764	0.686	0.707	0.724	0.766	0.860
202	Zhechun2	0.807	0.771	0.736	0.793	0.828	0.816
203	Zhongdou27	0.707	0.614	0.893	0.879	0.859	0.831
204	Zhongdou34	0.771	0.807	0.700	0.750	0.820	0.853
205	Zhongdou8	0.750	0.743	0.679	0.690	0.797	0.831
206	Zhonghuang10	0.860	0.838	0.787	0.830	0.790	0.856
207	Zhongpin661	0.688	0.719	0.898	0.926	0.845	0.774

表31 遗传距离（三十一）

序号	资源编号（名称）	序号/资源编号（名称）					
		181	182	183	184	185	186
		XIN15533	XIN15535	XIN15537	XIN15584	XIN15586	XIN15627
1	Dongnong50089	0.719	0.648	0.695	0.598	0.759	0.767
2	Dongnong92070	0.621	0.652	0.644	0.537	0.700	0.766
3	Dongxin2	0.836	0.773	0.833	0.833	0.792	0.800
4	Gandou5	0.909	0.833	0.871	0.846	0.900	0.782
5	Gongdou5	0.938	0.719	0.836	0.811	0.767	0.750
6	Guichundou1	0.841	0.750	0.894	0.772	0.808	0.839
7	Guixia3	0.856	0.720	0.788	0.809	0.808	0.774
8	Hedou12	0.798	0.815	0.855	0.727	0.758	0.758
9	Heinong37	0.636	0.758	0.689	0.581	0.700	0.653
10	Huachun4	0.805	0.648	0.703	0.818	0.698	0.733
11	Huangbaozhuhao	0.742	0.789	0.828	0.621	0.698	0.667
12	Huaxia101	0.871	0.780	0.833	0.787	0.775	0.774
13	Huaxia102	0.813	0.820	0.836	0.735	0.879	0.750
14	Jidou7	0.803	0.636	0.886	0.676	0.758	0.726
15	Jikedou1	0.680	0.750	0.797	0.674	0.828	0.833
16	Jindou21	0.856	0.811	0.818	0.750	0.858	0.774
17	Jindou31	0.848	0.727	0.871	0.801	0.800	0.750
18	Jinong11	0.780	0.606	0.773	0.574	0.667	0.621
19	Jinyi50	0.727	0.788	0.811	0.713	0.783	0.798
20	Jiufeng10	0.532	0.508	0.508	0.648	0.448	0.655
21	Jiwuxing1	0.883	0.742	0.906	0.742	0.742	0.694
22	Kefeng5	0.788	0.758	0.841	0.801	0.808	0.758
23	Ludou4	0.932	0.674	0.894	0.757	0.800	0.734
24	Lvling9804	0.839	0.702	0.774	0.773	0.821	0.800
25	Nannong99－6	0.879	0.773	0.932	0.728	0.833	0.702
26	Puhai10	0.898	0.711	0.859	0.841	0.817	0.766
27	Qihuang1	0.970	0.712	0.811	0.860	0.817	0.798

序号	资源编号（名称）	序号/资源编号（名称）					
		181	182	183	184	185	186
		XIN15533	XIN15535	XIN15537	XIN15584	XIN15586	XIN15627
28	Qihuang28	0.864	0.697	0.902	0.787	0.750	0.702
29	Ribenqing3	0.788	0.667	0.841	0.846	0.800	0.734
30	Shang951099	0.813	0.813	0.805	0.780	0.767	0.798
31	Suchun10 - 8	0.788	0.742	0.720	0.699	0.767	0.750
32	Sudou5	0.813	0.664	0.742	0.856	0.776	0.883
33	Suhan1	0.818	0.788	0.765	0.684	0.783	0.734
34	suinong14	0.573	0.594	0.581	0.703	0.578	0.784
35	Suixiaolidou2	0.542	0.717	0.637	0.661	0.670	0.750
36	Suza1	0.848	0.788	0.871	0.831	0.800	0.766
37	Tongdou4	0.909	0.848	0.902	0.743	0.850	0.750
38	Tongdou7	0.909	0.788	0.932	0.801	0.783	0.653
39	Wandou9	0.909	0.712	0.932	0.801	0.817	0.750
40	Xiadou1	0.922	0.844	0.883	0.780	0.862	0.742
41	Xiangchundou17	0.780	0.727	0.780	0.743	0.733	0.726
42	XIN06640	0.547	0.633	0.648	0.591	0.483	0.558
43	XIN06666	0.636	0.621	0.629	0.713	0.508	0.677
44	XIN06830	0.818	0.712	0.871	0.713	0.850	0.685
45	XIN06832	0.629	0.689	0.659	0.721	0.675	0.653
46	XIN06846	0.727	0.789	0.781	0.664	0.793	0.742
47	XIN06890	0.841	0.780	0.788	0.794	0.733	0.718
48	XIN06908	0.636	0.788	0.629	0.699	0.783	0.750
49	XIN07094	0.806	0.839	0.766	0.710	0.804	0.629
50	XIN07095	0.833	0.758	0.856	0.728	0.725	0.597
51	XIN07203	0.805	0.742	0.734	0.705	0.638	0.725
52	XIN07397	0.775	0.766	0.750	0.717	0.768	0.821
53	XIN07483	0.531	0.609	0.648	0.485	0.603	0.758
54	XIN07486	0.735	0.742	0.742	0.544	0.725	0.847
55	XIN07543	0.828	0.688	0.742	0.667	0.793	0.750
56	XIN07544	0.780	0.705	0.833	0.691	0.725	0.726
57	XIN07545	0.867	0.733	0.892	0.808	0.667	0.723

（续）

序号	资源编号（名称）	序号/资源编号（名称）					
		181	182	183	184	185	186
		XIN15533	XIN15535	XIN15537	XIN15584	XIN15586	XIN15627
58	XIN07704	0.409	0.682	0.523	0.757	0.750	0.734
59	XIN07707	0.538	0.652	0.470	0.779	0.742	0.710
60	XIN07896	0.538	0.538	0.530	0.515	0.583	0.573
61	XIN07898	0.594	0.750	0.711	0.735	0.638	0.642
62	XIN10695	0.453	0.680	0.609	0.603	0.642	0.742
63	XIN10697	0.659	0.644	0.682	0.691	0.725	0.694
64	XIN10799	0.811	0.689	0.773	0.824	0.833	0.831
65	XIN10801	0.780	0.689	0.758	0.721	0.675	0.613
66	XIN10935	0.606	0.697	0.644	0.412	0.633	0.685
67	XIN10961	0.795	0.674	0.773	0.779	0.792	0.742
68	XIN10963	0.667	0.697	0.689	0.699	0.683	0.750
69	XIN10964	0.583	0.644	0.591	0.779	0.708	0.742
70	XIN10966	0.720	0.689	0.742	0.588	0.875	0.726
71	XIN10967	0.841	0.841	0.826	0.794	0.625	0.750
72	XIN10981	0.833	0.833	0.765	0.721	0.775	0.645
73	XIN10983	0.826	0.621	0.848	0.662	0.583	0.637
74	XIN11115	0.689	0.667	0.697	0.640	0.617	0.613
75	XIN11117	0.803	0.818	0.811	0.743	0.775	0.710
76	XIN11196	0.848	0.742	0.780	0.713	0.775	0.742
77	XIN11198	0.818	0.811	0.780	0.699	0.775	0.605
78	XIN11235	0.848	0.712	0.780	0.625	0.683	0.734
79	XIN11237	0.781	0.813	0.836	0.742	0.716	0.750
80	XIN11239	0.727	0.742	0.780	0.728	0.783	0.798
81	XIN11277	0.864	0.826	0.818	0.779	0.733	0.637
82	XIN11315	0.591	0.712	0.568	0.610	0.742	0.726
83	XIN11317	0.711	0.695	0.734	0.606	0.664	0.767
84	XIN11319	0.614	0.659	0.758	0.419	0.600	0.589
85	XIN11324	0.848	0.773	0.841	0.743	0.742	0.774
86	XIN11326	0.576	0.652	0.523	0.816	0.717	0.750
87	XIN11328	0.727	0.591	0.629	0.787	0.600	0.669

序号	资源编号（名称）	序号/资源编号（名称）					
		181	182	183	184	185	186
		XIN15533	XIN15535	XIN15537	XIN15584	XIN15586	XIN15627
88	XIN11330	0.720	0.758	0.803	0.721	0.717	0.734
89	XIN11332	0.742	0.652	0.780	0.625	0.642	0.718
90	XIN11359	0.836	0.758	0.836	0.712	0.776	0.702
91	XIN11447	0.621	0.712	0.591	0.816	0.650	0.726
92	XIN11475	0.788	0.818	0.856	0.706	0.775	0.694
93	XIN11478	0.863	0.766	0.815	0.688	0.750	0.742
94	XIN11480	0.871	0.780	0.818	0.713	0.742	0.758
95	XIN11481	0.780	0.826	0.773	0.684	0.783	0.766
96	XIN11532	0.644	0.720	0.712	0.471	0.558	0.661
97	XIN11534	0.788	0.674	0.841	0.684	0.842	0.734
98	XIN11556	0.841	0.644	0.818	0.662	0.650	0.782
99	XIN11846	0.625	0.484	0.703	0.508	0.612	0.617
100	XIN11847	0.659	0.545	0.636	0.529	0.308	0.516
101	XIN11848	0.515	0.561	0.553	0.544	0.500	0.548
102	XIN11953	0.879	0.727	0.841	0.713	0.767	0.685
103	XIN11955	0.911	0.741	0.804	0.784	0.731	0.833
104	XIN11956	0.803	0.659	0.765	0.640	0.750	0.637
105	XIN12175	0.879	0.864	0.841	0.743	0.850	0.669
106	XIN12219	0.841	0.750	0.818	0.794	0.700	0.718
107	XIN12221	0.841	0.773	0.795	0.787	0.675	0.726
108	XIN12249	0.758	0.798	0.758	0.726	0.670	0.741
109	XIN12251	0.734	0.565	0.694	0.688	0.670	0.672
110	XIN12283	0.780	0.720	0.864	0.779	0.783	0.685
111	XIN12374	0.583	0.652	0.697	0.662	0.683	0.782
112	XIN12380	0.833	0.750	0.867	0.702	0.759	0.672
113	XIN12461	0.633	0.725	0.702	0.710	0.580	0.672
114	XIN12463	0.614	0.659	0.682	0.662	0.742	0.710
115	XIN12465	0.677	0.694	0.734	0.703	0.696	0.733
116	XIN12467	0.609	0.539	0.688	0.720	0.750	0.710
117	XIN12469	0.629	0.758	0.758	0.617	0.661	0.708

（续）

序号	资源编号（名称）	序号/资源编号（名称）					
		181	182	183	184	185	186
		XIN15533	XIN15535	XIN15537	XIN15584	XIN15586	XIN15627
118	XIN12533	0.903	0.806	0.935	0.789	0.857	0.742
119	XIN12535	0.820	0.689	0.813	0.735	0.700	0.708
120	XIN12545	0.625	0.578	0.563	0.720	0.759	0.766
121	XIN12678	0.864	0.811	0.826	0.757	0.742	0.806
122	XIN12680	0.758	0.718	0.742	0.695	0.866	0.775
123	XIN12690	0.606	0.667	0.659	0.654	0.633	0.621
124	XIN12764	0.788	0.773	0.780	0.713	0.683	0.815
125	XIN12799	0.828	0.638	0.862	0.685	0.704	0.750
126	XIN12829	0.776	0.776	0.817	0.595	0.722	0.723
127	XIN12831	0.766	0.750	0.820	0.674	0.750	0.700
128	XIN13095	0.841	0.803	0.765	0.757	0.825	0.758
129	XIN13395	0.468	0.766	0.476	0.633	0.595	0.690
130	XIN13397	0.674	0.598	0.667	0.676	0.667	0.653
131	XIN13398	0.677	0.645	0.710	0.555	0.607	0.675
132	XIN13400	0.540	0.718	0.444	0.750	0.643	0.708
133	XIN13761	0.636	0.621	0.720	0.640	0.583	0.621
134	XIN13795	0.774	0.742	0.669	0.789	0.768	0.784
135	XIN13798	0.583	0.636	0.591	0.632	0.683	0.718
136	XIN13822	0.550	0.540	0.683	0.433	0.620	0.635
137	XIN13824	0.595	0.612	0.767	0.475	0.634	0.571
138	XIN13833	0.636	0.606	0.598	0.757	0.700	0.702
139	XIN13835	0.667	0.652	0.720	0.699	0.433	0.637
140	XIN13925	0.797	0.719	0.820	0.848	0.810	0.808
141	XIN13927	0.710	0.718	0.669	0.641	0.670	0.658
142	XIN13929	0.766	0.712	0.742	0.712	0.708	0.758
143	XIN13941	0.841	0.765	0.833	0.691	0.733	0.798
144	XIN13943	0.705	0.742	0.758	0.706	0.792	0.677
145	XIN13982	0.700	0.600	0.600	0.859	0.750	0.808
146	XIN13984	0.741	0.741	0.767	0.621	0.769	0.688
147	XIN13986	0.795	0.811	0.773	0.757	0.808	0.637

序号	资源编号（名称）	序号/资源编号（名称）					
		181	182	183	184	185	186
		XIN15533	XIN15535	XIN15537	XIN15584	XIN15586	XIN15627
148	XIN13995	0.654	0.731	0.778	0.670	0.780	0.846
149	XIN13997	0.800	0.717	0.942	0.831	0.806	0.813
150	XIN14025	0.848	0.788	0.856	0.728	0.933	0.798
151	XIN14027	0.645	0.677	0.613	0.667	0.759	0.718
152	XIN14029	0.603	0.759	0.759	0.581	0.639	0.603
153	XIN14031	0.576	0.727	0.750	0.596	0.533	0.573
154	XIN14033	0.594	0.594	0.648	0.689	0.862	0.942
155	XIN14035	0.742	0.633	0.641	0.720	0.681	0.675
156	XIN14036	0.636	0.674	0.598	0.713	0.717	0.734
157	XIN14044	0.818	0.742	0.811	0.757	0.850	0.750
158	XIN14138	0.719	0.859	0.773	0.787	0.617	0.685
159	XIN14140	0.672	0.836	0.705	0.705	0.783	0.783
160	XIN14141	0.806	0.806	0.848	0.733	0.750	0.696
161	XIN14142	0.750	0.841	0.773	0.706	0.808	0.790
162	XIN14143	0.758	0.758	0.828	0.735	0.802	0.767
163	XIN14144	0.696	0.723	0.741	0.750	0.741	0.688
164	XIN14146	0.811	0.886	0.864	0.779	0.808	0.710
165	XIN14147	0.734	0.719	0.766	0.844	0.725	0.672
166	XIN14149	0.788	0.780	0.697	0.691	0.717	0.581
167	XIN14151	0.568	0.720	0.682	0.750	0.767	0.831
168	XIN14176	0.790	0.609	0.680	0.727	0.683	0.681
169	XIN14204	0.941	0.656	0.941	0.641	0.850	0.781
170	XIN14206	0.598	0.629	0.652	0.794	0.742	0.710
171	XIN14262	0.828	0.810	0.900	0.683	0.871	0.700
172	XIN14288	0.452	0.613	0.469	0.711	0.724	0.692
173	XIN14305	0.780	0.720	0.833	0.644	0.725	0.758
174	XIN15286	0.758	0.727	0.758	0.742	0.667	0.742
175	XIN15416	0.871	0.765	0.909	0.706	0.850	0.750
176	XIN15418	0.788	0.742	0.871	0.699	0.850	0.782
177	XIN15450	0.932	0.689	0.924	0.824	0.708	0.685

（续）

序号	资源编号（名称）	序号/资源编号（名称）					
		181	182	183	184	185	186
		XIN15533	XIN15535	XIN15537	XIN15584	XIN15586	XIN15627
178	XIN15452	0.862	0.724	0.966	0.768	0.750	0.688
179	XIN15530	0.532	0.656	0.711	0.581	0.483	0.672
180	XIN15532	0.477	0.705	0.515	0.629	0.675	0.750
181	XIN15533	0.000	0.719	0.398	0.656	0.724	0.758
182	XIN15535	0.719	0.000	0.727	0.688	0.642	0.658
183	XIN15537	0.398	0.727	0.000	0.773	0.692	0.808
184	XIN15584	0.656	0.688	0.773	0.000	0.667	0.685
185	XIN15586	0.724	0.642	0.692	0.667	0.000	0.543
186	XIN15627	0.758	0.658	0.808	0.685	0.543	0.000
187	XIN15636	0.836	0.727	0.797	0.780	0.800	0.685
188	XIN15738	0.841	0.652	0.682	0.794	0.625	0.774
189	XIN15739	0.839	0.774	0.895	0.689	0.845	0.658
190	XIN15741	0.902	0.773	0.924	0.735	0.725	0.661
191	XIN15743	0.750	0.674	0.773	0.566	0.683	0.621
192	XIN15811	0.833	0.661	0.750	0.815	0.767	0.853
193	XIN15879	0.667	0.750	0.631	0.488	0.618	0.671
194	XIN15895	0.580	0.759	0.724	0.707	0.655	0.696
195	XIN16008	0.810	0.690	0.724	0.717	0.652	0.707
196	XIN16010	0.790	0.702	0.766	0.727	0.741	0.600
197	XIN16016	0.758	0.742	0.813	0.632	0.792	0.758
198	XIN16018	0.790	0.694	0.782	0.583	0.716	0.675
199	Xindali1	0.818	0.803	0.871	0.860	0.683	0.702
200	Yang02-1	0.724	0.681	0.724	0.775	0.798	0.848
201	Yudou18	0.788	0.727	0.841	0.728	0.783	0.702
202	Zhechun2	0.909	0.697	0.841	0.743	0.783	0.766
203	Zhongdou27	0.727	0.803	0.841	0.699	0.833	0.782
204	Zhongdou34	0.902	0.780	0.833	0.838	0.725	0.806
205	Zhongdou8	0.879	0.818	0.902	0.728	0.833	0.734
206	Zhonghuang10	0.891	0.695	0.883	0.780	0.853	0.775
207	Zhongpin661	0.800	0.825	0.858	0.702	0.768	0.741

表 32　遗传距离（三十二）

序号	资源编号（名称）	序号/资源编号（名称）					
		187	188	189	190	191	192
		XIN15636	XIN15738	XIN15739	XIN15741	XIN15743	XIN15811
1	Dongnong50089	0.867	0.757	0.836	0.853	0.669	0.742
2	Dongnong92070	0.765	0.821	0.765	0.879	0.700	0.828
3	Dongxin2	0.703	0.809	0.625	0.559	0.485	0.820
4	Gandou5	0.689	0.907	0.750	0.750	0.614	0.875
5	Gongdou5	0.727	0.846	0.711	0.728	0.691	0.844
6	Guichundou1	0.803	0.886	0.811	0.771	0.707	0.773
7	Guixia3	0.591	0.843	0.712	0.657	0.564	0.805
8	Hedou12	0.641	0.833	0.578	0.621	0.477	0.766
9	Heinong37	0.750	0.821	0.689	0.736	0.643	0.844
10	Huachun4	0.781	0.338	0.828	0.765	0.743	0.556
11	Huangbaozhuhao	0.797	0.956	0.766	0.868	0.728	0.927
12	Huaxia101	0.727	0.814	0.758	0.714	0.607	0.789
13	Huaxia102	0.742	0.816	0.773	0.794	0.640	0.871
14	Jidou7	0.833	0.821	0.773	0.821	0.743	0.828
15	Jikedou1	0.867	0.868	0.867	0.875	0.809	0.831
16	Jindou21	0.773	0.857	0.606	0.714	0.607	0.883
17	Jindou31	0.720	0.793	0.720	0.807	0.729	0.875
18	Jinong11	0.788	0.786	0.788	0.814	0.700	0.805
19	Jinyi50	0.659	0.879	0.750	0.779	0.643	0.875
20	Jiufeng10	0.782	0.689	0.847	0.864	0.773	0.726
21	Jiwuxing1	0.828	0.853	0.813	0.794	0.728	0.805
22	Kefeng5	0.598	0.864	0.477	0.593	0.457	0.773
23	Ludou4	0.811	0.829	0.780	0.843	0.736	0.789
24	Lvling9804	0.815	0.735	0.863	0.939	0.780	0.667
25	Nannong99－6	0.659	0.936	0.629	0.664	0.600	0.875
26	Puhai10	0.602	0.838	0.539	0.618	0.493	0.852
27	Qihuang1	0.765	0.793	0.750	0.836	0.700	0.844

序号	资源编号（名称）	序号/资源编号（名称）					
		187	188	189	190	191	192
		XIN15636	XIN15738	XIN15739	XIN15741	XIN15743	XIN15811
28	Qihuang28	0.795	0.864	0.795	0.736	0.686	0.922
29	Ribenqing3	0.826	0.607	0.811	0.850	0.757	0.469
30	Shang951099	0.664	0.846	0.680	0.669	0.544	0.750
31	Suchun10 - 8	0.826	0.693	0.811	0.850	0.700	0.781
32	Sudou5	0.820	0.463	0.836	0.853	0.743	0.452
33	Suhan1	0.826	0.721	0.811	0.850	0.700	0.719
34	suinong14	0.855	0.667	0.823	0.841	0.689	0.669
35	Suixiaolidou2	0.850	0.797	0.933	0.852	0.797	0.825
36	Suza1	0.659	0.821	0.583	0.550	0.529	0.781
37	Tongdou4	0.720	0.936	0.568	0.693	0.586	0.906
38	Tongdou7	0.765	0.879	0.598	0.707	0.614	0.813
39	Wandou9	0.614	0.907	0.598	0.636	0.514	0.813
40	Xiadou1	0.789	0.890	0.758	0.816	0.676	0.887
41	Xiangchundou17	0.682	0.750	0.576	0.593	0.550	0.789
42	XIN06640	0.742	0.765	0.833	0.853	0.779	0.823
43	XIN06666	0.826	0.721	0.871	0.779	0.714	0.820
44	XIN06830	0.871	0.821	0.811	0.821	0.729	0.750
45	XIN06832	0.788	0.764	0.712	0.807	0.700	0.680
46	XIN06846	0.766	0.864	0.653	0.773	0.621	0.867
47	XIN06890	0.652	0.729	0.697	0.643	0.607	0.844
48	XIN06908	0.902	0.736	0.811	0.850	0.771	0.781
49	XIN07094	0.621	0.898	0.600	0.648	0.445	0.793
50	XIN07095	0.553	0.750	0.492	0.307	0.371	0.742
51	XIN07203	0.547	0.838	0.516	0.574	0.426	0.734
52	XIN07397	0.667	0.855	0.612	0.710	0.492	0.698
53	XIN07483	0.758	0.669	0.727	0.772	0.676	0.677
54	XIN07486	0.848	0.786	0.848	0.814	0.750	0.742
55	XIN07543	0.648	0.713	0.583	0.625	0.500	0.661
56	XIN07544	0.742	0.686	0.667	0.729	0.593	0.820
57	XIN07545	0.842	0.863	0.867	0.750	0.758	0.893

（续）

序号	资源编号（名称）	序号/资源编号（名称）					
		187	188	189	190	191	192
		XIN15636	XIN15738	XIN15739	XIN15741	XIN15743	XIN15811
58	XIN07704	0.773	0.686	0.788	0.793	0.729	0.734
59	XIN07707	0.833	0.757	0.909	0.929	0.821	0.742
60	XIN07896	0.697	0.593	0.659	0.664	0.629	0.648
61	XIN07898	0.836	0.816	0.898	0.846	0.846	0.806
62	XIN10695	0.833	0.750	0.871	0.809	0.765	0.669
63	XIN10697	0.773	0.843	0.803	0.843	0.736	0.805
64	XIN10799	0.864	0.543	0.864	0.829	0.793	0.531
65	XIN10801	0.712	0.729	0.712	0.643	0.564	0.867
66	XIN10935	0.629	0.793	0.614	0.671	0.593	0.789
67	XIN10961	0.773	0.814	0.712	0.843	0.721	0.742
68	XIN10963	0.871	0.693	0.902	0.850	0.814	0.719
69	XIN10964	0.833	0.671	0.864	0.900	0.850	0.711
70	XIN10966	0.773	0.779	0.735	0.793	0.743	0.813
71	XIN10967	0.758	0.729	0.576	0.671	0.621	0.773
72	XIN10981	0.667	0.893	0.636	0.693	0.500	0.750
73	XIN10983	0.712	0.829	0.773	0.657	0.650	0.797
74	XIN11115	0.614	0.779	0.621	0.657	0.521	0.703
75	XIN11117	0.674	0.850	0.598	0.650	0.529	0.773
76	XIN11196	0.629	0.893	0.644	0.693	0.464	0.711
77	XIN11198	0.614	0.864	0.583	0.664	0.464	0.734
78	XIN11235	0.538	0.736	0.750	0.664	0.571	0.781
79	XIN11237	0.602	0.846	0.586	0.654	0.507	0.815
80	XIN11239	0.538	0.821	0.659	0.664	0.557	0.750
81	XIN11277	0.629	0.807	0.614	0.643	0.564	0.750
82	XIN11315	0.765	0.793	0.765	0.821	0.729	0.672
83	XIN11317	0.820	0.691	0.811	0.779	0.721	0.653
84	XIN11319	0.795	0.771	0.735	0.714	0.636	0.789
85	XIN11324	0.644	0.793	0.674	0.621	0.493	0.695
86	XIN11326	0.902	0.650	0.932	0.879	0.829	0.719
87	XIN11328	0.902	0.650	0.932	0.821	0.771	0.781

（续）

序号	资源编号（名称）	序号/资源编号（名称）					
		187	188	189	190	191	192
		XIN15636	XIN15738	XIN15739	XIN15741	XIN15743	XIN15811
88	XIN11330	0.591	0.814	0.576	0.586	0.521	0.750
89	XIN11332	0.735	0.771	0.780	0.714	0.657	0.773
90	XIN11359	0.453	0.868	0.453	0.471	0.404	0.839
91	XIN11447	0.871	0.750	0.856	0.807	0.771	0.734
92	XIN11475	0.788	0.864	0.621	0.664	0.486	0.797
93	XIN11478	0.758	0.742	0.645	0.621	0.515	0.850
94	XIN11480	0.750	0.743	0.674	0.600	0.564	0.844
95	XIN11481	0.712	0.843	0.712	0.743	0.621	0.797
96	XIN11532	0.742	0.843	0.833	0.900	0.779	0.805
97	XIN11534	0.644	0.764	0.538	0.643	0.564	0.695
98	XIN11556	0.758	0.729	0.742	0.757	0.693	0.719
99	XIN11846	0.664	0.625	0.633	0.684	0.574	0.629
100	XIN11847	0.621	0.600	0.644	0.629	0.579	0.625
101	XIN11848	0.674	0.600	0.598	0.686	0.586	0.523
102	XIN11953	0.689	0.821	0.780	0.864	0.757	0.938
103	XIN11955	0.759	0.775	0.813	0.800	0.683	0.714
104	XIN11956	0.568	0.807	0.644	0.750	0.629	0.797
105	XIN12175	0.614	0.879	0.492	0.593	0.443	0.844
106	XIN12219	0.621	0.757	0.697	0.643	0.607	0.813
107	XIN12221	0.629	0.750	0.705	0.636	0.607	0.836
108	XIN12249	0.583	0.734	0.700	0.516	0.469	0.708
109	XIN12251	0.661	0.742	0.710	0.788	0.614	0.683
110	XIN12283	0.712	0.843	0.591	0.743	0.593	0.781
111	XIN12374	0.879	0.786	0.773	0.771	0.693	0.750
112	XIN12380	0.825	0.836	0.758	0.805	0.688	0.793
113	XIN12461	0.800	0.859	0.783	0.859	0.734	0.858
114	XIN12463	0.879	0.800	0.848	0.929	0.800	0.836
115	XIN12465	0.960	0.841	0.927	0.932	0.886	0.833
116	XIN12467	0.711	0.721	0.648	0.728	0.581	0.710
117	XIN12469	0.766	0.826	0.782	0.841	0.727	0.817

（续）

序号	资源编号（名称）	序号/资源编号（名称）					
		187	188	189	190	191	192
		XIN15636	XIN15738	XIN15739	XIN15741	XIN15743	XIN15811
118	XIN12533	0.766	0.902	0.702	0.659	0.561	0.967
119	XIN12535	0.555	0.853	0.523	0.618	0.471	0.805
120	XIN12545	0.867	0.728	0.930	0.904	0.824	0.645
121	XIN12678	0.583	0.764	0.583	0.564	0.500	0.758
122	XIN12680	0.766	0.833	0.734	0.826	0.697	0.758
123	XIN12690	0.780	0.821	0.780	0.793	0.714	0.750
124	XIN12764	0.826	0.764	0.750	0.793	0.700	0.750
125	XIN12799	0.858	0.782	0.892	0.831	0.774	0.750
126	XIN12829	0.655	0.808	0.598	0.608	0.525	0.848
127	XIN12831	0.602	0.801	0.633	0.610	0.500	0.750
128	XIN13095	0.523	0.850	0.674	0.750	0.607	0.852
129	XIN13395	0.766	0.750	0.798	0.780	0.720	0.742
130	XIN13397	0.712	0.714	0.727	0.757	0.679	0.656
131	XIN13398	0.766	0.780	0.798	0.811	0.682	0.800
132	XIN13400	0.710	0.742	0.790	0.788	0.689	0.800
133	XIN13761	0.811	0.736	0.780	0.850	0.771	0.719
134	XIN13795	0.895	0.750	0.863	0.826	0.788	0.867
135	XIN13798	0.864	0.679	0.811	0.821	0.700	0.781
136	XIN13822	0.808	0.769	0.790	0.808	0.692	0.710
137	XIN13824	0.750	0.883	0.716	0.733	0.667	0.813
138	XIN13833	0.841	0.736	0.841	0.850	0.814	0.750
139	XIN13835	0.871	0.764	0.750	0.736	0.671	0.719
140	XIN13925	0.641	0.801	0.672	0.654	0.529	0.718
141	XIN13927	0.444	0.735	0.379	0.515	0.432	0.750
142	XIN13929	0.555	0.706	0.602	0.632	0.529	0.641
143	XIN13941	0.652	0.786	0.712	0.629	0.521	0.688
144	XIN13943	0.742	0.814	0.652	0.814	0.721	0.680
145	XIN13982	0.895	0.727	0.798	0.898	0.742	0.759
146	XIN13984	0.500	0.897	0.473	0.621	0.397	0.713
147	XIN13986	0.583	0.857	0.614	0.629	0.479	0.828

（续）

序号	资源编号（名称）	序号/资源编号（名称）					
		187	188	189	190	191	192
		XIN15636	XIN15738	XIN15739	XIN15741	XIN15743	XIN15811
148	XIN13995	0.667	0.884	0.694	0.813	0.661	0.731
149	XIN13997	0.708	0.883	0.798	0.727	0.602	0.784
150	XIN14025	0.674	0.821	0.720	0.779	0.636	0.797
151	XIN14027	0.805	0.833	0.859	0.955	0.856	0.842
152	XIN14029	0.725	0.927	0.792	0.782	0.710	0.857
153	XIN14031	0.780	0.850	0.871	0.821	0.800	0.813
154	XIN14033	0.867	0.757	0.836	0.949	0.809	0.742
155	XIN14035	0.766	0.765	0.766	0.816	0.750	0.718
156	XIN14036	0.917	0.743	0.917	0.893	0.786	0.750
157	XIN14044	0.674	0.821	0.523	0.593	0.486	0.781
158	XIN14138	0.780	0.934	0.780	0.728	0.618	0.968
159	XIN14140	0.758	0.831	0.602	0.787	0.596	0.891
160	XIN14141	0.661	0.879	0.571	0.638	0.534	0.813
161	XIN14142	0.758	0.857	0.667	0.771	0.600	0.852
162	XIN14143	0.703	0.868	0.773	0.809	0.654	0.831
163	XIN14144	0.723	0.871	0.685	0.716	0.612	0.839
164	XIN14146	0.803	0.957	0.803	0.814	0.700	0.961
165	XIN14147	0.694	0.818	0.742	0.758	0.689	0.852
166	XIN14149	0.606	0.829	0.561	0.564	0.450	0.633
167	XIN14151	0.894	0.843	0.803	0.900	0.793	0.750
168	XIN14176	0.685	0.750	0.766	0.765	0.697	0.797
169	XIN14204	0.750	0.779	0.800	0.691	0.618	0.813
170	XIN14206	0.879	0.757	0.879	0.914	0.779	0.727
171	XIN14262	0.517	0.892	0.397	0.625	0.425	0.793
172	XIN14288	0.798	0.765	0.831	0.841	0.750	0.742
173	XIN14305	0.667	0.794	0.508	0.618	0.463	0.831
174	XIN15286	0.828	0.773	0.782	0.864	0.727	0.774
175	XIN15416	0.773	0.857	0.742	0.771	0.707	0.766
176	XIN15418	0.689	0.907	0.629	0.821	0.643	0.813
177	XIN15450	0.848	0.786	0.682	0.757	0.650	0.836

（续）

序号	资源编号（名称）	序号/资源编号（名称）					
		187	188	189	190	191	192
		XIN15636	XIN15738	XIN15739	XIN15741	XIN15743	XIN15811
178	XIN15452	0.866	0.784	0.630	0.784	0.664	0.862
179	XIN15530	0.879	0.742	0.817	0.789	0.719	0.790
180	XIN15532	0.848	0.721	0.805	0.868	0.721	0.718
181	XIN15533	0.836	0.841	0.839	0.902	0.750	0.833
182	XIN15535	0.727	0.652	0.774	0.773	0.674	0.661
183	XIN15537	0.797	0.682	0.895	0.924	0.773	0.750
184	XIN15584	0.780	0.794	0.689	0.735	0.566	0.815
185	XIN15586	0.800	0.625	0.845	0.725	0.683	0.767
186	XIN15627	0.685	0.774	0.658	0.661	0.621	0.853
187	XIN15636	0.000	0.879	0.570	0.561	0.470	0.808
188	XIN15738	0.879	0.000	0.864	0.814	0.750	0.508
189	XIN15739	0.570	0.864	0.000	0.515	0.371	0.758
190	XIN15741	0.561	0.814	0.515	0.000	0.293	0.742
191	XIN15743	0.470	0.750	0.371	0.293	0.000	0.672
192	XIN15811	0.808	0.508	0.758	0.742	0.672	0.000
193	XIN15879	0.850	0.821	0.842	0.893	0.798	0.700
194	XIN15895	0.810	0.810	0.830	0.793	0.698	0.784
195	XIN16008	0.500	0.700	0.543	0.575	0.425	0.598
196	XIN16010	0.445	0.820	0.419	0.555	0.391	0.741
197	XIN16016	0.758	0.853	0.652	0.632	0.441	0.782
198	XIN16018	0.578	0.811	0.320	0.523	0.295	0.717
199	Xindali1	0.932	0.579	0.902	0.879	0.757	0.719
200	Yang02－1	0.819	0.766	0.784	0.839	0.694	0.714
201	Yudou18	0.583	0.907	0.523	0.721	0.471	0.719
202	Zhechun2	0.750	0.850	0.689	0.736	0.586	0.781
203	Zhongdou27	0.765	0.836	0.720	0.850	0.686	0.875
204	Zhongdou34	0.773	0.871	0.652	0.657	0.621	0.836
205	Zhongdou8	0.720	0.964	0.568	0.664	0.571	0.844
206	Zhonghuang10	0.711	0.846	0.773	0.809	0.699	0.782
207	Zhongpin661	0.742	0.836	0.758	0.750	0.648	0.867

表33　遗传距离（三十三）

序号	资源编号（名称）	序号/资源编号（名称）				
		193	194	195	196	197
		XIN15879	XIN15895	XIN16008	XIN16010	XIN16016
1	Dongnong50089	0.650	0.563	0.708	0.694	0.735
2	Dongnong92070	0.714	0.750	0.758	0.703	0.787
3	Dongxin2	0.821	0.810	0.724	0.637	0.682
4	Gandou5	0.952	0.836	0.708	0.719	0.699
5	Gongdou5	0.810	0.853	0.692	0.645	0.871
6	Guichundou1	0.774	0.793	0.667	0.758	0.706
7	Guixia3	0.917	0.759	0.700	0.570	0.632
8	Hedou12	0.838	0.776	0.525	0.492	0.606
9	Heinong37	0.810	0.543	0.725	0.672	0.772
10	Huachun4	0.813	0.804	0.724	0.694	0.848
11	Huangbaozhuhao	0.675	0.571	0.707	0.694	0.727
12	Huaxia101	0.952	0.724	0.700	0.695	0.647
13	Huaxia102	0.825	0.759	0.808	0.726	0.720
14	Jidou7	0.726	0.741	0.783	0.688	0.838
15	Jikedou1	0.663	0.777	0.775	0.823	0.902
16	Jindou21	0.857	0.897	0.700	0.695	0.824
17	Jindou31	0.833	0.802	0.658	0.641	0.875
18	Jinong11	0.619	0.603	0.750	0.703	0.750
19	Jinyi50	0.762	0.750	0.775	0.625	0.757
20	Jiufeng10	0.513	0.741	0.664	0.767	0.836
21	Jiwuxing1	0.810	0.690	0.750	0.605	0.697
22	Kefeng5	0.905	0.724	0.533	0.531	0.654
23	Ludou4	0.631	0.888	0.658	0.703	0.831
24	Lvling9804	0.789	0.769	0.767	0.783	0.789
25	Nannong99－6	0.881	0.750	0.658	0.734	0.640
26	Puhai10	0.940	0.871	0.525	0.435	0.720
27	Qihuang1	0.786	0.784	0.575	0.656	0.890

（续）

序号	资源编号（名称）	序号/资源编号（名称）				
		193	194	195	196	197
		XIN15879	XIN15895	XIN16008	XIN16010	XIN16016
28	Qihuang28	0.726	0.888	0.717	0.719	0.713
29	Ribenqing3	0.810	0.853	0.775	0.781	0.831
30	Shang951099	0.833	0.733	0.242	0.613	0.674
31	Suchun10 - 8	0.810	0.888	0.658	0.719	0.713
32	Sudou5	0.850	0.813	0.692	0.742	0.856
33	Suhan1	0.667	0.784	0.725	0.766	0.728
34	suinong14	0.724	0.714	0.741	0.758	0.813
35	Suixiaolidou2	0.724	0.648	0.768	0.871	0.839
36	Suza1	0.810	0.802	0.642	0.609	0.669
37	Tongdou4	0.857	0.802	0.708	0.656	0.640
38	Tongdou7	0.810	0.888	0.625	0.641	0.743
39	Wandou9	0.833	0.836	0.558	0.531	0.713
40	Xiadou1	0.825	0.938	0.767	0.677	0.856
41	Xiangchundou17	0.821	0.793	0.692	0.664	0.632
42	XIN06640	0.588	0.545	0.707	0.806	0.864
43	XIN06666	0.607	0.647	0.775	0.836	0.816
44	XIN06830	0.833	0.629	0.708	0.766	0.743
45	XIN06832	0.667	0.491	0.675	0.711	0.824
46	XIN06846	0.725	0.884	0.759	0.718	0.719
47	XIN06890	0.810	0.784	0.558	0.602	0.676
48	XIN06908	0.619	0.853	0.742	0.813	0.846
49	XIN07094	0.868	0.694	0.616	0.483	0.492
50	XIN07095	0.845	0.828	0.575	0.500	0.669
51	XIN07203	0.838	0.714	0.491	0.468	0.538
52	XIN07397	0.792	0.778	0.500	0.569	0.658
53	XIN07483	0.638	0.598	0.690	0.694	0.742
54	XIN07486	0.524	0.759	0.742	0.789	0.779
55	XIN07543	0.663	0.732	0.552	0.556	0.689
56	XIN07544	0.845	0.707	0.642	0.633	0.654
57	XIN07545	0.750	0.904	0.694	0.776	0.692

（续）

序号	资源编号（名称）	序号/资源编号（名称）				
		193	194	195	196	197
		XIN15879	XIN15895	XIN16008	XIN16010	XIN16016
58	XIN07704	0.607	0.560	0.742	0.813	0.735
59	XIN07707	0.774	0.655	0.783	0.789	0.882
60	XIN07896	0.488	0.603	0.608	0.609	0.721
61	XIN07898	0.650	0.455	0.793	0.806	0.886
62	XIN10695	0.563	0.586	0.725	0.758	0.809
63	XIN10697	0.738	0.552	0.767	0.742	0.765
64	XIN10799	0.810	0.750	0.725	0.773	0.882
65	XIN10801	0.774	0.828	0.708	0.727	0.735
66	XIN10935	0.571	0.595	0.658	0.586	0.610
67	XIN10961	0.786	0.534	0.617	0.664	0.853
68	XIN10963	0.619	0.698	0.792	0.859	0.934
69	XIN10964	0.619	0.569	0.833	0.836	0.912
70	XIN10966	0.738	0.655	0.775	0.727	0.816
71	XIN10967	0.774	0.707	0.533	0.602	0.691
72	XIN10981	0.833	0.707	0.642	0.523	0.471
73	XIN10983	0.631	0.767	0.633	0.727	0.735
74	XIN11115	0.738	0.647	0.550	0.523	0.603
75	XIN11117	0.726	0.845	0.575	0.641	0.625
76	XIN11196	0.821	0.707	0.600	0.531	0.581
77	XIN11198	0.810	0.690	0.575	0.477	0.507
78	XIN11235	0.786	0.716	0.542	0.625	0.757
79	XIN11237	0.900	0.750	0.526	0.565	0.636
80	XIN11239	0.833	0.647	0.475	0.563	0.787
81	XIN11277	0.762	0.741	0.542	0.617	0.581
82	XIN11315	0.560	0.543	0.658	0.680	0.772
83	XIN11317	0.538	0.652	0.603	0.766	0.780
84	XIN11319	0.655	0.698	0.692	0.656	0.787
85	XIN11324	0.821	0.776	0.150	0.625	0.669
86	XIN11326	0.667	0.629	0.758	0.953	0.860
87	XIN11328	0.857	0.664	0.725	0.828	0.860

序号	资源编号（名称）	序号/资源编号（名称）				
		193	194	195	196	197
		XIN15879	XIN15895	XIN16008	XIN16010	XIN16016
88	XIN11330	0.738	0.716	0.508	0.555	0.721
89	XIN11332	0.750	0.655	0.625	0.727	0.654
90	XIN11359	0.900	0.830	0.422	0.508	0.621
91	XIN11447	0.750	0.595	0.733	0.781	0.875
92	XIN11475	0.857	0.707	0.667	0.664	0.603
93	XIN11478	0.863	0.731	0.625	0.683	0.672
94	XIN11480	0.869	0.793	0.667	0.734	0.713
95	XIN11481	0.762	0.612	0.658	0.680	0.779
96	XIN11532	0.476	0.690	0.750	0.742	0.853
97	XIN11534	0.798	0.759	0.683	0.672	0.581
98	XIN11556	0.869	0.681	0.692	0.727	0.735
99	XIN11846	0.650	0.527	0.567	0.661	0.629
100	XIN11847	0.536	0.534	0.492	0.578	0.654
101	XIN11848	0.476	0.560	0.583	0.617	0.654
102	XIN11953	0.786	0.681	0.708	0.625	0.846
103	XIN11955	0.500	0.710	0.663	0.750	0.853
104	XIN11956	0.726	0.638	0.583	0.586	0.713
105	XIN12175	0.905	0.819	0.608	0.563	0.537
106	XIN12219	0.810	0.784	0.542	0.602	0.676
107	XIN12221	0.810	0.776	0.542	0.609	0.654
108	XIN12249	0.803	0.741	0.574	0.578	0.613
109	XIN12251	0.697	0.714	0.634	0.625	0.781
110	XIN12283	0.833	0.733	0.625	0.602	0.735
111	XIN12374	0.774	0.578	0.750	0.820	0.779
112	XIN12380	0.868	0.663	0.639	0.707	0.782
113	XIN12461	0.788	0.611	0.806	0.707	0.855
114	XIN12463	0.738	0.759	0.733	0.813	0.868
115	XIN12465	0.650	0.750	0.813	0.833	0.938
116	XIN12467	0.875	0.759	0.690	0.605	0.598
117	XIN12469	0.638	0.676	0.643	0.700	0.742

（续）

序号	资源编号（名称）	193 XIN15879	194 XIN15895	195 XIN16008	196 XIN16010	197 XIN16016
118	XIN12533	0.868	0.898	0.723	0.733	0.711
119	XIN12535	0.888	0.819	0.543	0.581	0.508
120	XIN12545	0.600	0.688	0.716	0.790	0.856
121	XIN12678	0.798	0.759	0.600	0.602	0.669
122	XIN12680	0.776	0.667	0.759	0.683	0.711
123	XIN12690	0.595	0.647	0.775	0.766	0.875
124	XIN12764	0.833	0.698	0.658	0.766	0.684
125	XIN12799	0.750	0.779	0.694	0.879	0.815
126	XIN12829	0.750	0.683	0.625	0.652	0.776
127	XIN12831	0.713	0.875	0.517	0.621	0.568
128	XIN13095	0.619	0.828	0.642	0.516	0.713
129	XIN13395	0.553	0.545	0.732	0.683	0.883
130	XIN13397	0.667	0.698	0.725	0.695	0.794
131	XIN13398	0.737	0.417	0.723	0.733	0.789
132	XIN13400	0.816	0.472	0.714	0.742	0.781
133	XIN13761	0.571	0.595	0.758	0.781	0.919
134	XIN13795	0.737	0.769	0.750	0.850	0.852
135	XIN13798	0.762	0.672	0.717	0.797	0.713
136	XIN13822	0.574	0.630	0.656	0.700	0.798
137	XIN13824	0.632	0.593	0.731	0.612	0.783
138	XIN13833	0.690	0.578	0.708	0.813	0.949
139	XIN13835	0.595	0.612	0.708	0.766	0.743
140	XIN13925	0.838	0.830	0.655	0.621	0.576
141	XIN13927	0.776	0.769	0.429	0.367	0.547
142	XIN13929	0.775	0.802	0.112	0.605	0.606
143	XIN13941	0.833	0.784	0.192	0.633	0.647
144	XIN13943	0.607	0.569	0.617	0.602	0.838
145	XIN13982	0.806	0.806	0.714	0.733	0.844
146	XIN13984	0.750	0.808	0.481	0.491	0.560
147	XIN13986	0.869	0.733	0.650	0.492	0.478

（续）

序号	资源编号 （名称）	序号/资源编号（名称）				
		193	194	195	196	197
		XIN15879	XIN15895	XIN16008	XIN16010	XIN16016
148	XIN13995	0.794	0.570	0.667	0.721	0.670
149	XIN13997	0.895	0.788	0.657	0.724	0.710
150	XIN14025	0.667	0.819	0.667	0.734	0.728
151	XIN14027	0.684	0.634	0.767	0.790	0.818
152	XIN14029	0.588	0.481	0.694	0.690	0.855
153	XIN14031	0.595	0.509	0.725	0.797	0.890
154	XIN14033	0.750	0.688	0.810	0.790	0.856
155	XIN14035	0.575	0.643	0.793	0.637	0.826
156	XIN14036	0.714	0.612	0.725	0.859	0.787
157	XIN14044	0.857	0.888	0.525	0.531	0.669
158	XIN14138	0.900	0.664	0.758	0.672	0.684
159	XIN14140	0.810	0.784	0.733	0.685	0.689
160	XIN14141	0.809	0.856	0.635	0.630	0.741
161	XIN14142	0.750	0.784	0.742	0.711	0.691
162	XIN14143	0.725	0.679	0.724	0.685	0.652
163	XIN14144	0.750	0.837	0.769	0.639	0.670
164	XIN14146	0.798	0.897	0.792	0.711	0.676
165	XIN14147	0.888	0.810	0.768	0.683	0.750
166	XIN14149	0.774	0.707	0.575	0.391	0.522
167	XIN14151	0.690	0.405	0.758	0.773	0.824
168	XIN14176	0.775	0.655	0.705	0.683	0.758
169	XIN14204	0.662	0.783	0.768	0.700	0.672
170	XIN14206	0.643	0.672	0.800	0.867	0.897
171	XIN14262	0.750	0.813	0.500	0.603	0.558
172	XIN14288	0.725	0.652	0.795	0.733	0.820
173	XIN14305	0.893	0.819	0.575	0.648	0.682
174	XIN15286	0.786	0.647	0.733	0.847	0.766
175	XIN15416	0.893	0.672	0.683	0.727	0.765
176	XIN15418	0.857	0.784	0.625	0.625	0.772
177	XIN15450	0.798	0.776	0.650	0.711	0.809

（续）

序号	资源编号（名称）	序号/资源编号（名称）				
		193	194	195	196	197
		XIN15879	XIN15895	XIN16008	XIN16010	XIN16016
178	XIN15452	0.789	0.731	0.673	0.704	0.813
179	XIN15530	0.650	0.491	0.723	0.833	0.782
180	XIN15532	0.440	0.707	0.750	0.766	0.856
181	XIN15533	0.667	0.580	0.810	0.790	0.758
182	XIN15535	0.750	0.759	0.690	0.702	0.742
183	XIN15537	0.631	0.724	0.724	0.766	0.813
184	XIN15584	0.488	0.707	0.717	0.727	0.632
185	XIN15586	0.618	0.655	0.652	0.741	0.792
186	XIN15627	0.671	0.696	0.707	0.600	0.758
187	XIN15636	0.850	0.810	0.500	0.445	0.758
188	XIN15738	0.821	0.810	0.700	0.820	0.853
189	XIN15739	0.842	0.830	0.543	0.419	0.652
190	XIN15741	0.893	0.793	0.575	0.555	0.632
191	XIN15743	0.798	0.698	0.425	0.391	0.441
192	XIN15811	0.700	0.784	0.598	0.741	0.782
193	XIN15879	0.000	0.736	0.722	0.724	0.838
194	XIN15895	0.736	0.000	0.750	0.777	0.776
195	XIN16008	0.722	0.750	0.000	0.508	0.633
196	XIN16010	0.724	0.777	0.508	0.000	0.633
197	XIN16016	0.838	0.776	0.633	0.633	0.000
198	XIN16018	0.789	0.679	0.422	0.379	0.477
199	Xindali1	0.762	0.819	0.775	0.797	0.890
200	Yang02－1	0.847	0.790	0.731	0.750	0.842
201	Yudou18	0.857	0.647	0.525	0.438	0.449
202	Zhechun2	0.857	0.871	0.475	0.703	0.728
203	Zhongdou27	0.798	0.690	0.700	0.758	0.640
204	Zhongdou34	0.905	0.759	0.650	0.617	0.809
205	Zhongdou8	0.857	0.750	0.692	0.656	0.669
206	Zhonghuang10	0.738	0.857	0.592	0.677	0.795
207	Zhongpin661	0.908	0.713	0.629	0.672	0.685

表 34　遗传距离（三十四）

序号	资源编号（名称）	序号/资源编号（名称）				
		198	199	200	201	202
		XIN16018	Xindali1	Yang02 - 1	Yudou18	Zhechun2
1	Dongnong50089	0.734	0.829	0.781	0.800	0.800
2	Dongnong92070	0.773	0.917	0.656	0.792	0.708
3	Dongxin2	0.586	0.764	0.798	0.664	0.793
4	Gandou5	0.712	0.833	0.875	0.722	0.778
5	Gongdou5	0.719	0.886	0.839	0.800	0.714
6	Guichundou1	0.735	0.882	0.930	0.674	0.743
7	Guixia3	0.644	0.882	0.836	0.576	0.799
8	Hedou12	0.570	0.846	0.892	0.551	0.654
9	Heinong37	0.652	0.861	0.750	0.694	0.722
10	Huachun4	0.805	0.493	0.766	0.850	0.821
11	Huangbaozhuhao	0.617	0.907	0.815	0.621	0.764
12	Huaxia101	0.583	0.938	0.836	0.701	0.674
13	Huaxia102	0.703	0.886	0.906	0.714	0.800
14	Jidou7	0.765	0.778	0.797	0.819	0.736
15	Jikedou1	0.828	0.821	0.695	0.821	0.764
16	Jindou21	0.598	0.910	0.813	0.785	0.646
17	Jindou31	0.712	0.778	0.906	0.750	0.750
18	Jinong11	0.712	0.840	0.852	0.729	0.757
19	Jinyi50	0.697	0.861	0.750	0.722	0.778
20	Jiufeng10	0.774	0.824	0.661	0.838	0.765
21	Jiwuxing1	0.711	0.793	0.782	0.836	0.764
22	Kefeng5	0.561	0.889	0.672	0.444	0.750
23	Ludou4	0.727	0.715	0.805	0.785	0.674
24	Lvling9804	0.774	0.697	0.871	0.758	0.758
25	Nannong99 - 6	0.667	0.944	0.781	0.611	0.750
26	Puhai10	0.391	0.936	0.798	0.550	0.664
27	Qihuang1	0.742	0.833	0.781	0.750	0.833

（续）

序号	资源编号（名称）	序号/资源编号（名称）				
		198	199	200	201	202
		XIN16018	Xindali1	Yang02-1	Yudou18	Zhechun2
28	Qihuang28	0.742	0.875	0.766	0.750	0.764
29	Ribenqing3	0.742	0.611	0.719	0.861	0.806
30	Shang951099	0.563	0.829	0.839	0.657	0.571
31	Suchun10-8	0.712	0.750	0.844	0.778	0.722
32	Sudou5	0.813	0.743	0.656	0.857	0.829
33	Suhan1	0.758	0.750	0.813	0.778	0.806
34	suinong14	0.782	0.816	0.315	0.757	0.816
35	Suixiaolidou2	0.808	0.886	0.589	0.811	0.932
36	Suza1	0.545	0.833	0.906	0.583	0.806
37	Tongdou4	0.515	0.861	0.906	0.611	0.778
38	Tongdou7	0.682	0.889	0.875	0.778	0.778
39	Wandou9	0.667	0.861	0.813	0.583	0.806
40	Xiadou1	0.750	0.900	0.855	0.771	0.814
41	Xiangchundou17	0.606	0.757	0.758	0.743	0.729
42	XIN06640	0.797	0.713	0.642	0.757	0.787
43	XIN06666	0.803	0.800	0.645	0.786	0.800
44	XIN06830	0.712	0.857	0.742	0.771	0.743
45	XIN06832	0.674	0.786	0.702	0.729	0.729
46	XIN06846	0.718	0.902	0.664	0.765	0.720
47	XIN06890	0.720	0.750	0.831	0.707	0.779
48	XIN06908	0.818	0.771	0.806	0.857	0.829
49	XIN07094	0.567	0.938	0.786	0.313	0.750
50	XIN07095	0.470	0.829	0.798	0.700	0.714
51	XIN07203	0.375	0.890	0.800	0.434	0.551
52	XIN07397	0.533	0.944	0.750	0.589	0.685
53	XIN07483	0.727	0.735	0.608	0.706	0.706
54	XIN07486	0.788	0.807	0.863	0.821	0.807
55	XIN07543	0.531	0.926	0.758	0.676	0.515
56	XIN07544	0.674	0.864	0.750	0.764	0.807
57	XIN07545	0.741	0.871	0.852	0.742	0.742

序号	资源编号（名称）	序号/资源编号（名称）				
		198	199	200	201	202
		XIN16018	Xindali1	Yang02-1	Yudou18	Zhechun2
58	XIN07704	0.780	0.771	0.742	0.771	0.843
59	XIN07707	0.841	0.850	0.718	0.850	0.879
60	XIN07896	0.682	0.714	0.468	0.743	0.686
61	XIN07898	0.828	0.765	0.733	0.794	0.912
62	XIN10695	0.750	0.807	0.766	0.836	0.779
63	XIN10697	0.705	0.813	0.820	0.743	0.854
64	XIN10799	0.795	0.674	0.805	0.882	0.785
65	XIN10801	0.644	0.799	0.750	0.799	0.743
66	XIN10935	0.576	0.792	0.672	0.736	0.639
67	XIN10961	0.674	0.840	0.781	0.771	0.743
68	XIN10963	0.864	0.694	0.719	0.889	0.889
69	XIN10964	0.826	0.771	0.617	0.826	0.854
70	XIN10966	0.758	0.861	0.789	0.792	0.778
71	XIN10967	0.508	0.771	0.875	0.660	0.715
72	XIN10981	0.492	0.903	0.836	0.306	0.722
73	XIN10983	0.598	0.910	0.805	0.715	0.660
74	XIN11115	0.591	0.806	0.664	0.625	0.667
75	XIN11117	0.636	0.889	0.766	0.708	0.653
76	XIN11196	0.485	0.889	0.797	0.319	0.750
77	XIN11198	0.470	0.875	0.813	0.306	0.708
78	XIN11235	0.652	0.806	0.844	0.722	0.639
79	XIN11237	0.547	0.857	0.831	0.600	0.643
80	XIN11239	0.576	0.833	0.813	0.722	0.778
81	XIN11277	0.561	0.833	0.891	0.556	0.667
82	XIN11315	0.705	0.819	0.680	0.722	0.806
83	XIN11317	0.773	0.879	0.685	0.807	0.779
84	XIN11319	0.697	0.840	0.781	0.813	0.715
85	XIN11324	0.561	0.819	0.781	0.667	0.583
86	XIN11326	0.924	0.806	0.750	0.917	0.889
87	XIN11328	0.864	0.833	0.719	0.917	0.833

（续）

序号	资源编号（名称）	序号/资源编号（名称）				
		198	199	200	201	202
		XIN16018	Xindali1	Yang02－1	Yudou18	Zhechun2
88	XIN11330	0.492	0.785	0.797	0.660	0.729
89	XIN11332	0.652	0.889	0.711	0.708	0.694
90	XIN11359	0.383	0.893	0.836	0.679	0.636
91	XIN11447	0.848	0.736	0.539	0.819	0.806
92	XIN11475	0.659	0.875	0.688	0.667	0.875
93	XIN11478	0.492	0.787	0.855	0.654	0.640
94	XIN11480	0.606	0.826	0.828	0.660	0.729
95	XIN11481	0.674	0.882	0.766	0.757	0.701
96	XIN11532	0.811	0.826	0.625	0.743	0.771
97	XIN11534	0.606	0.847	0.703	0.583	0.778
98	XIN11556	0.674	0.850	0.702	0.679	0.636
99	XIN11846	0.586	0.729	0.672	0.629	0.614
100	XIN11847	0.614	0.639	0.602	0.625	0.653
101	XIN11848	0.659	0.694	0.391	0.639	0.639
102	XIN11953	0.758	0.917	0.875	0.778	0.806
103	XIN11955	0.732	0.742	0.817	0.855	0.758
104	XIN11956	0.614	0.819	0.820	0.597	0.639
105	XIN12175	0.500	0.889	0.875	0.583	0.806
106	XIN12219	0.720	0.757	0.836	0.688	0.701
107	XIN12221	0.697	0.750	0.828	0.722	0.708
108	XIN12249	0.625	0.811	0.725	0.705	0.795
109	XIN12251	0.742	0.757	0.650	0.743	0.713
110	XIN12283	0.629	0.868	0.617	0.604	0.729
111	XIN12374	0.750	0.868	0.609	0.688	0.813
112	XIN12380	0.683	0.879	0.800	0.758	0.697
113	XIN12461	0.758	0.841	0.725	0.826	0.932
114	XIN12463	0.826	0.743	0.836	0.882	0.854
115	XIN12465	0.887	0.882	0.600	0.882	0.794
116	XIN12467	0.633	0.829	0.719	0.700	0.771
117	XIN12469	0.774	0.833	0.833	0.682	0.727

序号	资源编号（名称）	序号/资源编号（名称）				
		198	199	200	201	202
		XIN16018	Xindali1	Yang02-1	Yudou18	Zhechun2
118	XIN12533	0.594	0.824	0.903	0.853	0.824
119	XIN12535	0.492	0.900	0.839	0.543	0.686
120	XIN12545	0.844	0.829	0.750	0.857	0.800
121	XIN12678	0.515	0.819	0.859	0.694	0.667
122	XIN12680	0.711	0.824	0.661	0.735	0.750
123	XIN12690	0.742	0.833	0.813	0.806	0.833
124	XIN12764	0.742	0.917	0.625	0.806	0.778
125	XIN12799	0.850	0.813	0.724	0.844	0.750
126	XIN12829	0.616	0.871	0.750	0.629	0.677
127	XIN12831	0.674	0.857	0.790	0.700	0.714
128	XIN13095	0.606	0.819	0.813	0.736	0.806
129	XIN13395	0.774	0.735	0.633	0.824	0.779
130	XIN13397	0.735	0.826	0.617	0.729	0.729
131	XIN13398	0.719	0.853	0.710	0.765	0.765
132	XIN13400	0.734	0.743	0.702	0.728	0.801
133	XIN13761	0.803	0.750	0.656	0.833	0.833
134	XIN13795	0.875	0.794	0.767	0.853	0.765
135	XIN13798	0.773	0.889	0.625	0.708	0.722
136	XIN13822	0.680	0.843	0.729	0.750	0.620
137	XIN13824	0.675	0.875	0.760	0.725	0.758
138	XIN13833	0.803	0.833	0.531	0.806	0.806
139	XIN13835	0.697	0.806	0.781	0.722	0.778
140	XIN13925	0.602	0.800	0.790	0.571	0.757
141	XIN13927	0.331	0.787	0.774	0.551	0.669
142	XIN13929	0.492	0.736	0.734	0.607	0.550
143	XIN13941	0.598	0.813	0.711	0.660	0.590
144	XIN13943	0.614	0.826	0.805	0.743	0.743
145	XIN13982	0.806	0.727	0.733	0.879	0.879
146	XIN13984	0.438	0.940	0.798	0.457	0.698
147	XIN13986	0.538	0.826	0.898	0.438	0.729

（续）

序号	资源编号（名称）	序号/资源编号（名称）				
		198	199	200	201	202
		XIN16018	Xindali1	Yang02-1	Yudou18	Zhechun2
148	XIN13995	0.648	0.931	0.769	0.724	0.724
149	XIN13997	0.733	0.924	0.810	0.697	0.818
150	XIN14025	0.727	0.819	0.867	0.778	0.792
151	XIN14027	0.805	0.846	0.798	0.787	0.787
152	XIN14029	0.758	0.781	0.690	0.719	0.844
153	XIN14031	0.818	0.750	0.750	0.778	0.833
154	XIN14033	0.828	0.800	0.710	0.829	0.857
155	XIN14035	0.711	0.893	0.581	0.821	0.750
156	XIN14036	0.818	0.889	0.734	0.833	0.792
157	XIN14044	0.485	0.861	0.813	0.639	0.694
158	XIN14138	0.606	0.857	0.839	0.743	0.800
159	XIN14140	0.656	0.838	0.825	0.706	0.853
160	XIN14141	0.578	0.819	0.875	0.647	0.750
161	XIN14142	0.659	0.864	0.887	0.707	0.850
162	XIN14143	0.711	0.963	0.858	0.669	0.816
163	XIN14144	0.589	0.810	0.827	0.759	0.776
164	XIN14146	0.735	0.879	0.935	0.736	0.793
165	XIN14147	0.621	0.795	0.853	0.705	0.750
166	XIN14149	0.485	0.836	0.677	0.364	0.721
167	XIN14151	0.705	0.893	0.815	0.793	0.779
168	XIN14176	0.750	0.803	0.629	0.803	0.773
169	XIN14204	0.688	0.824	0.875	0.824	0.765
170	XIN14206	0.871	0.821	0.621	0.921	0.893
171	XIN14262	0.466	0.833	0.870	0.533	0.733
172	XIN14288	0.790	0.879	0.633	0.848	0.879
173	XIN14305	0.523	0.875	0.775	0.654	0.684
174	XIN15286	0.766	0.841	0.629	0.826	0.811
175	XIN15416	0.720	0.907	0.806	0.764	0.807
176	XIN15418	0.636	0.914	0.710	0.686	0.771
177	XIN15450	0.689	0.764	0.871	0.707	0.736

（续）

序号	资源编号（名称）	序号/资源编号（名称）				
		198	199	200	201	202
		XIN16018	Xindali1	Yang02－1	Yudou18	Zhechun2
178	XIN15452	0.685	0.793	0.808	0.724	0.793
179	XIN15530	0.733	0.734	0.741	0.766	0.828
180	XIN15532	0.797	0.772	0.617	0.860	0.816
181	XIN15533	0.790	0.818	0.724	0.788	0.909
182	XIN15535	0.694	0.803	0.681	0.727	0.697
183	XIN15537	0.782	0.871	0.724	0.841	0.841
184	XIN15584	0.583	0.860	0.775	0.728	0.743
185	XIN15586	0.716	0.683	0.798	0.783	0.783
186	XIN15627	0.675	0.702	0.848	0.702	0.766
187	XIN15636	0.578	0.932	0.819	0.583	0.750
188	XIN15738	0.811	0.579	0.766	0.907	0.850
189	XIN15739	0.320	0.902	0.784	0.523	0.689
190	XIN15741	0.523	0.879	0.839	0.721	0.736
191	XIN15743	0.295	0.757	0.694	0.471	0.586
192	XIN15811	0.717	0.719	0.714	0.719	0.781
193	XIN15879	0.789	0.762	0.847	0.857	0.857
194	XIN15895	0.679	0.819	0.790	0.647	0.871
195	XIN16008	0.422	0.775	0.731	0.525	0.475
196	XIN16010	0.379	0.797	0.750	0.438	0.703
197	XIN16016	0.477	0.890	0.842	0.449	0.728
198	XIN16018	0.000	0.833	0.853	0.379	0.561
199	Xindali1	0.833	0.000	0.844	0.944	0.917
200	Yang02－1	0.853	0.844	0.000	0.781	0.781
201	Yudou18	0.379	0.944	0.781	0.000	0.694
202	Zhechun2	0.561	0.917	0.781	0.694	0.000
203	Zhongdou27	0.667	0.917	0.664	0.569	0.875
204	Zhongdou34	0.629	0.854	0.898	0.715	0.826
205	Zhongdou8	0.545	0.917	0.906	0.556	0.778
206	Zhonghuang10	0.703	0.700	0.922	0.743	0.686
207	Zhongpin661	0.700	0.818	0.667	0.727	0.818

表 35　遗传距离（三十五）

序号	资源编号（名称）	序号/资源编号（名称）				
		203	204	205	206	207
		Zhongdou27	Zhongdou34	Zhongdou8	Zhonghuang10	Zhongpin661
1	Dongnong50089	0.800	0.836	0.829	0.871	0.879
2	Dongnong92070	0.722	0.854	0.792	0.829	0.742
3	Dongxin2	0.793	0.643	0.579	0.824	0.836
4	Gandou5	0.903	0.743	0.722	0.829	0.848
5	Gongdou5	0.829	0.721	0.857	0.772	0.818
6	Guichundou1	0.785	0.569	0.618	0.679	0.811
7	Guixia3	0.840	0.764	0.660	0.864	0.841
8	Hedou12	0.713	0.691	0.757	0.773	0.680
9	Heinong37	0.778	0.896	0.722	0.814	0.758
10	Huachun4	0.893	0.757	0.879	0.772	0.805
11	Huangbaozhuhao	0.736	0.843	0.736	0.846	0.727
12	Huaxia101	0.799	0.729	0.701	0.921	0.735
13	Huaxia102	0.786	0.793	0.743	0.857	0.879
14	Jidou7	0.722	0.799	0.792	0.757	0.591
15	Jikedou1	0.693	0.829	0.793	0.764	0.765
16	Jindou21	0.868	0.833	0.826	0.836	0.917
17	Jindou31	0.875	0.771	0.806	0.657	0.788
18	Jinong11	0.813	0.847	0.729	0.807	0.765
19	Jinyi50	0.694	0.924	0.778	0.843	0.697
20	Jiufeng10	0.809	0.801	0.897	0.824	0.797
21	Jiwuxing1	0.707	0.871	0.893	0.750	0.614
22	Kefeng5	0.625	0.576	0.611	0.743	0.780
23	Ludou4	0.840	0.792	0.813	0.307	0.826
24	Lvling9804	0.848	0.871	0.818	0.606	0.903
25	Nannong99 – 6	0.722	0.688	0.500	0.743	0.515
26	Puhai10	0.793	0.743	0.750	0.706	0.826
27	Qihuang1	0.833	0.743	0.778	0.771	0.727

（续）

序号	资源编号（名称）	序号/资源编号（名称）				
		203	204	205	206	207
		Zhongdou27	Zhongdou34	Zhongdou8	Zhonghuang10	Zhongpin661
28	Qihuang28	0.750	0.868	0.847	0.614	0.833
29	Ribenqing3	0.903	0.938	0.944	0.743	0.879
30	Shang951099	0.814	0.707	0.800	0.713	0.758
31	Suchun10 - 8	0.875	0.910	0.889	0.700	0.818
32	Sudou5	0.886	0.764	0.914	0.900	0.788
33	Suhan1	0.917	0.910	0.833	0.657	0.879
34	suinong14	0.699	0.809	0.934	0.890	0.773
35	Suixiaolidou2	0.629	0.909	0.932	0.902	0.831
36	Suza1	0.778	0.604	0.500	0.800	0.848
37	Tongdou4	0.847	0.576	0.306	0.686	0.848
38	Tongdou7	0.736	0.743	0.778	0.843	0.727
39	Wandou9	0.764	0.632	0.639	0.771	0.758
40	Xiadou1	0.886	0.864	0.843	0.824	0.773
41	Xiangchundou17	0.778	0.597	0.576	0.729	0.803
42	XIN06640	0.706	0.809	0.816	0.765	0.718
43	XIN06666	0.829	0.779	0.800	0.853	0.789
44	XIN06830	0.771	0.950	0.829	0.824	0.656
45	XIN06832	0.764	0.807	0.786	0.750	0.797
46	XIN06846	0.720	0.848	0.795	0.789	0.767
47	XIN06890	0.736	0.743	0.821	0.787	0.594
48	XIN06908	0.857	0.964	0.886	0.838	0.969
49	XIN07094	0.656	0.805	0.625	0.798	0.759
50	XIN07095	0.800	0.707	0.671	0.831	0.781
51	XIN07203	0.699	0.662	0.596	0.758	0.734
52	XIN07397	0.629	0.710	0.669	0.742	0.705
53	XIN07483	0.706	0.787	0.721	0.758	0.718
54	XIN07486	0.736	0.843	0.779	0.757	0.781
55	XIN07543	0.750	0.757	0.691	0.758	0.645
56	XIN07544	0.679	0.814	0.750	0.831	0.539
57	XIN07545	0.790	0.782	0.774	0.725	0.857

（续）

序号	资源编号（名称）	序号/资源编号（名称）				
		203	204	205	206	207
		Zhongdou27	Zhongdou34	Zhongdou8	Zhonghuang10	Zhongpin661
58	XIN07704	0.693	0.879	0.814	0.779	0.844
59	XIN07707	0.807	0.914	0.936	0.890	0.852
60	XIN07896	0.700	0.750	0.814	0.757	0.688
61	XIN07898	0.809	0.846	0.882	0.833	0.839
62	XIN10695	0.764	0.829	0.879	0.728	0.859
63	XIN10697	0.715	0.924	0.799	0.764	0.750
64	XIN10799	0.868	0.917	0.938	0.721	0.909
65	XIN10801	0.854	0.708	0.743	0.914	0.818
66	XIN10935	0.653	0.764	0.722	0.779	0.682
67	XIN10961	0.833	0.847	0.896	0.736	0.871
68	XIN10963	0.917	0.910	0.889	0.771	0.848
69	XIN10964	0.771	0.847	0.854	0.821	0.811
70	XIN10966	0.806	0.826	0.833	0.843	0.795
71	XIN10967	0.701	0.708	0.715	0.779	0.659
72	XIN10981	0.708	0.729	0.556	0.807	0.811
73	XIN10983	0.743	0.847	0.771	0.700	0.826
74	XIN11115	0.694	0.757	0.611	0.736	0.462
75	XIN11117	0.806	0.743	0.736	0.814	0.689
76	XIN11196	0.667	0.674	0.583	0.743	0.841
77	XIN11198	0.708	0.757	0.583	0.771	0.788
78	XIN11235	0.903	0.743	0.861	0.571	0.788
79	XIN11237	0.700	0.664	0.729	0.809	0.695
80	XIN11239	0.806	0.660	0.722	0.714	0.848
81	XIN11277	0.701	0.701	0.681	0.721	0.629
82	XIN11315	0.694	0.868	0.847	0.786	0.659
83	XIN11317	0.664	0.886	0.921	0.890	0.664
84	XIN11319	0.840	0.847	0.771	0.836	0.735
85	XIN11324	0.778	0.715	0.792	0.714	0.735
86	XIN11326	0.806	0.965	0.944	0.843	0.818
87	XIN11328	0.806	0.924	0.972	0.814	0.758

序号	资源编号（名称）	序号/资源编号（名称）				
		203	204	205	206	207
		Zhongdou27	Zhongdou34	Zhongdou8	Zhonghuang10	Zhongpin661
88	XIN11330	0.799	0.681	0.688	0.729	0.735
89	XIN11332	0.694	0.826	0.764	0.779	0.455
90	XIN11359	0.750	0.686	0.679	0.728	0.781
91	XIN11447	0.861	0.813	0.931	0.900	0.803
92	XIN11475	0.583	0.813	0.667	0.857	0.636
93	XIN11478	0.779	0.618	0.610	0.705	0.758
94	XIN11480	0.799	0.625	0.632	0.779	0.803
95	XIN11481	0.729	0.757	0.785	0.807	0.758
96	XIN11532	0.743	0.889	0.854	0.807	0.780
97	XIN11534	0.569	0.813	0.681	0.779	0.621
98	XIN11556	0.736	0.793	0.679	0.816	0.859
99	XIN11846	0.629	0.807	0.657	0.707	0.455
100	XIN11847	0.625	0.708	0.653	0.707	0.417
101	XIN11848	0.660	0.743	0.722	0.736	0.629
102	XIN11953	0.847	0.785	0.806	0.814	0.818
103	XIN11955	0.863	0.782	0.855	0.677	0.828
104	XIN11956	0.688	0.743	0.694	0.729	0.727
105	XIN12175	0.736	0.743	0.750	0.771	0.727
106	XIN12219	0.743	0.750	0.799	0.764	0.606
107	XIN12221	0.750	0.729	0.806	0.800	0.614
108	XIN12249	0.750	0.773	0.735	0.891	0.625
109	XIN12251	0.787	0.794	0.816	0.659	0.766
110	XIN12283	0.646	0.736	0.715	0.807	0.515
111	XIN12374	0.688	0.778	0.799	0.900	0.780
112	XIN12380	0.818	0.917	0.818	0.836	0.733
113	XIN12461	0.735	0.848	0.826	0.930	0.775
114	XIN12463	0.826	0.875	0.938	0.836	0.871
115	XIN12465	0.809	0.890	0.941	0.833	0.903
116	XIN12467	0.786	0.850	0.729	0.779	0.703
117	XIN12469	0.818	0.886	0.803	0.781	0.850

（续）

序号	资源编号（名称）	序号/资源编号（名称）				
		203	204	205	206	207
		Zhongdou27	Zhongdou34	Zhongdou8	Zhonghuang10	Zhongpin661
118	XIN12533	0.838	0.669	0.706	0.697	0.871
119	XIN12535	0.729	0.664	0.629	0.765	0.766
120	XIN12545	0.771	0.907	0.943	0.809	0.844
121	XIN12678	0.722	0.674	0.694	0.829	0.811
122	XIN12680	0.662	0.787	0.809	0.742	0.750
123	XIN12690	0.917	0.840	0.806	0.829	0.939
124	XIN12764	0.667	0.882	0.806	0.900	0.303
125	XIN12799	0.797	0.898	0.844	0.782	0.759
126	XIN12829	0.694	0.766	0.629	0.825	0.670
127	XIN12831	0.743	0.793	0.729	0.838	0.570
128	XIN13095	0.722	0.757	0.792	0.657	0.841
129	XIN13395	0.809	0.831	0.853	0.917	0.855
130	XIN13397	0.688	0.847	0.813	0.736	0.629
131	XIN13398	0.794	0.904	0.824	0.803	0.742
132	XIN13400	0.801	0.794	0.757	0.879	0.742
133	XIN13761	0.806	0.910	0.861	0.743	0.758
134	XIN13795	0.853	0.846	0.882	0.886	0.839
135	XIN13798	0.722	0.854	0.819	0.857	0.735
136	XIN13822	0.806	0.833	0.769	0.808	0.780
137	XIN13824	0.875	0.867	0.792	0.853	0.806
138	XIN13833	0.750	0.854	0.833	0.771	0.848
139	XIN13835	0.847	0.771	0.722	0.771	0.879
140	XIN13925	0.643	0.764	0.743	0.801	0.680
141	XIN13927	0.669	0.632	0.625	0.727	0.669
142	XIN13929	0.714	0.729	0.750	0.610	0.703
143	XIN13941	0.771	0.722	0.771	0.721	0.667
144	XIN13943	0.854	0.833	0.826	0.736	0.841
145	XIN13982	0.833	0.886	0.970	0.859	0.933
146	XIN13984	0.698	0.741	0.664	0.804	0.760
147	XIN13986	0.701	0.681	0.604	0.721	0.742

（续）

序号	资源编号（名称）	序号/资源编号（名称）				
		203	204	205	206	207
		Zhongdou27	Zhongdou34	Zhongdou8	Zhonghuang10	Zhongpin661
148	XIN13995	0.621	0.853	0.759	0.830	0.500
149	XIN13997	0.636	0.765	0.727	0.875	0.742
150	XIN14025	0.792	0.840	0.806	0.714	0.720
151	XIN14027	0.743	0.838	0.846	0.856	0.863
152	XIN14029	0.719	0.797	0.797	0.815	0.793
153	XIN14031	0.792	0.854	0.861	0.843	0.818
154	XIN14033	0.857	0.879	0.886	0.846	0.844
155	XIN14035	0.779	0.800	0.821	0.809	0.813
156	XIN14036	0.736	0.868	0.889	0.871	0.818
157	XIN14044	0.806	0.771	0.750	0.743	0.576
158	XIN14138	0.829	0.836	0.686	0.897	0.750
159	XIN14140	0.838	0.699	0.676	0.864	0.855
160	XIN14141	0.828	0.586	0.560	0.848	0.806
161	XIN14142	0.793	0.686	0.621	0.853	0.828
162	XIN14143	0.787	0.824	0.757	0.795	0.831
163	XIN14144	0.845	0.716	0.655	0.768	0.796
164	XIN14146	0.864	0.829	0.736	0.838	0.844
165	XIN14147	0.856	0.773	0.705	0.773	0.792
166	XIN14149	0.700	0.664	0.579	0.838	0.672
167	XIN14151	0.779	0.814	0.821	0.779	0.813
168	XIN14176	0.765	0.765	0.758	0.688	0.700
169	XIN14204	0.721	0.824	0.706	0.672	0.733
170	XIN14206	0.793	0.943	0.979	0.890	0.906
171	XIN14262	0.683	0.692	0.517	0.698	0.768
172	XIN14288	0.788	0.947	0.939	0.859	0.833
173	XIN14305	0.684	0.691	0.699	0.750	0.750
174	XIN15286	0.659	0.924	0.826	0.914	0.633
175	XIN15416	0.707	0.771	0.750	0.860	0.688
176	XIN15418	0.614	0.807	0.743	0.838	0.719
177	XIN15450	0.893	0.700	0.679	0.787	0.898

（续）

序号	资源编号（名称）	序号/资源编号（名称）				
		203	204	205	206	207
		Zhongdou27	Zhongdou34	Zhongdou8	Zhonghuang10	Zhongpin661
178	XIN15452	0.879	0.750	0.690	0.830	0.926
179	XIN15530	0.859	0.820	0.797	0.790	0.845
180	XIN15532	0.831	0.853	0.831	0.856	0.774
181	XIN15533	0.727	0.902	0.879	0.891	0.800
182	XIN15535	0.803	0.780	0.818	0.695	0.825
183	XIN15537	0.841	0.833	0.902	0.883	0.858
184	XIN15584	0.699	0.838	0.728	0.780	0.702
185	XIN15586	0.833	0.725	0.833	0.853	0.768
186	XIN15627	0.782	0.806	0.734	0.775	0.741
187	XIN15636	0.765	0.773	0.720	0.711	0.742
188	XIN15738	0.836	0.871	0.964	0.846	0.836
189	XIN15739	0.720	0.652	0.568	0.773	0.758
190	XIN15741	0.850	0.657	0.664	0.809	0.750
191	XIN15743	0.686	0.621	0.571	0.699	0.648
192	XIN15811	0.875	0.836	0.844	0.782	0.867
193	XIN15879	0.798	0.905	0.857	0.738	0.908
194	XIN15895	0.690	0.759	0.750	0.857	0.713
195	XIN16008	0.700	0.650	0.692	0.592	0.629
196	XIN16010	0.758	0.617	0.656	0.677	0.672
197	XIN16016	0.640	0.809	0.669	0.795	0.685
198	XIN16018	0.667	0.629	0.545	0.703	0.700
199	Xindali1	0.917	0.854	0.917	0.700	0.818
200	Yang02-1	0.664	0.898	0.906	0.922	0.667
201	Yudou18	0.569	0.715	0.556	0.743	0.727
202	Zhechun2	0.875	0.826	0.778	0.686	0.818
203	Zhongdou27	0.000	0.854	0.764	0.843	0.515
204	Zhongdou34	0.854	0.000	0.438	0.750	0.811
205	Zhongdou8	0.764	0.438	0.000	0.771	0.788
206	Zhonghuang10	0.843	0.750	0.771	0.000	0.826
207	Zhongpin661	0.515	0.811	0.788	0.826	0.000

三、207 份大豆资源的群体结构分析

为了估测 207 份大豆资源的群体结构并确定最佳的群体分组，应用 STRUCTURE 2.3.4 软件进行基于混合模型的亚群划分，软件运行设置等位变异频率特征数（遗传群体数）K 从 2 到 20，Burn-in 周期为 100 000，MCMC 的重复次数为 100 000 次，采用混合模型和相关等位基因频率，然后将结果文件压缩，上传到 "STRUCTURE HARVE-STER" 网站（http://www.structureharvester.com/），据 EVANNO 等的方法计算得到 Delta K，确定最佳 K 值。

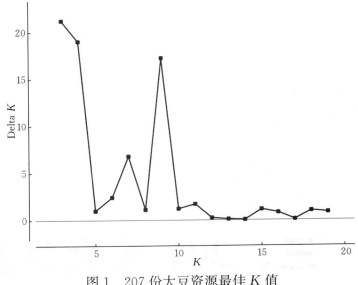

图 1　207 份大豆资源最佳 K 值

根据图 1 可以看到，K 值为 3 时，具有最大的拐点，说明最佳群体结构为 3 个类群。

对 207 份大豆资源的群体结构进行划分，207 份大豆资源被划分为 3 个类群，各序号的资源群体结构划分情况见图 2。

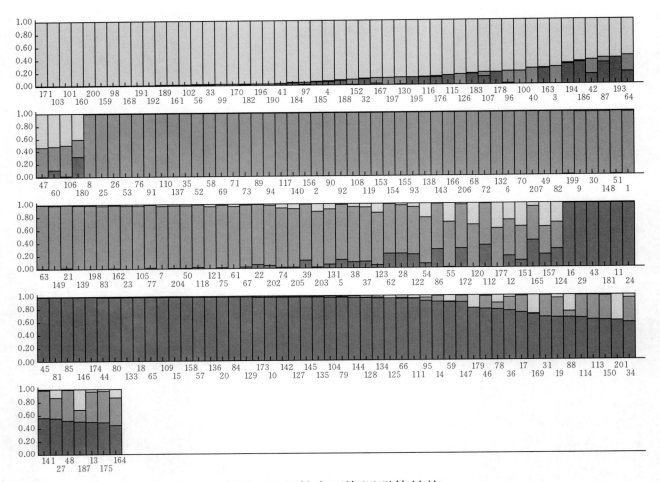

图 2　207 份大豆资源群体结构

四、36 对 SSR 引物名称及序列

引物名称	所在染色体	正向引物序列	反向引物序列
Satt300	A1	GCGACCATCATCTAATCACAATCTACTA	TCCCCATCATTTATCGAAAATAATAATT
Satt429	A2	GCGACCATCATCTAATCACAATCTACTA	TCCCCATCATTTATCGAAAATAATAATT
Satt197	B1	CACTGCTTTTTCCCCTCTCT	AAGATACCCCCAACATTATTTGTAA
Satt556	B2	GCGATAAAACCCGATAAATAA	GCGTTGTGCACCTTGTTTTCT
Satt100	C2	ACCTCATTTTGGCATAAA	TTGGAAAACAAGTAATAATAACA
Satt267	D1a	CCGGTCTGACCTATTCTCAT	CACGGCGTATTTTTATTTTG
Satt005	D1b	TATCCTAGAGAAGAACTAAAAAA	GTCGATTAGGCTTGAAATA
Satt514	D2	GCGCCAACAAATCAAGTCAAGTAGAAAT	GCGGTCATCTAATTAATCCCTTTTTGAA
Satt268	E	TCAGGGGTGGACCTATATAAAATA	CAGTGGTGGCAGATGTAGAA
Satt334	F	GCGTTAAGAATGCATTTATGTTTAGTC	GCGAGTTTTTGGTTGGATTGAGTTG
Satt191	G	CGCGATCATGTCTCTG	GGGAGTTGGTGTTTTCTTGTG
Sat_218	H	GCGCACGTTAAATGAACTGGTATGATA	GCGGGCCAAAGAGGAAGATTGTAAT
Satt239	I	GCGCCAAAAAATGAATCACAAT	GCGAACACAATCAACATCCTTGAAC
Satt380	J	GCGAGTAACGGTCTTCTAACAAGGAAAG	GCGTGCCCTTACTCTCAAAAAAAAA
Satt588	K	GCTGCATATCCACTCTCATTGACT	GAGCCAAAACCAAAGTGAAGAAC
Satt462	L	GCGGTCACGAATACAAGATAAATAATGC	GCGTGCATGTCAGAAAAAATCTCTATAA
Satt567	M	GGCTAACCCGCTCTATGT	GGGCCATGCACCTGCTACT
Satt022	N	GGGGGATCTGATTGTATTTTACCT	CGGGTTTCAAAAAACCATCCTTAC
Satt487	O	ATCACGGACCAGTTCATTTGA	TGAACCGCGTATTCTTTTAATCT
Satt236	A1	GCGCCCACACAACCTTTAATCTT	GCGGCGACTGTTAACGTGTC
Satt453	B1	GCGGAAAAAAAACAATAAACAACA	TAGTGGGGAAGGGAAGTTACC
Satt168	B2	CGCTTGCCCAAAAATTAATAGTA	CCATTCTCCAACCTCAATCTTATAT
Satt180	C1	TCGCGTTTGTCAGC	TTGATTGAAACCCAACTA
Sat_130	C2	GCGTAAATCCAGAAATCTAAGATGATATG	GCGTAGAGGAAAGAAAAGACACAATATCA
Sat_092	D2	AATTGAGTGAAACTTATAAGAATTAGTC	AAATAAGTAGGATGCTTGACAAA
Sat_112	E	TGTGACAGTATACCGACATAATA	CTACAAATAACATGAAATATAAGAAATA
Satt193	F	GCGTTTCGATAAAAATGTTACACCTC	TGTTCGCATTATTGATCAAAAAT
Satt288	G	GCGGGGTGATTTAGTGTTTGACACCT	GCGCTTATAATTAAGAGCAAAAGAAG
Satt442	H	CCTGGACTTGTTTGCTCATCAA	GCGGTTCAAGGCTTCAAGTAGTCAC
Satt330	I	GCGCCTCCATTCCACAACAAATA	GCGGCATCCGTTTCTAAGATAGTTA
Satt431	J	GCGTGGCACCCTTGATAAATAA	GCGCACGAAAGTTTTTCTGTAACA
Satt242	K	GCGTTGATCAGGTCGATTTTTATTTGT	GCGAGTGCCAACTAACTACTTTTATGA
Satt373	L	TCCGCGAGATAAATTCGTAAAAT	GGCCAGATACCCAAGTTGTACTTGT
Satt551	M	GAATATCACGCGAGAATTTTAC	TATATGCGAACCCTCTTACAAT
Sat_084	N	AAAAAAGTATCCATGAAACAA	TTGGGACCTTAGAAGCTA
Satt345	O	CCCCTATTTCAAGAGAATAAGGAA	CCATGCTCTACATCTTCATCATC

五、panel 组合信息表

panel	荧光类型	引物名称 （等位变异范围，bp）	panel	荧光类型	引物名称 （等位变异范围，bp）
1	TAMARA	Satt453 （236 - 282）	5	HEX	Satt191 （187 - 224）
	HEX	Satt100 （108 - 167）		ROX	Sat _ 092 （210 - 257）
	ROX	Satt005 （123 - 174）		6 - FAM	Satt462 （196 - 287）
	6 - FAM	Satt288 （195 - 261）	6	TAMARA	Satt197 （134 - 200）
2	TAMARA	Satt300 （234 - 269）		HEX	Sat _ 084 （132 - 160）
	HEX	Satt239 （155 - 194）		ROX	Sat _ 218 （264 - 329）
	ROX	Satt268 （202 - 253）		6 - FAM	Satt345 （192 - 251）
	6 - FAM	Satt567 （103 - 109）	7	TAMARA	Satt431 （190 - 231）
	6 - FAM	Satt373 （210 - 282）		HEX	Satt330 （105 - 151）
3	TAMARA	Satt236 （211 - 236）		ROX	Sat _ 112 （298 - 354）
	HEX	Satt380 （125 - 135）		6 - FAM	Satt551 （224 - 237）
	ROX	Satt514 （181 - 249）	8	TAMARA	Satt334 （183 - 215）
	6 - FAM	Satt487 （192 - 204）		HEX	Satt442 （229 - 260）
4	TAMARA	Satt168 （200 - 236）		ROX	Sat _ 130 （279 - 315）
	HEX	Satt588 （130 - 170）		6 - FAM	Satt180 （212 - 275）
	ROX	Satt429 （237 - 273）	9	HEX	Satt193 （223 - 258）
	6 - FAM	Satt242 （174 - 201）		ROX	Satt267 （229 - 249）
5	TAMARA	Satt556 （161 - 212）		6 - FAM	Satt022 （194 - 216）

注：部分引物变异范围取自 556 份大豆品种的结果。

六、实验主要仪器设备及方法

1. 样品 DNA 使用天根生化科技有限公司植物 DNA 提取试剂盒提取。
2. 使用 Bio – Rad 公司 S1000 型号 PCR 仪进行 PCR 扩增。
3. 等位变异结果由 ABI3130XL 测序仪扩增后获得。

将 6 – FAM 和 HEX 荧光标记的 PCR 产物用超纯水稀释 30 倍，TAMRA 和 ROX 荧光标记的 PCR 产物用超纯水稀释 10 倍。分别取等体积的上述 4 种稀释后的 PCR 产物，混合。吸取 1 μL 混合液加入 DNA 分析仪专用深孔板孔中。在板中各孔分别加入 0.1 μL LIZ500 分子量内标和 8.9 μL 去离子甲酰胺。除待测样品外，还应同时包括参照品种的扩增产物。将样品在 PCR 仪上 95℃ 变性 5 min，迅速取出置于碎冰上，冷却 10 min。瞬时离心 10 s 后上测序仪电泳。

注：PCR 扩增产物稀释倍数可根据扩增结果进行相应调整。